Python 语言数据分析

管新潮 著

Using Python to Analyze Language Data

内容提要

本书分为上下篇，共计十章，以如何将Python编程技术融入语言学/翻译学教学科研活动为线索，展开涉及短语学、情感分析、相似性度量、语义分析、主题建模、语言学变量等方面的语言数据分析。上篇为语言数据分析的基础性知识，旨在构建后续深入分析的技术性前提条件；下篇为语言数据分析的理论与应用，专注于探索语言知识与技术的融合性分析路径。本书以案例讲解为特点，其中的工具案例用于描述技术工具的适用性和可靠性，解决技术应用之前有关编程技术的知识问题；语言学路径案例则紧密结合语言学/翻译学知识探索如何以技术手段解决教学科研中的相关问题。案例的呈现也同时说明算法在解决案例问题中的重要性。

本书适合高等院校语言学、翻译学等专业的师生以及从事语言或翻译实践活动的社会人士阅读使用。

图书在版编目(CIP)数据

Python语言数据分析／管新潮著. —上海：上海交通大学出版社，2021（2023重印）
ISBN 978-7-313-24891-6

Ⅰ. ①P… Ⅱ. ①管… Ⅲ. ①软件工具—程序设计
Ⅳ. ①TP311.561

中国版本图书馆CIP数据核字(2021)第078303号

Python语言数据分析
Python YUYAN SHUJU FENXI

著　　者：管新潮
出版发行：上海交通大学出版社
邮政编码：200030
印　　制：上海新艺印刷有限公司
开　　本：787 mm×1092 mm　1/16
字　　数：322千字
版　　次：2021年5月第1版
书　　号：ISBN 978-7-313-24891-6
定　　价：68.00元

地　　址：上海市番禺路951号
电　　话：021-64071208
经　　销：全国新华书店
印　　张：17
印　　次：2023年8月第2次印刷

总　序 ▶▶▶

翻译是一个复杂的过程，其当下的境遇日益呈现出前所未有的多样性——既关乎国家的发展、社会的进步、知识的传播，又涉及企业的业务、信息的交流、大众的交往。量大面广，包罗万象。

“一带一路”倡议的实施和国际多边话语权的建设都离不开翻译。任何与翻译相关的环节若出现了瑕疵，就有可能影响到实施的整体效果。当今社会信息流动和国际交往的频率相较以往有了指数级增加，翻译行为以若隐若现却无处不在的形式参与其中，促进社会文化的彼此认同和相互学习。翻译是一种平视的态度，而非仰视或俯视的手段。中国不少高校的翻译学研究已经与语言学和文学研究并驾齐驱，成为语言类学科的三架马车之一，翻译专业的发展可谓方兴未艾。以华为、阿里、科大讯飞等企业为代表的机助/机辅、机器翻译模式异军突起，令人耳目一新，同时也对传统翻译认知提出了诸多问题和挑战。对高校翻译人才的培养而言，如何提升理念，调整模式，更新手段，跟上迅猛发展的时代潮流成为迫在眉睫的任务。

教学是人才培养的关键环节。就翻译专业而言，如此迅猛的发展已引发诸多不容忽视的不平衡现象，如学生对提升翻译能力的需求与学科内容设置之间的不平衡；招生规模与师资力量之间的不平衡；翻译学术研究的理论建构与其对翻译行为实践储备之间的不平衡；企事业单位对高端翻译人才的需求与实际翻译人才产出之间的不平衡；翻译服务的市场规范与翻译服务质量之间的不平衡；凡此种种，不一而足。

从这些不平衡现象中，我们认识到高校作为翻译人才培养部门的责任和义务。虽然学校不能凭借一己之力实现所有的平衡，但以己之长优化和完善人才培养方式却是高校可以而且应该做到的。有鉴于此，上海交通大学外国语学院翻译系和广东外语外贸大学高级翻译学院联手共同推出“翻译硕士系列教材”，旨在满足高校学生提升翻译能力的需求，促进翻译理论与实践的有机结合，提高知识学习与能力习得的互通性。

本翻译硕士系列教材先期推出六本，即《基础笔译》《基础口译》《商务资讯翻译》

《翻译技术》《机器翻译译后编辑》和《商务翻译》,今后将根据专业发展的需要陆续推出其他内容,如数据分析、译后编辑等方面的教材。本系列教材既注重实践,又关注理论的指导意义。现今新的翻译业态层出不穷,我们在不忘经典的同时力求做到与时俱进,即做到教材内容与实际翻译不脱节,并将实际翻译上升为一种对共通特征的描述。因此,本系列教材特点有三:① 内容的实践性——所涉案例均来源于翻译实践,力求体现翻译实践中案例的代表性和经典性;② 教学的适应性——所有教材均已经过翻译课堂的教学检验,是教学之后的成果总结与有机呈现;③ 理论的提升性——注重实践内容的理论依托,是一种有序的翻译实践行为。

翻译教材的编写绝非易事,需要各种相关知识和经验的积累,同时涉及架构设计、知识点选取、题材平衡等等。虽然各位作者尽了很大的努力,但囿于学识和能力,主观努力和预期效果之间必定存在差距。我们竭诚欢迎并殷切期待读者在使用本系列教材后提出批评和建议,以便日后修订改进。

陶 庆 李 明

2021 年 4 月

前　言

拙作《语料库与Python应用》(上海交通大学出版社,2018年8月第1版)一书的出版迄今已有近三年的时间。期间承蒙各位的厚爱,多次重印,在此一并表示谢意。该书的出版以快速习得Python能力为目标,近三年时间的实践验证可以说是实现了这一既定设想。作为全面升级版的《Python语言数据分析》是以Python能力的系统性语言学应用为愿景,旨在探索新文科建设过程中编程技术的融入性解决方案,使得语言与技术在教学科研活动中能够携手并进,互为依靠,共谋发展。

2020年度首届“思源华为杯”创译大赛的试题开场白说道:**“‘软件必将定义世界’,我们未来所面对的世界是由软件构成和定义的,我们所面对的任何问题可能都被归结于软件问题。”**

近年来的语言技术编程与教学科研实践,使笔者深感言语背后的深刻含义以及可能会给语言学/翻译学带来的深度挑战。就华为技术公司而言,这一话语表述已证明其技术理念布局的超前性和可实现性。就我们的语言学/翻译学而言,虽然目前尚不可完全得知技术介入的方式和强度,但相关高校的学科布局已经证实了行动的必要性。上海交通大学外国语学院的本科专业语言智能方向课程教学现已进入第二个年度,上一届的教学成效颇为显著,其体现:一是这一方向的绝大多数文科生都能很好地掌握Python编程技术,并与语言学知识实现技术融合;二是相当多的同学选择计算语言学为今后的发展方向,有的已成功申请到国际知名大学的计算语言学硕博连读项目。试想五年后或八年后的语言学/翻译学,当有着扎实的语言学/翻译学学科知识基础和高超的学科关联编程能力的青年才俊入盟之时,恐怕真的会出现“软件必将定义世界”的局面,进一步说是“软件必将定义语言学/翻译学”。请记住,这里所说的“软件”已不再是迄今为止我们多数人所能理解的传统软件。

其实,国外大学语言学/翻译学下相关专业的设置早已付诸行动。以美国得克萨斯大学奥斯汀分校为例,其人文科学所属的计算语言学设有高级课程和跨学科课程,即前者有 Computational Semantics、Grounded Models of Meaning、Applied Text Analysis、Data-Intensive Computing for Text Analysis、Semi-supervised Learning for Computational Linguistics、Natural Language Learning，后者有 Natural Language Processing、Structured Models for Natural Language Processing、Concepts of Information Retrieval、Human Computation and Crowdsourcing、Courses offered by the Department of Statistics and Data Sciences、Data Science Lab、Machine Learning。又以德国慕尼黑大学为例，其人文社科领域所属的计算语言学课程设置：A 模块的信息检索与提取；B 模块的计算语言学词法、句法和语义分析；C 模块的计算语言学算法与形式基础。除上海交通大学外，国内其他高校也都正在付诸实际行动。如上海外国语大学语料库研究院的“语言数据科学与应用”专业，厦门大学英语语言文学学科下设的“人工智能+语言”硕士培养方向。据此推断，语言学知识与编程技术的融合在不久的将来定会以崭新姿态出现在我们面前，实现“软件的语言学/翻译学定义”。

基于这样的学科发展背景，本书在语言学知识与技术融合方面进行了诸多计算语言学尝试，意在探索 Python 编程技术对语言学/翻译学的可融入性路径。由此构成了本书的三大特点：

- 一是语言知识与技术的融合性——以计算机方式解决语言学问题必须同时认真对待语言和技术这两个要素，过度偏向任何一方都不利于实际语言问题的解决。已有企业实践显示，纯粹用编程技术已无法完全解决涉及语言的产品细腻性问题。本书的立意在于利用技术手段解决语料库教学科研中的相关语言学问题，因此所关注的是如何在技术应用中实现语言与编程技术的最佳融合。并非所有的技术都适用于语言学，特定的技术有其特定的语言学适用性，本书的一项关键性任务是对技术适用性进行语言学验证，以求达成最佳的语言技术融合，并尽可能实现技术的语言学解读。当下的编程技术已经为语言学留下了充分的话语权空间，但须意识到技术的发展时不我待。
- 二是案例与关联技术的多样性——本书以案例形式呈现技术解决语言学问题的过程，或是以不同技术验证相同的语言学数据，以求技术的可靠性；或是以不同数据验证同一技术，以求技术的适用性；或是以不同技术验证不同数据，以求技术与数据的融合性。案例呈现的关键是算法设计，即在算法的不同阶段如何以最有效的技术实现语言学问题的优化解决。因此，算法设计的基础就是编程技术知识和语言学知识两者的有机结合。本书的各种案例有 100 多个，可分为工具案例和语言学路径案例。前者用于描述技术工具的适用性和可靠性，解决技术应用之前有关编程技术的知识问题;后者紧密结合语言学/翻译学知识探索如何以技术解决教学科研中的语言学/翻译学问题。

- 三是编程所涉数据结构的独特性——本书的数据结构有别于计算机学科下的数据结构,主要针对的是语言数据即文本数据。这一独特性体现为以语料库方式循序渐进地呈现语言数据结构,而非计算机内部的存储数据结构。数据结构的设计从文科生学习编程的视角出发,意在提升学习过程中的结果成就感和知识获得感。就列表结构而言,以单词、术语、句子、段落、语篇分级展开,表明文本数据从非结构化转为结构化的一个渐进过程。就维度结构而言,以一维、二维、多维数据结构逐级深入,力求将文本数据的结构化转换引入纵深层次。文本数据转换后的数据结构越显复杂,就越有可能提取出更为细腻的数据信息。本书所创数据结构的用意即在于此。

基于上述三大特点,本书将语言数据分析的相关内容分为上下两篇。上篇述及语言数据分析的基础性知识,即语言数据结构、语言数据清洗、数据分析可视化、数据分析可选方法四方面。确定基础性内容的前提是判断相关知识在语言数据深入分析环节的作用和意义——数据结构立足于所提取语言信息的细腻性,数据清洗事关语言数据的有效性,可视化与数据信息的呈现效果相关,可选方法是为数据分析提供可资优选利用的选项。下篇以语言数据分析的关键领域为对象,即短语学、情感分析、相似性度量、语义分析、主题建模、语言学变量,讲述具体技术的应用情形。其以文献综述和理论描述与讨论作为每一章的开始,以具体编程技术的呈现作为链接纽带,以语言学研究路径作为语言数据分析的综合呈现。前后篇章相互衔接,互为支撑,共同助力语言数据分析的理论解读。

本书的实际写作时间不长,但准备数据资料的时间却有三年之多,期间必须厘清的一个问题是何为语言数据及其分析。为关联语料库语言学和语料库翻译学,本书将语言数据界定为由各类文本构成的语料库数据,所做的分析是指以 Python 编程技术所能实现的数据分析。本书的写作以《语料库与 Python 应用》一书为出发点,尽最大可能去实现系统性的语言数据分析。技术的应用着力于技术的语言学/翻译学解读,对于无法以此视角进行解读的技术或者解读性不强的技术,本书暂不纳入。其实,本书的内容构成多为语料库语言学视角下的选择,略有涉及语料库翻译学视角。这并不妨碍同时写上“语料库翻译学”字样,因其研究本来就沿用诸多语料库语言学方法。本书的写作现已完成,计划中的语料库翻译学与 Python 之间的关联研究写作不久之后即将启动。写作需要思考,思考多了脑子里就会不时闪现各色语言学代码,尤其是一觉睡醒后能够解决问题的代码的闪现更是令人欣慰。

本书的写作得到不少人的帮助和启发。首先感谢上海交通大学外国语学院的同行，是他们的有趣研究为我提供了不少的语言学/翻译学技术应用场景，使我深感编程的乐趣和创造性。其中最大的收获在于竟然可通过技术手段完成诸多之前以为只能以人类语言感悟才能完成的语言学/翻译学解读。其次感谢上海交通大学外国语学院的学生，他们富有创意的练习作业使得相同的应用场景多了不同的路径选择。本书也因此收入三个作业案例：3.2.4 节"语篇语义分析及其语义网络可视化"案例代码由 2019MTI 学生汪青润提供；6.3.2 节"基于文本情感分析的商品评价"案例由 2018MTI 学生彭颖婕提供；6.3.3 节"朴素贝叶斯分类法与情感分析"案例由 2018 语言学方向学生周明丽提供。当然，还要感谢我在本书中引用的多篇论文的作者，是他们的文章赋予我以第三方视角解读语言学与技术之间关联性的机会。

本书的写作着力于技术与语言学知识的融合。每一次成功的融合都是一次极具成就感的探索式体验。探索中的写作难免有其不足之处，还望各位眷顾本书的读者不吝指出。我将以此为责任，不断完善技术的语言学/翻译学解读，与大家共享技术进步所能带来的乐趣。

管新潮
2021 年 3 月 1 日于上海

目 录

上篇 语言数据分析基础

下篇 语言数据分析理论与应用

上　篇
语言数据分析基础

本篇共分四章。第1章为语言数据结构，以创新方式将语言数据分为一维、二维和多维数据结构，利于循序渐进地掌握数据结构相互转换的脉络；第2章为语言数据清洗，这是从语言数据中提取有效信息所必须经历的环节，其关键在于提取什么样的信息，服务于何种数据信息目的；第3章为语言数据可视化，在于更为直观地呈现语言数据的真实效果，或可从可视化效果图中发现新的语言数据规律；第4章为数据分析可选方法，提供了四方面的可选措施，即Python+Excel应用、正则表达式方法、文本分类方法、语言数据检验，这都是语言数据的有效清洗、挖掘、呈现、验证所必不可少的。上述四章的各个部分分别构成了语言数据分析所需的不同技术手段，为语言数据分析提供了合理的技术选项。

第 1 章　语言数据结构

设想从语言数据中获取有价值的语言信息并用于教学或科研活动，首先必须把文本形式（以文本语料为例）的语言数据转换为适宜于 Python 处理的特定数据结构。特定的教学或科研活动需要特定的语言信息，只有以特定的数据结构呈现的语言信息方能满足特定的教学或科研目的。换言之，若能将语言数据转换为复杂的语言数据结构，便能获取复杂的语言信息。语言数据结构越复杂，所获取的语言信息就越能表示语言数据本身所蕴含的信息和意义。

本章将描述如何建构并获取特定的语言数据结构，即如何将文本数据转换成符合特定目标要求的语言数据结构，为后续的信息提取铺垫数据结构基础。本章的首要目的是通过识别不同的数据结构来提升对语言数据的驾驭能力。为便于理解和操作，本章将语言数据结构分为三类：一维、二维和多维数据结构。

除特殊说明外，本章方法对中英文字符均适用。

1.1　一维数据结构

用于 Python 数据分析的数据结构一般有四种，即字符串、列表/链表、元组、字典。根据数据结构内含元素的构成，可把前三种列为一维数据结构，后一种为二维数据结构。本小节仅述及前三种数据结构。就此而言，一维数据结构是指直接将语言数据本身作为结构元素加以呈现的数据结构，如直接呈现单词（作为元素）的列表。而字典内含的元素为键值对，即每个元素又含有两个元素，本节将其列为二维数据结构。在语言教学或科研活动中，可能需要不同形式的文本内容，无论其大小如何，皆可经由单词列表、术语列表、句子列表、段落列表、语篇列表等转换而来，用于不同的教学或科研目的。列表的这一特性能够满足语言数据的不同转换要求，其关键在于如何为语言数据的处理选择或组合选择合适的方法。本节主要呈现语言数据的列表结构，以求解决如何将语料文本转化为 Python 数据分析所需的语言数据结构。

1.1.1 单词列表

将文本直接转换为单词列表*：

```
text = """All rights are reserved by the Publisher, whether the whole or part
          of the material is concerned!"""
wordList = text.split()
print(wordList)
```

【转换结果】

```
['All', 'rights', 'are', 'reserved', 'by', 'the', 'Publisher,', 'whether', 'the', 'whole', 'or',
'part', 'of', 'the', 'material', 'is', 'concerned!']
```

【分析与讨论】

转换结果显示，采用 split() 方法会使单词与标点粘合在一起如“Publisher,”和“concerned!”。这一现象会影响到词频的统计结果，若想避免出现误差，可采用 word_tokenize() 方法。但这并不意味着 word_tokenize() 方法优于 split() 方法，两者的区别在于各自的应用场景会有所不同。统计词频时一般可采用 word_tokenize() 方法，其他特定的分词、分句或分段等可采用 split() 方法等，如分段处理为 split('\n')，后者是一种自定义分割文本的方法。

采用 word_tokenize() 方法的相关代码和转换而成的单词列表如下：

```
import nltk
text = """All rights are reserved by the Publisher, whether the whole or part
          of the material is concerned!"""
wordList = nltk.word_tokenize(text)
print(wordList)
```

【转换结果】

```
['All', 'rights', 'are', 'reserved', 'by', 'the', 'Publisher', ',', 'whether', 'the', 'whole', 'or',
'part', 'of', 'the', 'material', 'is', 'concerned', '!']
```

---

* 本书中的各类列表文本和转换结果文本均尽最大可能保持最初格式状态，以便读者查看对照。——著者

1.1.2 术语列表

从文本中提取术语并转换成术语列表：

```
import re
from nltk.corpus import PlaintextCorpusReader
corpus_root = r"D: \python test\1"
corpora = PlaintextCorpusReader(corpus_root, ['total book5.txt'])
text = corpora.raw('total book5.txt')
termList = re.findall(r'\w+\sengineering', text.lower())
print(termList)
```

【转换结果】

```
['ocean engineering', 'and engineering', 'ocean engineering', 'systems engineering', 'marine engineering', 'ocean engineering', 'marine engineering', 'ocean engineering', 'marine engineering', 'energy engineering', 'in engineering', 'coastal engineering', 'civil engineering', 'ocean engineering', ...]
```

【分析与讨论】

本段代码采用正则表达式'\w+\sengineering'提取与 engineering 前置搭配的二连词术语，其中的\w+表示仅为一个前置词。从转换结果看，还须对结果进行适当清洗处理，才能获取有效的二连词术语。从文本中提取多连词的方法还有 ngrams(text, n)，其中的 n 表示多连词的单词个数，这一方法可全额提取一个语篇内的所有多连词。但无论使用何种方法提取多连词，都离不开提取后对多连词列表进行有效的数据清洗，否则结果的可用性价值不高。从学术语篇多连词提取实验中发现，有效的二三连词在多连词中的占比竟高达 95%以上。这一现象似乎说明了英文论文关键词的词数构成规律。

以 ngrams(text, n)提取二连词的方法如下：

```
import nltk
text = """All rights are reserved by the Publisher, whether the whole or part
          of the material is concerned!"""
wordList = nltk.word_tokenize(text)
termList = nltk.ngrams(wordList, 2)
termList2 = []
for term in termList:
    termList2.append(" ".join(term))
```

【转换结果】

```
['All rights', 'rights are', 'are reserved', 'reserved by', 'by the', 'the Publisher', 'Publisher ,', ', whether', 'whether the', 'the whole', 'whole or', 'or part', 'part of', 'of the', 'the material', 'material is', 'is concerned', 'concerned !']
```

1.1.3 句子列表

将文本直接转换为句子列表:

```
import nltk
text = open(r"D: \python test\1\total book1.txt", encoding = "UTF-8-sig").read()
sentList = nltk.sent_tokenize(text)
print(sentList)
```

【转换结果】

```
['Springer Handbook provides a concise compilation of approved key information on methods of research, general principles, and functional relationships in physical and applied sciences.', "The world 's leading experts in the fields of physics and engineering will be assigned by one or several renowned editors to write the chapters comprising each volume.", 'The content is selected by these experts from Springer sources (books, journals, online content) and other systematic and approved recent publications of scientific and technical information.']
```

【分析与讨论】

本段代码将一个包含有三个句子的文本段落转换成由三个句子元素构成的列表。转换成句子列表有多种目的,其中之一是可根据句子中的特定结构提取相应的句子,例如,提取含有指定词组的句子用于文本分析,无论英文搭配还是中文成语皆可。转换成句子列表的方法还有 sents() 和 split() 等,但相对而言,本段代码所采用的方法更为实效。采用 sent_tokenize() 方法的分句原则是根据句末标点符号(如./!/?等)实施分句处理。这会给直接使用本方法带来一个问题,即句末无结束本句的此类标点符号时,如标题或以分号或冒号结束段落的情形,采用 sent_tokenize() 方法的分句效果欠佳。解决办法是结合 1.1.4 节方法——先分段再分句 sent_tokenize(),这为语料库的精准分句处理创造了条件。

采用 sents() 方法,其读取对象是经由 PlaintextCorpusReader 而来,转换结果是一种列表内含列表的二维数据结构,即 sents() 方法不仅给语篇分句,还进行句内分词处理,其代码如下:

```
from nltk.corpus import PlaintextCorpusReader
corpus_root = r"D: \python test\1"
corpora = PlaintextCorpusReader(corpus_root, ['total book1.txt'])
myfiles = corpora.sents('total book1.txt')
```

【转换结果】

```
[['Springer', 'Handbook', 'provides', 'a', 'concise', 'compilation', 'of', 'approved', 'key', 'information', 'on', 'methods', 'of', 'research', ',', 'general', 'principles', ',', 'and', 'functional', 'relationships', 'in', 'physical', 'and', 'applied', 'sciences', '.'], ['The', 'world', "'", 's', 'leading', 'experts', 'in', 'the', 'fields', 'of', 'physics', 'and', 'engineering', 'will', 'be', 'assigned', 'by', 'one', 'or', 'several', 'renowned', 'editors', 'to', 'write', 'the', 'chapters', 'comprising', 'each', 'volume', '.'], ...]
```

1.1.4 段落列表

将文本直接转换成段落列表：

```
text = open(r"D: \python test\1\total book2.txt", encoding = "UTF-8-sig")
paraList = text.readlines()
print(paraList)
```

【转换结果】

```
['Springer Handbook of Ocean Engineering\n', '\n', 'Springer Handbooks provide a concise compilation of approved key information on methods of research, general principles, and functional relationships in physical and applied sciences. The world's leading experts in the fields of physics and engineering will be assigned by one or several renowned editors to write the chapters comprising each volume. The content is selected by these experts from Springer sources (books, journals, online content) and other systematic and approved recent publications of scientific and technical information.\n', ...]
```

【分析与讨论】

采用 readlines()方法可直接将语篇转换成段落列表。转换结果显示,每个段落末尾位置处均有\n 表示该段落的结束,空行仅以'\n'表示,因此采用 split('\n')方法亦可做分段处理。处理语言数据时,两种方法皆可选择使用。处理后段落列表的作用:一是为精准分句制作语料库做数据处理的中间过渡(参见 1.1.3 节,遍历段落后分句处理);二是语言教学中的双语段落对齐;三是提取具有特定衔接或连贯标记的段落;

等等。

先分段再分句的方法如下：

```
import nltk
text = open(r"D: \python test\1\total book2.txt", encoding = "UTF-8-sig")
paraList = text.readlines()
sentList = []
for para in paraList:
    sentList += nltk.sent_tokenize(para)
```

【转换结果】

```
['Springer Handbook of Ocean Engineering',
 'Springer Handbooks provide a concise compilation of approved key information on methods of research, general principles, and functional relationships in physical and applied sciences.',
 'The world's leading experts in the fields of physics and engineering will be assigned by one or several renowned editors to write the chapters comprising each volume.',
 'The content is selected by these experts from Springer sources (books, journals, online content) and other systematic and approved recent publications of scientific and technical information.',
...]
```

注意列表添加元素时 append()和“+=”的区别。上述代码是遍历一个段落后做分句处理，此时若采用 append()往列表内添加元素，会构成二维数据结构，而不是便于后续直接遍历处理的一维列表结构。

采用 append()方法获得的数据结构如下：

```
[['Springer Handbook of Ocean Engineering'],
 [],
 ['Springer Handbooks provide a concise compilation of approved key information on methods of research, general principles, and functional relationships in physical and applied sciences.',
  'The world's leading experts in the fields of physics and engineering will be assigned by one or several renowned editors to write the chapters comprising each volume.',
  'The content is selected by these experts from Springer sources (books, journals, online content) and other systematic and approved recent publications of scientific and technical information.'],
...]
```

1.1.5 语篇列表

将多个语篇转换成语篇列表：

```
import os
filesdir = r'D:\python test\87_多个语篇'
fileslist = os.listdir(filesdir)
textList = []
for txt in fileslist:
    text = open(filesdir + '/' + txt, 'r', encoding = 'utf-8').read()
    textList.append(text)
```

【转换结果】

（因篇幅原因不显示转换结果）

【分析与讨论】

本方法的操作步骤是先打开文件再读取内容，然后添加入列表内。语篇列表方法更适合处理多个短小精悍的语篇，如时事新闻语篇。新闻话语分析时，往往会面对成千上万的每日新闻，一则新闻构成一个分析要件，既要分析语篇内的各要素，也需分析各语篇之间的关联性，因此以列表形式列出各新闻语篇是语言数据处理的不二选择。生成语篇列表后，可以主题词判断哪些新闻语篇与本次话题分析相关或无关，进而按条件筛选语篇，以构成合乎主题分析要求的语篇列表。

1.1.6 其他一维数据结构

字符串可列为一维数据结构，是一种文本字符，常用于转换成其他数据结构。

元组结构多类似于列表，两者的区别是元组内的元素不可更改，因此元组一般用于表示相互之间有着密不可分关系的元素，如经词性标注后的单词+词性标记组合如“('Springer', 'NNP')”。

元组可与列表组合使用，构成二维数据结构，以表示更为复杂的语言数据。词性标注代码如下（本例仅考察列表内的元组）：

```
import nltk
text = """Springer Handbook provides a concise compilation of approved key
information on methods of research, general principles, and functional
relationships in physical and applied sciences."""
wordList = text.split()
print(nltk.pos_tag(wordList))
```

【转换结果】

```
[('Springer', 'NNP'), ('Handbook', 'NNP'), ('provides', 'VBZ'), ('a', 'DT'), ('concise',
'NN'), ('compilation', 'NN'), ('of', 'IN'), ('approved', 'JJ'), ('key', 'JJ'), ('information',
```

```
'NN'), ('on', 'IN'), ('methods', 'NNS'), ('of', 'IN'), ('research,', 'JJ'), ('general',
'JJ'), ('principles,', 'NN'), ('and', 'CC'), ('functional', 'JJ'), ('relationships', 'NNS'),
('in', 'IN'), ('physical', 'JJ'), ('and', 'CC'), ('applied', 'JJ'), ('sciences.', 'NN')]
```

1.2 二维数据结构

二维数据结构是指一种数据结构内含另一种数据结构的数据结构现象，即由两种数据结构通过组合构成一种新的数据结构。上述 1.1.3 节和 1.1.4 节所示的列表内含列表的结构以及 1.1.6 节所示的列表内含元组的结构即为一种二维数据结构。正如这三个实例所示，一维与二维数据结构之间没有明显界限，关键是如何选择适当的方法构建出所需的数据结构，用于呈现数据分析所需的数据信息。相较于一维数据结构，二维数据结构应该更为复杂一些，其所蕴含的数据信息也会更丰富一些。

1.2.1 字典结构

通过频率分布函数 FreqDist()可直接生成字典结构：

```
import nltk
text = open(r"D: \python test\1\total book1.txt", encoding = "UTF-8-sig").read()
wordList = nltk.word_tokenize(text)
dictList = nltk.FreqDist(wordList)
```

【转换结果】

```
FreqDist({'and': 6, 'of': 4, 'Springer': 2, 'approved': 2, 'information': 2, 'in': 2, 'The': 2,
'experts': 2, …})
```

【分析与讨论】

字典结构的每个元素就是一个键值对。如转换结果所示，所得字典的每个元素均包含单词本身和词频两部分，表示为一个单词词频对（键值对）。因此，若设想以数据结构表示两个元素之间的一定关系，可使用字典结构，如存在翻译关系的双语句对、双语术语表等。

生成字典结构亦可采用 dict()方法：

```
import nltk
key = 'legal persons or other organizations of China shall enjoy copyright'
```

```
key1 = nltk.word_tokenize(key)
tagged = nltk.pos_tag(key1)
dict(tagged)
```

【转换结果】

```
{'legal': 'JJ', 'persons': 'NNS', 'or': 'CC', 'other': 'JJ', 'organizations': 'NNS', 'of': 'IN',
'China': 'NNP', 'shall': 'MD', 'enjoy': 'VB', 'copyright': 'NN'}
```

【分析与讨论】

如上所示，采用 dict() 方法，可将元组内含两个元素的元组列表结构转换为字典结构，亦可将两个含有相同个数元素的列表转换为一个字典 dict(zip(key1, value1))，前提是两个列表的对应元素之间应该存在一定的语言学/翻译学关系。

此外，字典结构也可用于语篇的单词计数：

```
text = '''Springer Handbook provides a concise compilation of approved key information
  on methods of research, general principles, and functional relationships in
  physical and applied sciences. The world's leading experts in the
  fields of physics and engineering will be assigned by one or several renowned editors
  to write the chapters comprising each volume. The content is selected by
  these experts from Springer sources (books, journals, online content) and
  other systematic and approved recent publications of scientific and
  technical information.'''
import nltk
wordList = nltk.word_tokenize(text)
wordList2 = [w.lower() for w in wordList if w.isalpha()]
dictList = {}
for word in wordList2:
    if word in dictList:
        dictList[word] += 1
    else:
        dictList.update({word: 1})
```

【转换结果】

```
{'springer': 2, 'handbook': 1, 'provides': 1, 'a': 1, 'concise': 1, 'compilation': 1, 'of': 4,
'approved': 2, 'key': 1, 'information': 2, ...}
```

【分析与讨论】

请对比 1.2.2 节代码 max_length = max(len(w) for w in textClean)：该方法是先确定整个语篇的最长单词，然后在这一长度数字范围内相应遍历具体长度的单词有多少个，最后统计出每个长度的单词数。两种方法所选择的计数手段虽然不同(本节代码是在字典结构内逐一添加具体单词，然后计算出相同词形单词的个数为键值对中的值)，但结果相同。还须注意：1.2.2 节方法可同时计算出多个有对应关系的数值，均存入元组列表结构中(三元元组列表)，而本节方法所采用的简单字典结构为二元元组的数据结构。

1.2.2 元组列表结构

可将字典结构直接转换为二元元组列表结构：

```
import nltk
text = open(r"D: \python test\1\total book1.txt", encoding = "UTF-8-sig").read()
wordList = nltk.word_tokenize(text)
dictList = nltk.FreqDist(wordList)
word_list = list(dictList.keys())
count_list = list(dictList.values())
pair_list = zip(word_list, count_list)
sorted_data = sorted(pair_list, key=lambda max: -max[1])
```

【转换结果】

```
[('and', 6), ('of', 4), (',', 4), ('.', 3), ('Springer', 2), ('approved', 2), ('information', 2),
('in', 2), ('The', 2), ('experts', 2), ('the', 2), ('by', 2), ...]
```

【分析与讨论】

转换结果显示，本段代码把 FreqDist()方法输出的字典结构转换为简单的元组列表结构，并按词频排序。数据处理过程中先分别提取单词和词频为两个独立列表，再通过 zip()方法组合为二元元组列表结构。该数据结构中，元组内含的元素可以是两个，也可以是三个或更多个。

下述以元组内含三个元素为例：

```
from nltk.corpus import PlaintextCorpusReader
path = r"D: \python test\17_ENG-CHN_pairs"
corpora = PlaintextCorpusReader(path, ['American Copyright Act_eng.txt'])
textSeg = corpora.words('American Copyright Act_eng.txt')
```

```
textClean = [w.lower() for w in textSeg if w.isalpha()]
max_length = max(len(w) for w in textClean) ###与 1.2.1 节对比代码
number = range(1, max_length +1)
word_countList = []
ratioList = []
for i in number:
    word_length = [w for w in textClean if len(w) == i]
    word_countList.append(len(word_length))
    ratio = len(word_length) / len(textClean)
    ratioList.append(round(ratio, 5))
pair_list = sorted(zip(list(number), word_countList, ratioList))
```

【转换结果】

```
[(1, 4977, 0.05309),
 (2, 19319, 0.20607),
 (3, 15044, 0.16047),
 (4, 9234, 0.0985),
 (5, 8573, 0.09145),
 (6, 6763, 0.07214),
 (7, 7957, 0.08487),
 (8, 5190, 0.05536),
 (9, 6061, 0.06465),
 (10, 4266, 0.0455),
 (11, 2776, 0.02961),
 (12, 2180, 0.02325),
 (13, 898, 0.00958),
 (14, 300, 0.0032),
 (15, 183, 0.00195),
 (16, 11, 0.00012),
 (17, 14, 0.00015),
 (18, 4, 4e-05)]
```

【分析与讨论】

结果显示，此类三元元组列表结构中的每个元组均由词长、单词数、占比三个元素组成，彼此之间构成一定的关系，即以三个字母为例，其相应的单词数为 15 044 个，在语篇总形符数中占比为 0.160 47。既然元组列表结构的元组内含元素之间存在一定的关系，那么正如字典结构那样，二元元组列表亦可用于表达双语平行句对或双语术语。

下述代码为 spaCy 模块实现的四元元组列表结构：

```
text = """This book provides a concise compilation of approved key information"""
import spacy
nlp = spacy.load('en_core_web_sm')
doc = nlp(text)
word_tag = []
for token in doc:
    combine = token.text, token.pos_, token.tag_, token.lemma_
    word_tag.append(combine)
print(word_tag)
```

【转换结果】

```
[('This', 'DET', 'DT', 'this'), ('book', 'NOUN', 'NN', 'book'), ('provides', 'VERB', 'VBZ', 'provide'), ('a', 'DET', 'DT', 'a'), ('concise', 'ADJ', 'JJ', 'concise'), ('compilation', 'NOUN', 'NN', 'compilation'), ('of', 'ADP', 'IN', 'of'), ('approved', 'VERB', 'VBN', 'approve'), ('key', 'ADJ', 'JJ', 'key'), ('information', 'NOUN', 'NN', 'information')]
```

【分析与讨论】

在上述四元元组列表结构中,每个元组的第一个元素为语篇分词后的单词本身(未经任何语言学处理),第二个是 Google Universal POS 标签,第三个是 Penn Treebank 标签,第四个是经词形还原后的词元。以此类推,可视需要转换生成元组内含任意多个元素的元组列表结构。

1.2.3 二维数据的遍历

通过添加列表方式“+=”将嵌套列表结构转换成一维列表进行排序:

```
from pypinyin import lazy_pinyin
cityList = [['北京', '上海', '广州', '深圳'],
            ['天津', '南京', '重庆', '成都', '武汉', '杭州', '青岛', '苏州', '西安', '沈阳',
            '郑州', '宁波']]
cityName = []
for name in cityList:
    cityName += name
cityName.sort(key=lambda char: lazy_pinyin(char)[0][0])
print(cityName)
```

【转换结果】

```
['北京', '重庆', '成都', '广州', '杭州', '南京', '宁波', '青岛', '上海', '深圳', '苏州',
'沈阳', '天津', '武汉', '西安', '郑州']
```

【分析与讨论】

注意本节方法与 1.1.4 节方法的区别。本节代码若采用 append()将无法实现二维列表的遍历操作。原始二维列表内含两类城市,根据要求须按拼音对所有城市进行排序。由于汉字编码([\u4e00-\u9fa5])原因,无法像英文那样直接按字母顺序进行排序,须加载 pypinyin 模块方可实现。

以下为二元元组列表结构的遍历:

```
text = """Springer Handbook provides a concise compilation of approved key information
on methods of research, general principles, and functional relationships in
physical and applied sciences. The world's leading experts in the fields of
physics and engineering will be assigned by one or several renowned editors
to write the chapters comprising each volume. The content is selected by
these experts from Springer sources (books, journals, online content) and
other systematic and approved recent publications of scientific and technical information.
This handbook contains 3 volumes."""
import nltk
wordList = nltk.word_tokenize(text)
seg_text = nltk.pos_tag(wordList)
result = []
for word, tag in seg_text:
    if tag in ['VB', 'VBZ', 'VBD', 'VBG', 'VBN']:
        result.append(word)
print(result)
```

【转换结果】

```
['provides', 'be', 'assigned', 'write', 'comprising', 'is', 'selected', 'approved', 'contains']
```

【分析与讨论】

遍历二元元组列表结构时,由于遍历对象是列表的每一个元素,但作为元素的元组又内含两个元素,因此须采用 for word, tag in seg_text: 这一遍历模式。代码的最终遍历结果是为提取文本中所包含的动词。多元元组列表的遍历也是类似设置。

采用条件频率分布 ConditionalFreqDist()函数统计词频时所准备的语言数据也是本节所属的二维数据的遍历情形,但其构成的二维数据是文件名及其名下待查找的词汇。

```
import nltk
from nltk.corpus import PlaintextCorpusReader
```

```
corpus_root = r"D: \python test\4_UN conventions"
corpora = PlaintextCorpusReader(corpus_root, '.*')
pairs = [(fileid, word)
            for fileid in corpora.fileids()
            for word in [word.lower() for word in corpora.words(fileid)]]
cfd = nltk.ConditionalFreqDist(pairs)
count_word = ['can', 'could', 'may', 'might', 'must', 'will', 'shall', 'should']
cfd.tabulate(samples = count_word)
```

【转换结果】

```
[('agreement establishing wto.txt', 'procedure'),
 ('agreement establishing wto.txt', 'as'),
 ('agreement establishing wto.txt', 'it'),
 ('agreement establishing wto.txt', 'deems'),
 ('agreement establishing wto.txt', 'necessary'),
 ('agreement establishing wto.txt', 'fulfilment'),
 ('agreement establishing wto.txt', 'of'),
 ('agreement establishing wto.txt', 'those'),
 ('agreement establishing wto.txt', 'responsibilities'),
 ('agreement establishing wto.txt', 'general'),
 ('agreement establishing wto.txt', 'council'),
 ('agreement establishing wto.txt', 'shall'),
 ('agreement establishing wto.txt', 'convene'),
 ('agreement on tariffs and trade.txt', 'as'),
 ('agreement on tariffs and trade.txt', 'shall'),
...]
```

【分析与讨论】

上述转化结果源自 pairs 变量所在的三行代码,其首先遍历文件夹内的文件名 for fileid in corpora.fileids(),再遍历相应文件名下的所有词汇 for word in [word.lower() for word in corpora.words(fileid)]。这一元组列表结构是以文件名和具体词汇作为元组的两个对应元素,即把文件名设置为条件,统计出各个文件名所对应的词汇。

1.3 多维数据结构

本书已将字典视为二维数据结构,那么字典+元组或列表+元祖+列表等的数据结构均可认定为多维数据结构，其结构本身的复杂程度应该远超一维和二维两种结构。语言数据结构的复杂性并不表示数据处理的烦琐程度，而是说明语言数据经处理后可能会获得更多具有说服力的信息。多维数据结构可能还有其他多种形式，并不局限于本节所呈现的结构形式。仅呈现复杂的数据结构也不能说明太多问题，关键是如何利用这些复杂的数据结构去挖掘出语言文本所蕴含的语言信息。因此，熟悉并掌握多维数据结构是获取更多语言信息的基础。

1.3.1　元组字典结构

本节通过多种方法实现嵌套元组+字典的结构：

```
import nltk
text = open(r"D: \python test\1\total book3.txt", encoding = "UTF-8-sig").read()
wordList = nltk.word_tokenize(text)
posList = nltk.pos_tag(wordList)
termList = nltk.ngrams(posList, 2)
dictList = nltk.FreqDist(termList)
```

【转换结果】

```
FreqDist({((',', ','), ('and', 'CC')): 12, (('of', 'IN'), ('the', 'DT')): 12, (('.', '.'),
('The', 'DT')): 11, (('in', 'IN'), ('the', 'DT')): 9, (('the', 'DT'), ('chapters', 'NNS')):
5, ((',', ','), ('including', 'VBG')): 5, (('the', 'DT'), ('handbook', 'NN')): 5,
(('Springer', 'NNP'), ('Handbook', 'NNP')): 3, (('to', 'TO'), ('be', 'VB')): 3,
(('Manhar', 'NNP'), ('R.', 'NNP')): 3, …})
```

【分析与讨论】

实现本节数据结构的方法是：分词（构成单词列表）+词性标注（构成二元元组列表）+提取二连词（构成二元嵌套元组）+二连词频率分布（构成元组字典）。以元组字典中的一个元素(('Springer', 'NNP'), ('Handbook', 'NNP')): 3 为例，其表示共出现 3 次(('Springer', 'NNP'), ('Handbook', 'NNP'))，这个二元嵌套元组内含两个经词性标记的单词。经本节方法处理后的语言数据所内含的数据信息有：每个单词的词性标记、从语篇提取的所有二连词、二连词的出现频率。

1.3.2　列表元组列表结构

本节通过多种方法实现列表+元组+列表的结构：

```
from nltk.corpus import PlaintextCorpusReader
corpus_root = r"D: \python test\1"
corpora = PlaintextCorpusReader(corpus_root, ['total book1.txt'])
myfiles = corpora.sents('total book1.txt')
sentCount = []
for sent in myfiles:
    sentCount.append(len(sent))
print(list(zip(myfiles, sentCount)))
```

【转换结果】

```
[(['Springer', 'Handbook', 'provides', 'a', 'concise', 'compilation', 'of', 'approved', 'key',
'information', 'on', 'methods', 'of', 'research', ',', 'general', 'principles', ',', 'and',
'functional', 'relationships', 'in', 'physical', 'and', 'applied', 'sciences', '.'], 27),
 (['The', 'world', "'", 's', 'leading', 'experts', 'in', 'the', 'fields', 'of', 'physics', 'and',
'engineering', 'will', 'be', 'assigned', 'by', 'one', 'or', 'several', 'renowned', 'editors', 'to',
'write', 'the', 'chapters', 'comprising', 'each', 'volume', '.'], 30),
 (['The', 'content', 'is', 'selected', 'by', 'these', 'experts', 'from', 'Springer', 'sources',
'(', 'books', ',', 'journals', ',', 'online', 'content', ')', 'and', 'other', 'systematic', 'and',
'approved', 'recent', 'publications', 'of', 'scientific', 'and', 'technical', 'information', '.'], 31)]
```

【分析与讨论】

实现本节数据结构的方法是：分词分句（构成嵌套列表结构）+计算每句词数（构成字数列表）+组合句子与词数（构成列表元组列表结构）。转换结果显示，外置列表内含的元素为元组，而元组又内置有列表，该内置列表含有经分词处理的句子。元组内的数字表示相应句子分词后尚未清洗的形符数。

1.3.3 Brown 语料库词性标记训练集

Brown 语料库词性标记训练集的数据结构即为元组嵌套列表结构：

```
properName = [[('Springer', 'NP-TL')]]
text = """Springer Handbook provides a concise compilation of approved key
information on methods of research, general principles, and functional
relationships in physical and applied sciences."""
import nltk
tokens = nltk.word_tokenize(text)
from nltk.corpus import brown
brown_tagged_sents = brown.tagged_sents() + properName
unigram_tagger = nltk.UnigramTagger(brown_tagged_sents)
tagged_text = unigram_tagger.tag(tokens)
print(tagged_text)
```

【转换结果】

```
[[('The', 'AT'), ('Fulton', 'NP-TL'), ('County', 'NN-TL'), ('Grand', 'JJ-TL'), ('Jury', 'NN-TL'), ('said', 'VBD'), ('Friday', 'NR'), ('an', 'AT'), ('investigation', 'NN'), ('of', 'IN'), ("Atlanta's", 'NP$'), ('recent', 'JJ'), ('primary', 'NN'), ('election', 'NN'), ('produced', 'VBD'), ('``', '``'), ('no', 'AT'), ('evidence', 'NN'), ("''", "''"), ('that', 'CS'), ('any', 'DTI'), ('irregularities', 'NNS'), ('took', 'VBD'), ('place', 'NN'), ('.', '.')], [('The', 'AT'), ('jury', 'NN'), ('further', 'RBR'), ('said', 'VBD'), ('in', 'IN'), ('term-end', 'NN'), ('presentments', 'NNS'), ('that', 'CS'), ('the', 'AT'), ('City', 'NN-TL'), ('Executive', 'JJ-TL'), ('Committee', 'NN-TL'), (',', ','), ('which', 'WDT'), ('had', 'HVD'), ('over-all', 'JJ'), ('charge', 'NN'), ('of', 'IN'), ('the', 'AT'), ('election', 'NN'), (',', ','), ('``', '``'), ('deserves', 'VBZ'), ('the', 'AT'), ('praise', 'NN'), ('and', 'CC'), ('thanks', 'NNS'), ('of', 'IN'), ('the', 'AT'), ('City', 'NN-TL'), ('of', 'IN-TL'), ('Atlanta', 'NP-TL'), ("''", "''"), ('for', 'IN'), ('the', 'AT'), ('manner', 'NN'), ('in', 'IN'), ('which', 'WDT'), ('the', 'AT'), ('election', 'NN'), ('was', 'BEDZ'), ('conducted', 'VBN'), ('.', '.')], …]
```

【分析与讨论】

本节数据结构系由 Brown 语料库提供，用于训练词性标注器。这一元组嵌套列表结构是外部两层列表，外层列表以内层列表为元素（以句子为分割单位），内层列表以经过词性标记的元组为元素。从标记结果看，文本中的 Springer 一词标记为('Springer', None)，可见 Brown 语料库未包含这一机构名称。这一问题可通过添加经词性标记的新数据集(properName = [[('Springer', 'NP-TL')]]，仅为个别词实例)加以克服，如上述代码中的 properName = [[('Springer', 'NP-TL')]]。注意新添加的数据集的数据结构必须与上述转换结果保持一致。

1.4　数据结构转换

就数据结构转换这一概念而言，上述一维、二维和多维数据结构中的实例皆已包含数据结构转换的思路，本节将重点说明如何采用具体方法转换数据结构的过程，尤其是过程中特定方法的比较。

1.4.1　多连词的转换

本节旨在将嵌套列表内的三连词转换为正常阅读习惯下的格式。提取由三个单词构成的三连关键词方法如下：

```
import nltk
path = r'D: \python test\24_specified string\190622_DA-Merge-190607_keywords.txt'
text = open(path, encoding = "UTF-8-sig")
text1 = text.read()
text2 = text1.split('\n')
word_text = [sent.split() for sent in text2]
word_length2 = [kw for kw in word_text if len(kw) == 3] ###按关键词单词数提取
outputlist = []
for kw in word_length2:
    outputlist.append(' '.join(kw))
print(outputlist)
```

【转换结果】

```
['critical discourse analysis', 'Translation of repetition', 'War on terror', 'Cognitive metaphor theory', '(critical) discourse analysis', '(Eco) Critical Discourse Analysis', 'Images of nature', 'The tourism-environmentalism continuum', 'Critical discourse studies', 'Hebrew discourse markers', 'Spiritual self-help discourse', '(Non) topical theme', 'international teaching assistant', 'Critical discourse analysis', ...]
```

【分析与讨论】

本节代码描述如何从众多关键词中提取特定单词数的关键词，如三连关键词。本方法的要点是必须对关键词进行分词处理，但分词采用 split() 而不是 word_tokenize()，是因为 split() 方法不会将 (Eco) Critical 一词分为四个形符。然后设定条件 if len(kw) == 3 来提取三连关键词。提取后的三连关键词仍然是二维列表结构，因此采用遍历方法并把三个单词组合成字符串，构成如转换结果所示的简单列表形式，便于以其他形式输出。下述为分词后的关键词数据结构（二维数据结构——嵌套列表）：

```
[['Critical', 'discursive', 'social', 'psychology'],
 ['Muslim', 'minority', 'in', 'Greece'],
 ['National', 'categories'],
 ['Occidentalism'],
 ['Representations', 'of', 'cultural', 'difference'],
 ['Representations', 'of', 'culture'],
 ['Blame', 'attribution'],
 ...]
```

1.4.2　矩阵结构的转换

本节旨在将元组列表内的关联数据转换为更具可视效果的矩阵形式。数据获取代码参见 1.2.2 节，本节仅呈现相对应的矩阵结构的转换代码：

```
pair_list = sorted(zip(list(number), word_countList, ratioList))
import pandas as pd
df = pd.DataFrame(data = pair_list)
df
```

【转换结果】

```
     0      1        2
0    1   4977  0.05309
1    2  19319  0.20607
2    3  15044  0.16047
3    4   9234  0.09850
4    5   8573  0.09145
5    6   6763  0.07214
6    7   7957  0.08487
7    8   5190  0.05536
8    9   6061  0.06465
9   10   4266  0.04550
10  11   2776  0.02961
11  12   2180  0.02325
12  13    898  0.00958
13  14    300  0.00320
14  15    183  0.00195
15  16     11  0.00012
16  17     14  0.00015
17  18      4  0.00004
```

【分析与讨论】

采用 pandas 模块的 DataFrame 可将二元或多元元组列表结构直接转换为矩阵结构。这种数据结构的优点是可呈现多列关联数据。通过对比 1.2.2 节数据的转换结果，本节数据明显具有更为直观的可视化效果。

矩阵结构亦可用于呈现词汇之间的语义相似性。

```
from nltk.corpus import wordnet as wn
import pandas as pd
terms = ['university', 'college', 'school', 'car', 'tree', 'building', 'bridge', 'people']
entity_names = []
for term in terms:
    entity_names.append([entity.name() for entity in wn.synsets(term)][0])
```

```
terms2 = []
for term in entity_names:
    terms2.append(wn.synset(term))
similarities = []
for entity in terms2:
    similarities.append([round(entity.path_similarity(compared_entity), 2)
                          for compared_entity in terms2])
similarity_frame = pd.DataFrame(similarities, index=terms, columns=terms)
```

【转换结果】

```
            university  college  school   car  tree  building  bridge  people
university        1.00     0.33    0.14  0.06  0.07      0.08    0.08    0.20
college           0.33     1.00    0.14  0.06  0.07      0.08    0.08    0.20
school            0.14     0.14    1.00  0.06  0.06      0.07    0.07    0.14
car               0.06     0.06    0.06  1.00  0.07      0.11    0.11    0.07
tree              0.07     0.07    0.06  0.07  1.00      0.10    0.10    0.08
building          0.08     0.08    0.07  0.11  0.10      1.00    0.33    0.10
bridge            0.08     0.08    0.07  0.11  0.10      0.33    1.00    0.10
people            0.20     0.20    0.14  0.07  0.08      0.10    0.10    1.00
```

【分析与讨论】

本案例所加载的词义网 WordNet 是通过 path_similarity()方法计算出基于上位词层次结构中相互连接的概念之间的分值来确定词汇相似性的，其范围在 0~1 之间。如转换结果所示，通过 WordNet 可以一目了然地比对出不同类型词汇之间的语义相似性，如 university/college/school 为一类，彼此之间的相似性明显高于 tree/building/bridge 一类。而 people 一词与两类词汇均有一定的关联性，其相似性介于两类之间。

1.4.3 spaCy 列表到 NLTK 列表的转换

本节列表的转换旨在为短语数据的处理提供更多其他可选方法，以强化数据结果的适用性。具体代码如下：

```
text = """Springer Handbook provides a concise compilation of approved key
information on methods of research, general principles, and
functional relationships in physical and applied sciences."""
import spacy
nlp = spacy.load('en_core_web_sm')
doc = nlp(text)
termsList = []
```

```
for chunk in doc.noun_chunks:
    termsList.append(chunk)
termsList2 = []
for term in termsList:
    termsList2.append(str(term))
```

【转换结果】

```
['Springer Handbook',
 'a concise compilation',
 'approved key \ninformation',
 'methods',
 'research',
 'general principles',
 'functional relationships',
 'physical and applied sciences']
```

【分析与讨论】

spaCy 模块的 noun_chunks 方法（注意：到目前为止本方法尚无法应用于中文）提取名词短语后若应用于 NLTK 的相应函数进行处理，须将下述 spaCy 列表结构转换为上述 NLTK 列表。其转换方法为 append(str(term))，仅须把遍历对象转换为字符串再逐一添加入列表内。

```
[Springer Handbook,
 a concise compilation,
 approved key
 information,
 methods,
 research,
 general principles,
 functional relationships,
 physical and applied sciences]
```

本节代码意在演示运算过程中短语数据结构的转换结果，略去双重遍历后，可简化如下：

```
import spacy
nlp = spacy.load('en_core_web_sm')
doc = nlp(text)
termsList = []
for chunk in doc.noun_chunks:
    termsList.append(str(chunk))
```

第 2 章　语言数据清洗

语言学或翻译学的相关教学与研究活动中所能获取的语言数据是千变万化的，其多样性恐怕会超出任何一个个体所能想象的边界。这一语言特性的存在，为语言教学与研究开辟了诸多个性化的多样化之路。正是语言数据的这一多样化特性，为语言数据的处理带来了不小的挑战，即在获取语言数据的最终（统计）结果之前必须对语言数据进行所谓的目标干净化处理——语言数据清洗。语言数据的千变万化使得语言数据的清洗变得异常复杂，无法采用统一方法来清洗各类不同的数据。语言学/翻译学语言数据的清洗在一定程度上还是有别于大数据语言数据的清洗，因前者所需的是语言数据的细腻性和多样性，而后者更多是采用绝对的技术手段实现语言数据的一致性和标准性。

本章试图对不同的语言数据清洗方法进行归纳总结，以求具有针对性地说明数据清洗的复杂和烦琐。通过学习本章的清洗方法和案例，可掌握较为系统清洗语言数据的方法，也能根据特定的语言数据运用合适的清洗方法。

2.1　Python 数据清洗方法

本节将主要讲述代码编写过程中各种可能的清洗方法，包括各类函数、模块等方法。函数或模块的具体应用须视语料文本的最终用途而定。函数类清洗方法一般是根据语料文本所呈现的特定规律进行语料文本的清洗，而模块类清洗方法一般是根据定义模块时所包含的词表进行。两种方法各具特色，只有针对特定清洗目的进行组合应用，进而在语言数据清洗过程中充分发挥不同方法的特色作用，才能实现有效清洗。

下述各种方法除了标点符号和停用词外，其他方法对中英文字符均适用。

2.1.1　无效字符清除方法

本节方法可用于清除文本字符前后的空格、换行符等如“\n”“\r”“\t”或字符等，常见的函数为 strip()、lstrip()、rstrip()。

1）strip()方法

本方法用于清除文本字符(单词、术语、句子、段落等单位)前置或后置的无效字符。

```
text = '   Shanghai Jiao Tong University   \r\n'
text.strip()
```

【清洗结果】

```
'Shanghai Jiao Tong University'
```

【分析与讨论】

上述代码已将所有的空格、换行符等清洗完毕。

```
text = 'ooooooo上海交通大学外国语学院 ppppppp'
text.strip('o|p')
```

【清洗结果】

```
'上海交通大学外国语学院'
```

【分析与讨论】

上述代码已将文本字符前后的无效字母 o 和 p 通过自定义方式进行清洗。

2）lstrip()和 rstrip()方法

前者用于清除文本字符(单词、术语、句子、段落等单位)的前置无效字符,而后者是用于清除后置无效字符。下述以清除文本字符的前置无效字符为例。

```
text = '\t   Shanghai Jiao Tong University   \r\n'
text.lstrip()
```

【清洗结果】

```
'Shanghai Jiao Tong University   \r\n'
```

【分析与讨论】

上述代码已将前置的制表符“\t”和空格清洗完毕,但仍保留后置的字符。

```
text = 'ooooooo 上海交通大学外国语学院 ppppppp'
text.lstrip('o|p')
```

【清洗结果】

```
'上海交通大学外国语学院 ppppppp'
```

【分析与讨论】

本小节的两种方法均为选择性清除方法,清洗过程中须判断有待清洗的字符所处的位置。一般而言,段落开始句的前置符号须去除,位于句末的换行符也须去除。

2.1.2 字符判断方法

常用的字符判断方法是 isalpha()和 isdigit()、startswith()和 endswith()、islower()和 isupper()三对。其判断字符是否符合要求的依据是语言数据的特定规则,如是否仅为字母或数字,以何种字符开始或结束,是否大小写等。下述方法为归类后的方法,具体应用则是不同方法有针对性的合理组合。

1) isalpha()和 isdigit()方法

字母判断方法 isalpha ()用于判读字符是否由字母构成:

```
import nltk
text = 'This handbook contains 3 volumes. The 5-year-survival rate was elevated.'
wordList = nltk.word_tokenize(text)
[word for word in wordList if word.isalpha()]
```

【清洗结果】

```
['This', 'handbook', 'contains', 'volumes', 'The', 'rate', 'was', 'elevated']
```

【分析与讨论】

从清洗结果可见,isalpha()方法不仅清除了数字 3,还清除了包含有数字的单词 5-year-survival,后者务必在清洗文本时引起高度重视,否则文本在清洗后将不再包含此类特定词汇,进而可能会影响到语言数据的统计结果。例如,国外的新闻报道中经常会提及这样的字眼,如 a 25-Year-Old Male。还须注意的是,若把 5-year-survival 改为 five-year-survival,isalpha()方法亦将其清除。字母判断方法的关键是明确其在清洗过程中的具体清除对象是什么。

数字判断方法 isdigit()用于判读字符是否由数字构成：

```
import nltk
text = 'This handbook contains 3 volumes. The 5-year-survival rate was elevated.'
text2 = nltk.word_tokenize(text)
[word for word in text2 if not word.isdigit()]
```

【清洗结果】

```
['This', 'handbook', 'contains', 'volumes', '.', 'The', '5-year-survival', 'rate', 'was',
'elevated', '.']
```

【分析与讨论】

从清洗结果可见，isdigit()方法仅清除了数字 3，仍保留 5-year-survival。这说明 isdigit()方法不会清除由数字和字母联合构成的形符，其清除对象是纯数字字符。

在实际的语言数据清洗过程中，本小节的两种方法可能无法组合使用，因为使用 isalpha()方法就意味着已清除相应的数字字符，此时若再使用 isdigit()方法显得有些多余。而仅使用 isdigit()方法，却能有效保留数字字母组合的形符，若再去除标点符号之类的，那么这样的文本清洗至少已符合词频统计的要求。

2) startswith()和 endswith()方法

本小节方法用于判断字符的开始或结尾字符是否符合相应要求：

```
import nltk
text = open(r'D:\python test\1\total book2.txt', encoding = 'UTF-8-sig')
paraList = text.readlines()
sentList = []
for para in paraList:
    sentList += nltk.sent_tokenize(para)
sentList2 = []
for sent in sentList:
    if sent.endswith('.'):
        sentList2.append(sent)
```

【清洗结果】

```
['Springer Handbooks provide a concise compilation of approved key information on methods of
research, general principles, and functional relationships in physical and applied sciences.',
```

```
 'The world's leading experts in the fields of physics and engineering will be assigned by one or
several renowned editors to write the chapters comprising each volume.',
 'The content is selected by these experts from Springer sources (books, journals, online content)
and other systematic and approved recent publications of scientific and technical information.',
...]
```

【分析与讨论】

上述代码用于判断语篇分句后的句子是否以标点符号"."结束,并提取含有此标点的所有句子,清除其他不完整的句子(可能是标题、短语等)。这一判断字符开始或结尾组成的功能亦可用于提取特定构成的单词,如提取前面五个字母为 revis-的单词:

```
from nltk.corpus import words
for word in words.words():
    if word.startswith("revis"):
        print(word)
```

【清洗结果】

```
revisable          revisible          revisitant
revisableness      revision           revisitation
revisal            revisional         revisor
revise             revisionary        revisory
revisee            revisionism        revisualization
reviser            revisionist        revisualize
revisership        revisit
```

【分析与讨论】

本小节方法可在应用字母或数字判断方法之后对语料文本实现精准的清洗,是语言数据清洗的常用方法。

3) islower()和 isupper()

本小节方法用于判断字符是否符合大小写要求:

```
import nltk
text = '''Springer Handbooks provide a concise compilation of approved key
information on methods of research, general principles, and functional
relationships in physical and applied sciences.'''
wordList = nltk.word_tokenize(text)
for word in wordList:
```

```
    if word.islower():
        print(word)
```

【清洗结果】

```
provide
a
concise
compilation
of
approved
key
information
on
methods
of
research
general
principles
and
functional
relationships
in
physical
and
applied
sciences
```

【分析与讨论】

上述代码已判断出所有字母均为小写的单词,并输出结果。若使用 isupper()方法,须注意其判断对象是所有字母均为大写。

2.1.3　替换方法

替换方法可分为常规替换方法和正则表达式方法。前者采用常规的字符串进行替换,优点是直接明了,缺点是可发挥的空间有限,而后者的方法可弥补前者方法的不足。

1) replace()方法

本小节方法用于把有待去除的字符串替换为无或替换为所需内容:

```
text = """This handbook provides a concise compilation  of aapproved key information."""
text.replace('aa', 'a').replace('  ', ' ')
```

【清洗结果】

```
'This handbook provides a concise compilation of approved key information.'
```

【分析与讨论】

所用方法 replace()同时把两个 a 替换为一个 a,两个空格替换为一个空格。随之而来的问题是,语篇内有待替换的不同内容相对较多时,replace()方法所显示的代码显然不是最经济的。此时采用正则表达式方法即 sub()更显妥当。

2) sub()方法

本小节方法属于正则表达式方法,可用于同时清洗文本中的多重内容:

```
import re
NP_List = ['(NP This/DT handbook/NN)', '(NP a/DT concise/NN compilation/NN)',
           '(NP approved/JJ key/JJ information/NN)']
rep = {'NP': '', '/DT': '', '/JJ': '', '/NN': '', '(': '', ')': ''}
rep = dict((re.escape(k), v) for k, v in rep.items())
pattern = re.compile("|".join(rep.keys()))
for term in NP_List:
    myTerm = pattern.sub('', term)
    print(myTerm)
```

【清洗结果】

```
This handbook
a concise compilation
approved key information
```

【分析与讨论】

上述代码旨在清除词性标记,将其替换为无,呈现常规的术语形态。由于词性标记符相对较多,采用 replace()方法会使代码显得有些笨拙,因此宜采用正则表达式方法。其中,所采用的 escape()方法会对字符串中可能被解释为正则运算符的字符进行转义应用,如本例中的圆括号"("和")"。

或将上述代码做如下简化。采用列表结构而非字典结构罗列出所有有待替换的字符,但此时的关键是须事先识别正则表达式转义字符,为其添加斜杠“\”如圆括号之前,否则无法实现有效的数据清洗。下述代码的呈现已更为简洁。

```
rep = ['NP', 'DT', 'JJ', 'NN', '\(', '\)']
pattern = re.compile("|".join(rep))
for term in NP_List:
    myTerm = pattern.sub('', term)
```

2.1.4　标点符号清除方法

以词频统计为例,一般须清除语篇内的标点符号。这一标点符号清除方法属于模块类数据清洗方法。若将数字判断方法(2.1.2 节)和本节方法组合使用,是最适宜于清洗语料文本的。由于中英文标点符号彼此之间存在较大区别,以下分为两小节描述。

1) 英文标点符号

加载英文标点符号模块后可直接用于清洗操作:

```
from string import punctuation
import nltk
text = """This handbook provides a concise compilation of approved key information."""
wordList = nltk.word_tokenize(text)
[word for word in wordList if word not in punctuation]
```

【清洗结果】

```
['This', 'handbook', 'provides', 'a', 'concise', 'compilation', 'of', 'approved', 'key',
'information']
```

【分析与讨论】

如清洗结果所示,英文标点符号已清洗完毕。但须注意用于此类分词的方法是 word_tokenize(),而不是 split()。采用 list(punctuation) 方法可以列表形式呈现所有的英文标点符号。

2) 中文标点符号

加载中文标点符号模块后可直接用于清洗操作:

```
from zhon.hanzi import punctuation
import jieba
text = """现在我把这部著作的第一卷交给读者。这部著作是我 1859 年发表的«政治经济学
批判»的续篇。"""
seg_text = jieba.cut(text, cut_all=False)
wordList = " ".join(seg_text).split()
[word for word in wordList if word not in punctuation]
```

【清洗结果】

```
['现在', '我', '把', '这部', '著作', '的', '第一卷', '交给', '读者', '这部', '著作', '是',
'我', ' 1859 ', '年', '发表', '的', '政治经济学', '批判', '的', '续篇']
```

【分析与讨论】

与英文相比,在清洗中文标点符号之前须先行使用结巴进行中文分词,然后再使用 split()分词。后一种分词方法的依据是词组或标点符号之间的空格。注意中文标点符号清洗模块须另行安装才能使用。采用 list(punctuation)方法可以列表形式呈现所有的中文标点符号。

2.1.5 停用词方法

与标点符号类方法相同,停用词方法也属于模块类数据清洗方法。该方法既可加载如 NLTK 等的停用词模块,亦可加载自己专门设置的停用词词表,或者是两者组合使用。停用词也有中英文之分,主要看尚待清洗的语料文本是何种语言。若是英汉双语的,也不妨使用英文和中文的组合停用词。

1) 英文停用词

本小节直接加载 NLTK 停用词集:

```
from nltk.corpus import stopwords
stop_words = stopwords.words('english')
```

【分析与讨论】

加载 stopwords 模块后,采用 words()方法转换为列表,即可将该停用词以列表形式呈现,用于语料文本的清洗操作。

2）中文停用词

本小节拟采用哈尔滨工业大学停用词表作为清洗操作的词表依据：

```
text = open(r'D: \python_coding\171101_哈工大停用词表_中文.txt', encoding = 'utf8')
text2 = text.read()
stopwords_chn = text2.split('\n')
print(stopwords_chn)
```

【分析与讨论】

哈尔滨工业大学停用词表以 txt 文件形式保存，应用前须如上述代码所示将停用词转换为列表形式，注意其每一个停用词之间均用“\n”进行分隔。哈尔滨工业大学停用词表由标点符号和具体词汇组成，其中的标点符号为 256 个，具体词汇有 513 个。相比较于 2.1.4 节 from zhon.hanzi import punctuation 的 81 个中文标点符号，哈尔滨工业大学词表所收集的标点符号明显更多，其中还收集了组合式标点符号。从现有的中文停用词表看，哈尔滨工业大学停用词表应该是一个较有权威性的通用词表。

2.2　无效信息的清洗

2.2.1　何为无效信息

所谓无效信息是指原始的语言数据中所包含的与语言数据内容和体例格式无关且在删除后不会对语言信息的完整性产生任何影响的信息内容，是语言学/翻译学意义上的无效信息。

一般情况下，无效信息多为体例格式原因所致，例如，从网页上下载后的某些不一致的体例格式如换行等，或是 pdf 格式转换成 txt 文档后等。当然，无效信息也包含文本字符中的错别字等内容。具体的无效信息一般就是多余的空格、空行、段落内不连续、重复的字母、错别字等。此类无效信息的清洗可采用 2.1 节的各种方法或其组合方法进行。

当然，无效信息有时也并不妨碍对文本的考察。例如，以独立方式考察文本的所有形符时，多余的空格、空行、段落内不连续等并不会对形符本身造成统计上的不良影响。但是，以语义方式或模块考察文本的所有形符时，语言数据的清洗是必不可少的。

2.2.2　新闻文本的语言数据清洗

本案例的新闻文本源自某一网站，下载后的 txt 文本构成如下所示——元标记和文本正文。其主要问题是内容换行不符合语言表述习惯，如有的句子甚至被划分成无序的四行，无段落边界，等等。由于一篇报道的篇幅不大，原文又未显示具体的段落构成，因此清洗后大概只要呈现出完整的句子单位，或者原本是多个句子组成的段落，那么就可以认定为完成本次语言数据的清洗工作。

```
Opinion
Stonewall Hasn' t Ended
By Shelby Chestnut
872 字
2019 年 6 月 28 日 07:47
NYTimes.com Feed
NYTFEED
英文
Copyright 2019. The New York Times Company. All Rights Reserved.
The New York police commissioner, James O' Neill, apologized this month for police harassment 50
years ago
Friday at the Stonewall Inn, where trans women of color led the resistance that started the national
L.G.B.T.Q.-rights movement.

But trans people don' t want empty apologies. We want to live and thrive.

That means the Police Department must stop aggressively going after members of the L.G.B.T.Q.
community,
and transgender women in particular, for minor offenses, a practice that has persisted in the decades
since
Stonewall.
```

由于所有的 txt 文档均出自同一份报纸的同一时间段内，从语言分析角度看属于共时语料，而且后续的分析仅以这份报纸作为研究对象，故可认为本次清洗无须关注文本元标记内容，可视之为无效信息。属于无效信息的还有空格、空行、换行等。本次文本清洗的要求：

（1）去除含句首为 copyright 一行的之前所有行即文本元标记内容；

（2）解决段落内的合并问题。

```
import os, re
path1 = r'D: \...\NYT\NYT2019'
path2 = r'D: \...\NYT2019_cleaning'
files = os.listdir(path1)
for file in files:
    f = open(path1 + '/'+ file, encoding = "UTF-8-sig") ①
    text = f.read()
    f.close()
    textList = text.split('\n') ②
    textList2 = []
```

```
for line in textList:
    line2 = line.replace(' ','')
    if not any(re.findall(r'版權所有|文件', line2)):
        textList2.append(line2)
n = textList2.index('英文') ③
textIII = textList2[n+2:] ④
textList3 = []
for line in textIII: ⑤
    if len(line) == 0:
        line = line.replace('', '\n')
    if len(line) > 0:
        textList3.append(line)
textW = " ".join(textList3)
outf = open(path2 + '/' + file, 'w', encoding='utf8') ⑥
outf.write(textW)
outf.close()
```

【清洗结果】

> The New York police commissioner, James O' Neill, apologized this month for police harassment 50 years ago Friday at the Stonewall Inn, where trans women of color led the resistance that started the national L.G.B.T.Q.-rights movement.
>
> But trans people don't want empty apologies. We want to live and thrive.
>
> That means the Police Department must stop aggressively going after members of the L.G.B.T.Q. community, and transgender women in particular, for minor offenses, a practice that has persisted in the decades since Stonewall.

【上述代码的关键代码行】

① f = open(path1 + '/'+ file, encoding = "UTF-8-sig")——逐一打开待清洗文档;

② textList = text.split('\n')——将原始文本按原有分段划分成列表;

③ n = textList2.index('英文')——识别出“英文”字样所在分段的索引号,这是识别文本特定边界的操作法,在本批次语料中的边界为“英文”字样,具有统一性;

④ textIII = textList2[n+2:]——删除文本元标记内容,即仅提取有效内容,计数为含“英文”字样段楼的第二行开始;

⑤ for line in textIII:——这一循环解决段落合并问题,同时还为原有空行添加段楼标记“line = line.replace('', '\n')”并将有文字的内容行组合成提取后的文本“if len(line) > 0:”;

⑥ open(path2 + '/' + file, 'w', encoding='utf8')——将清洗完毕的文本存入指定

文件夹内。

【分析与讨论】

这一清洗结果至少可以保证清洗后的句子是完整的，不会妨碍句子的后续分析以及语义层面的主题词提取，如研究中国形象时对文本内 China 或 Chinese 的词频统计等。

本案例所采用的方法主要有 replace()和列表切片技术，前者用于替换两个空格和添加段落标记，后者则根据识别出的边界字样提取最终所需字符内容。编写代码的关键是对原文本体例结构的分析，旨在发现关键要素，如“英文”字样及其索引号、相关句子内容虽分几行但彼此之间无空行。

2.2.3 中文动词的清洗

本案例拟为金融类文本的动词搭配分析提取相应的动词，并在用于搭配分析前对词表进行合规清洗。所用文本已事先采用 CorpusWordParser 中文分词标注软件进行分词和词性标注处理。具体清洗代码如下（直接加载经分词和词性标注处理的文本）：

```
path = r'D: \...\2001-2008 行长致辞_分词+词性.txt'
text = open(path, encoding='utf8').read()
textList = text.split(' ')
result = []
for word in textList:
    if '/v' in word:
        result.append(word.replace('/v', ''))
print(result)
```

【提取结果】

```
['增长', '贷款', '是 l', '明确', '系统化', '专业化', '是 l', '加强', '改进', '外汇管理',
'要 u', '提高', '监管', '监督', '贷款', '分类', '管理', '实施', '促进', '贷款', '继续', '要
u', '管理', '披露', '\n 加强', '发行', '改革', '取得', '突破', '迈出', '是 l', '加强', '改
善', '外汇管理', '化', '疏堵', '对外开放', '可以 u', '受', '限制', '办理', '有', '获准',
'等', '办理', '召开', '流动', '设立', '驻', '签署', '互换', '建立', '磋商', '交流', '合作',
'进一步', '扩大', '是 l', '建设', '要 u', '加强', '制定', '执行', '继续', '执行', '促进',
'发展', '进一步', '外汇管理', '维护', '保持', '要 u', '运行', '改进', '发挥', '调控', '维
护', '是 l', '\n 明确', '等', '调整', '需要', '配合', '修订', '颁布', '规定', '等', '出台',
'管理', '\n 保持', '深化', '外汇管理', '改革', '适应', '加入', '加快', '外汇管理', '\n 加
快', '协调', '可持续发展', '是 l', '发展', '冲击', '继续', '保持', '较', '增长', '生产',
'航天', '飞行', '完成', '\n 面对', '运行', '面临', '挑战', '学习', '实践', '发展', '观',
'统一', '部署', '调整', '\n 推出', '取得', ...]
```

从提取结果看,整个文本分词后有7 698个词组,从中提了2 139个动词,其中的多数动词为二字词组,其他为一字、三字和四字词组。一字词组为192个,如“产”、“化”、“及”、“贷”、“较”等,四字词组为24个,如“外汇管理”、“信息处理”、“通货膨胀”等。从搭配分析视角看,一字和四字词组均属无效信息。属于无效信息的还有“\n”、“u”、“l”、“d”等字符。由此得出清洗要求:

(1) 去除动词含有的不规范字符如“\n”、“u”、“l”、“d”等;

(2) 去除一字和四字词组;

(3) 统计动词词频并按词频排序。

清洗字符“\n”、“u”、“l”、“d”的代码如下:

```
import re
wordList = []
for term in result:
    pattern = re.compile('\n|u|l|d')
    if re.findall(r'\n|u|l|d', term): ①
        term2 = pattern.sub("", term)
        wordList.append(term2)
    else:
        wordList.append(term) ②
```

提取二字和三字词组的代码如下:

```
finalList = []
for term in wordList:
    if 1 < len(term) < 4: ③
        finalList.append(term)
print(finalList)
```

【上述代码的关键代码行】

① if re.findall(r'\n|u|l|d', term):——设置识别出含有不规范字符的词组;

② wordList.append(term)——添加不含不规范字符的词组;

③ if 1 < len(term) < 4:——规定提取词组的汉字字数为二个和三个。

【分析与讨论】

最后可采用NLTK的频率分布方法FreqDist()进行排序处理(参见1.2.2节),其结果显示如下:

```
[('发展', 56), ('加强', 52), ('改革', 51), ('贷款', 42), ('管理', 42), ('进一步', 36),
('增长', 35), ('监管', 33), ('提高', 33), ('取得', 32), …]
```

2.3 有效信息的清洗

2.3.1 何为有效信息

所谓的有效信息是指原始的语言数据中所包含的与语言数据内容和体例格式有关但与其中某一类尚待提取的语言数据无关的信息内容。也就是说,从原始语言数据中提取某一类语言数据时因另一类语言数据产生的干扰影响而必须加以删除。总之是语言学/翻译学意义上的有效信息。

以术语提取为例(详见《语料库与 Pyhton 应用》一书的 8.5 节"术语提取效果的改进"),采用 ngrams()方法提取多连词后发现含有动词的多连词基本上都是无效的。为改进多连词提取效果,可在文本词性标注后提取出所有的动词,然后通过动词词表清除所有含有这些动词的多连词。在此案例中,动词本身是语言数据中的有效信息,只是对某些多连词而言是无效的。

因此,有效信息的清洗必须具有针对性,不能因删除某一类语言数据而对另一类产生哪怕是极小的影响。

2.3.2 英文动词词组的清洗

本案例系采用树库形式提取动词词组,所用文本为德国《著作权法》英译本。提取过程为文本经词性标记后采用 parse()方法转换为树库形式,并以正则表达式方法从中提取动词词组。本案例的动词词组构成定义为由介词 to 连接的前后两个动词。动词词组提取代码如下:

```
import nltk
text = open(r"D: \...\German Copyright Act_de_eng.txt", encoding = 'UTF-8-sig').readlines()
sents = []
for para in text:
    sentence = nltk.sent_tokenize(para)
    sents += sentence
sentList = []
for sent in sents:
    tokens = nltk.word_tokenize(sent.lower())
    tagged_sent = nltk.pos_tag(tokens) ①
    sentList.append(tagged_sent)
verbChunk = []
```

```
for sent in sentList:
    cp = nltk.RegexpParser( 'CHUNK: {<V. * > <TO> <V. * >}') ②
    tree = cp.parse( sent) ③
    for subtree in tree.subtrees( ):
        if subtree.label( ) = = 'CHUNK':
            verbChunk.append( subtree[ 0: 3] ) ④
```

【提取结果】

```
[[('obliged', 'VBN'), ('to', 'TO'), ('grant', 'VB')],
 [('obliged', 'VBN'), ('to', 'TO'), ('grant', 'VB')],
 [('deemed', 'VBN'), ('to', 'TO'), ('have', 'VB')],
 [('deemed', 'VBN'), ('to', 'TO'), ('have', 'VB')],
 [('deemed', 'VBN'), ('to', 'TO'), ('have', 'VB')],
 [('entitled', 'VBN'), ('to', 'TO'), ('assert', 'VB')],
 [('known', 'VBN'), ('to', 'TO'), ('be', 'VB')],
 [('entitled', 'VBN'), ('to', 'TO'), ('assert', 'VB')],
 [('entitled', 'VBN'), ('to', 'TO'), ('assert', 'VB')],
 [('serve', 'VB'), ('to', 'TO'), ('ensure', 'VB')],
 [('is', 'VBZ'), ('to', 'TO'), ('be', 'VB')],
 [('deemed', 'VBN'), ('to', 'TO'), ('be', 'VB')],
…]
```

【上述代码的关键代码行】

① tagged_sent = nltk.pos_tag(tokens)——为分词后的文本进行词性标记；

② cp = nltk.RegexpParser('CHUNK: {<V. * > <TO> <V. * >}')——以正则表达式确定所提取动词词组的结构形式；

③ tree = cp.parse(sent)——转换为树库形式；

④ verbChunk.append(subtree[0: 3])——仅提取如提取结果所示的动词词组。

【分析与讨论】

提取结果显示，这是一个多维数据结构——元组嵌套列表结构，即最里层为三元组元素，中层和外层均为列表。从直观结构看，可采用两次遍历方式提取单词本身，即先遍历外层列表元素，再遍历中层列表内含的元组，接着提取动词本身并进行组合。本次动词词组的清洗要求：

（1）清除词性标记；

（2）将三个词组合成符合直观表达的词组形式。

动词词组的清洗代码如下：

```
chunkList = []
for item in verbChunk:
    chunk = []
    for word, tag in item: ①
        chunk.append(word)
    chunkList.append(" ".join(chunk)) ②
```

【清洗结果】

```
['obliged to grant', 'obliged to grant', 'deemed to have', 'deemed to have', 'deemed to have', 'entitled to assert', 'known to be', 'entitled to assert', 'entitled to assert', 'serve to ensure', 'is to be', 'deemed to be', ...]
```

【上述代码的关键代码行】

① for word, tag in item:——二级遍历后提取两个动词和介词“to”;

② chunkList.append(" ".join(chunk))——组合动词词组并添加入一维列表。

【分析与讨论】

本案例中经清洗去除的内容为词性标记符,虽属有效信息,但后续文本分析不再需要此类信息。经清洗后,动词词组构成了一维列表。在此基础上,可进行计数或去重等处理。亦可统计该语篇的动词构成特征,用于对比不同译本的动词应用风格。

2.3.3 词形还原法

词形还原法是指把经词形变化的语言词汇还原为其一般形式,以英语为例,是把变位后的动词、复数名词、比较级和最高级形容词等还原为动词不定式、单数名词、形容词原形等。基于这一特点,本节把词形还原法列为有效信息的清洗方法之一。经词形还原后的语篇或文本会更利于自然语言处理操作,如形符统计等。词形还原法有多种,本案例以 NLTK 和 spaCy 词形还原法进行对比说明。下述为 NLTK 词形还原法:

```
text = '''An Insurance Warranty is a clause in the insurance policy for
a particular venture, requiring the approval of a marine operation by
a specified independent surveyor. The requirement is normally satisfied by
 the issue of a Certificate of Approval.'''
import nltk
def find_pos(text): ①
    pos = nltk.pos_tag(nltk.word_tokenize(text), tagset='universal')
    tags = []
    for i in pos:
```

```
        if i[1][0].lower() == 'a':
            tags.append('a')
        elif i[1][0].lower() == 'r':
            tags.append('r')
        elif i[1][0].lower() == 'v':
            tags.append('v')
        else:
            tags.append('n')
    return tags
from nltk.stem import WordNetLemmatizer
wnl = WordNetLemmatizer()
tokens = nltk.word_tokenize(text.lower())
tags = find_pos(text)
lemma_words = []
for i in range(0, len(tokens)): ②
    lemma_words.append(wnl.lemmatize(tokens[i], tags[i])) ③
print(" ".join(lemma_words))
```

【还原结果】

```
an insurance warranty be a clause in the insurance policy for a particular venture , require the
approval of a marine operation by a specified independent surveyor . the requirement be normally
satisfy by the issue of a certificate of approval .
```

【上述代码的关键代码行】

① def find_pos(text):——创建一个改变词性标记符的自定义函数,输出一个包含所有词汇的词形标记符列表,便于后续 lemmatize()方法的调用;

② for i in range(0, len(tokens)):——遍历形符列表索引号;

③ lemma_words.append(wnl.lemmatize(tokens[i], tags[i]))——根据形符列表及其词性标记符列表的索引号进行词形还原,输出一个词元列表。

【分析与讨论】

NLTK 词形还原法的一个明显之处是必须为各类形符标注词性后才能进行词形还原,因此其代码相对较长。而 spaCy 词形还原法是直接输出词形还原结果,不存在过程中标注词形的需要。就本案例文本而言,其词形还原结果除大小写外完全一致。

SpaCy 词形还原法的代码如下:

```
import spacy
nlp = spacy.load('en_core_web_sm')
```

```
doc = nlp( text)
lemmaText = ''
for token in doc: ①
    lemmaText += token.lemma_ + ' ' ②
print(lemmaText.replace( '\n', ''))
```

【还原结果】

```
an Insurance Warranty be a clause in the insurance policy for a particular venture , require the approval of a marine operation by a specified independent surveyor . the requirement be normally satisfy by the issue of a Certificate of Approval .
```

【上述代码的关键代码行】

① nlp = spacy.load('en_core_web_sm')——加载语言模型'en_core_web_sm';

② lemmaText += token.lemma_ + ' '——经由 token.lemma_输出词形还原后的词元,形式为字符串。

【分析与讨论】

与学术级工具包 NLTK 相比,spaCy 工具包在词形还原方面的优势是显而易见的。后者的特点在于直接输出结果,这也包括其他输出结果如词块提取等。但这也并不意味着 spaCy 完全碾压前者,两者的合理组合应用才是 Python 语言数据分析的有效手段(参见 1.4.3 节)。

2.3.4 特征值清洗

本案例拟从 Excel 文档中提取出均含有五个完整特征值内容的栏并构成一个新的列表以供后续研究使用,五个特征值为作者名(Authors)、论文名(Title)、来源期刊(Source title)、摘要(Abstract)、关键词(Author keywords)。也就是说,本案例的清洗要求是去除本栏内语言数据有空缺的栏。

```
import pandas as pd
path = r"D: \python test\24_specified string\190709_AbstractDA-Guan2.xlsx"
df0 = pd.read_excel( path)
df = df0.fillna( 'xxx')
pairList = list( zip( list( df[ 'Authors' ] ), list( df[ 'Title' ] ),
                    list( df[ 'Source title' ] ), list( df[ 'Abstract' ] ),
                    list( df[ 'Author Keywords' ] )
                    )
              )
```

【分析与讨论】

查看 Excel 表格发现，表格含有 1 486 栏（一栏相当于一篇论文）有关论文信息的语言数据。其中，“摘要”一列有的单元格以“[No abstract available]”字样表示无摘要内容，“关键词”一列则以空值表示无关键词内容，其他似乎无空缺。采用 pandas 模块读取 Excel 内容后以“xxx”字样替换表内空值，然后将五个特征值转换成一个五元元组列表的数据结构。以下代码用于计数无摘要的单元格：

```
cList = []
for c1, c2, c3, c4, c5 in pairList:
    if '[No abstract available]' == c4:
        cList.append(c4)
len(cList)
```

结果显示无摘要的单元格共为 21 个。以下代码用于计数这些 21 个单元格中有没有关键词是空值的，用以检验摘要和关键词的对应性：

```
cList = []
for c1, c2, c3, c4, c5 in pairList:
    if '[No abstract available]' == c4:
        if len(str(c5).split()) == 1:
            cList.append(c5)
len(cList)
```

结果显示无关键词的单元格为 20 个，说明摘要与关键词的内容有不成对应关系的。以下代码用于计数每一列的语言数据是否合要求：

```
cList = []
for c1, c2, c3, c4, c5 in pairList:
    if 'xxx' == str(c5):
        cList.append(c5)
len(cList)
```

结果显示，作者名、论文名、来源期刊、摘要四列均含有有效的 1 486 栏，无空值；关键词一列含有 195 个空值。根据上述 1 486、21、20 和 195 这三个数值推断，合乎提取要求的语言数据栏应该是 1 486-21-(195-20) = 1 290 栏。以下代码用于计数合乎最终要求的栏数：

```
c1List = []
c2List = []
```

```
c3List = []
c4List = []
c5List = []
for c1, c2, c3, c4, c5 in pairList:
    if '[No abstract available]' != c4 and 'xxx' != str(c5):
        c1List.append(c1)
        c2List.append(c2)
        c3List.append(c3)
        c4List.append(c4)
        c5List.append(c5)
finalList = sorted(zip(c1List, c2List, c3List, c4List, c5List))
len(finalList)
```

结果也显示数值为 1 290,验证了上述计算结果。注意上述代码中的条件代码行 if '[No abstract available]' != c4 and 'xxx' != str(c5):是上述算法运算中的关键,由此确定所提取的相应栏的内容。将清洗后的结果导入 Excel 后即表示完成本案例的清洗任务。但实际上,后续还可能存在其他的清洗任务,例如,源自不同期刊的作者名是否一致,等等。

第3章　语言数据可视化

语言数据的可视化是语言数据分析过程中必不可少的一个环节。其作用在于：一是增强经计算统计所得数字的呈现效果；二是可从可视化结果中发现数字规律，为数据分析获取更多可供解读的语言信息。这也是本章之所以划分为数字结果可视化和文字结果可视化两节的原因所在，同时也是方便阅读理解的需要。在呈现可视化效果图之前，语言数据必须经历清洗这一环节（参见本书第2章），否则会影响到可视化效果，如3.2.4案例所述。数据清洗并非一概而论，有效的清洗手段是为具体项目指定具体的清洗措施。本章的可视化绘图工具以matplotlib包为有效手段，根据需要配合以具体的实施方法，如networkx、statsmodels等。

本章所选案例都是为了实际任务的需要而实现图形可视化，并不是为了可视化而可视化，故每一个案例的可视化都可以找到其应用的源头。如3.1.5节"语篇长句界定及其句长分布可视化"选自一次MTI论文答辩场景中的提问问题；3.2.1节"词汇相似性及其相关矩阵可视化"选自相关的词汇认知心理研究。有两个案例（3.1.1节和3.1.3节）其计算数值已出现在《语料库与Python应用》一书，而本书再次提及则是为这两个案例配上最符合需要的可视化效果图。

3.1　数字结果可视化

数字结果可视化是指语言数据通过一定的统计计算操作后以数字或以数字为主来表述语言数据规律的可视化方式。方法的应用不仅在于语言数据的统计计算结果，还在于如何选择恰当的可视化工具来呈现数字。本节将通过所选案例的语言数据变量与特定的可视化工具的有效结合来呈现可视化效果，如语篇词汇密度与柱状图、作业分数统计与正态分布曲线、语篇词长分布与折线图、信息贡献度分布与散点图、语篇长句界定与句长分布等。

3.1.1 语篇词汇密度分布及其柱状图可视化

《语料库与 Python 应用》一书的第 7.3 节(2018：135－139)曾计算出不同法系的四部著作权法/版权法的语篇词汇密度对比数值。为实现语言数据结果的可视化,必须先获取两个列表,其代码如下(或可参见该书第 7.3 节)：

(1) 逐个打开文档

```
import os, nltk
path = r"D: \python test\10_intellectual property"
filenameList = os.listdir(path)
filesList = []
for filename in filenameList:
    file = open(path + '/' + filename, encoding='utf-8').read()
    filesList.append(file)
f = open(r'D: \python_coding\171101_stopword_list_density.txt', encoding='utf8')
f_read = f.read()
f.close()
stopwords_list = f_read.split(', ')
```

(2) 计算密度

```
wordDensityList = []
for fileI in filesList:
    fileText = nltk.word_tokenize(fileI)
    fileClean = [word for word in fileText if word.isalpha()]
    fileClean2 = [word for word in fileClean if word not in stopwords_list]
    wordDensity = len(fileClean2) / len(fileClean)
    wordDensityList.append(wordDensity)
```

(3) 取国别名称和两位小数点

```
nationList = []
for nation in filenameList:
    nationName = nation.split()[0]
    nationList.append(nationName)
roundNumber = []
for number in wordDensityList:
    n = round(number, 2)
    roundNumber.append(n)
```

本案例旨在将这些数值以图形加数字的方式呈现，使对比结果更为一目了然。将这些数值实现可视化的一个前提条件是把表示哪国著作权法/版权法的国家名称制作成列表即['American', 'Chinese', 'English', 'German']，同样也把词汇密度值转换成列表即[0.54, 0.58, 0.51, 0.56]。以下为语篇词汇密度可视化的代码：

```
import matplotlib.pyplot as plt
x = nationList
y = roundNumber
plt.figure(figsize=(8, 5)) ①
plt.xticks(fontsize=14)
plt.yticks(fontsize=14)
plt.bar(x, y, facecolor='r', edgecolor='r', width=0.3) ②
for x, y in zip(x, y): ③
    plt.text(x, y, "{f}".format(f=y), ha="center", va='bottom', fontsize=14) ④
plt.rcParams['font.sans-serif'] = ['SimHei'] ⑤
plt.rcParams['axes.unicode_minus'] = False
plt.title('四种著作权法/版权法词汇密度分布图', fontsize=20)
plt.xlabel('著作权法/版权法', fontsize=16)
plt.ylabel('词汇密度', fontsize=16)
plt.show()
```

【可视化结果】

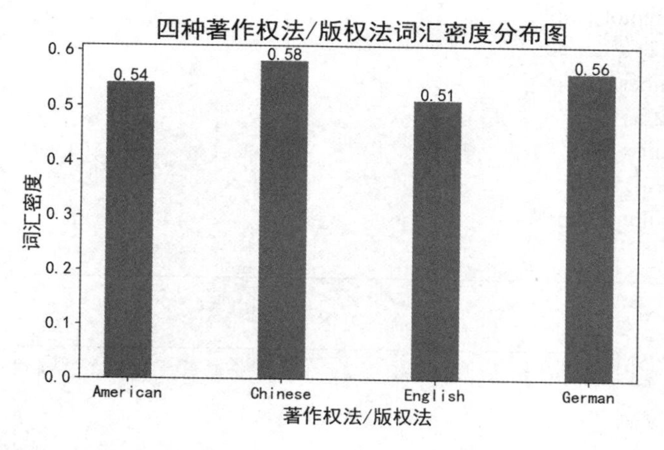

【上述代码的关键代码行】

① plt.figure(figsize=(8, 5))——设置画布大小，前者为宽度，后者该为高度；

② plt.bar(x, y, facecolor='r', edgecolor='r', width=0.3)——设置柱状体颜色和和宽度，bar()方法确定本图为柱状图，plot()方法表示为折线图，pie()方法表示为饼状图，scatter()方法表示为散点图；

③ for x, y in zip(x, y):——以循环代码将数值标注在柱状体之上；

④ "{f}".format(f=y)——用于在柱状体上显示文字;

⑤ plt.rcParams['font.sans-serif'] = ['SimHei']——本行和下一行代码 plt.rcParams ['axes.unicode_minus'] = False 用于显示中文字体,英文则略去。

【分析与讨论】

数值和文字转换为可视化图形之前,须将国家名称和词汇密度值两个列表分别赋值为 x 轴和 y 轴。注意后续的循环代码其 x 和 y 也须相互对应如 for x, y in zip(x, y): 。

从本案例四部著作权法/版权法的语篇词汇密度数值看,存在一定的规律性。经数据排序处理后发现[0.51, 0.54, 0.56, 0.58],除第一个数值 0.51 外,其他数值呈线性变化。故可采用线性拟合方式,确定其是否呈线性变化:

(1) 数据转换

```
pairList = list(zip(nationList, roundNumber))
sorted_data = sorted(pairList, key=lambda max: max[1]) ①
nationList2 = dict(sorted_data).keys()
roundNumber2 = dict(sorted_data).values()
```

(2) 线性拟合

```
import numpy as np
import matplotlib.pyplot as plt
x = list(nationList2)
y = list(roundNumber2)
plt.scatter(x, y) ②
x1 = np.arange(len(x)) ③
y1 = 0.023 * x1 + 0.51 ④
plt.plot(x1, y1, color='g')
plt.show()
```

【可视化效果】

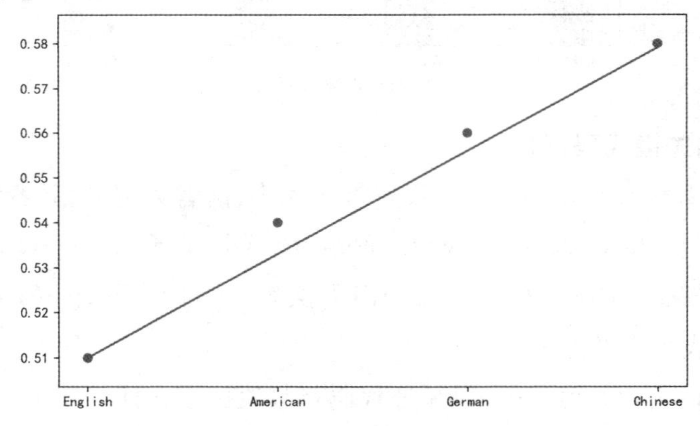

【上述代码的关键代码行】

① sorted_data = sorted(pairList, key=lambda max: max[1])——经 zip()方法组合后按密度值从小到大排序,然后有转换为两个列表;

② plt.scatter(x, y)——以国家名称为 x 轴、以密度值为 y 轴绘制密度值散点图;

③ x1 = np.arange(len(x))——将国家名称转换为数字形式,以便绘制拟合直线,其数字为[0, 1, 2, 3],分别对应于['English', 'American', 'German', 'Chinese'];

④ y1 = 0.023 * x1 + 0.51——拟合直线系由直线斜率和 x 轴截距所确定,即斜率为(0.58 -0.51) / 3 = 0.023333333333333317,取值 0.023;x 轴截距取值为第一个最小密度值 0.51。

【分析与讨论】

从线性拟合可视化效果看,四个密度值基本符合线性分布规律。这一点的语言学解读如下:英美版权法均为英文原创版本,语篇密度值低于翻译版本(德国和中国著作权法),但英国版权法是英美法系的首创,美国版权法则是基于英国版权法的版权法体系的延续发展,其语篇构成不是真正绝对意义上的"创作";德国和中国著作权法均为翻译版本,但由于德语和英语为同一语系(日耳曼语系),在语言构成上存在一定的相似性,这一相似性和翻译版本两特性的结合使其密度值高于原创文本;而中国著作权法英译本则是纯粹的翻译版本,其虚词占比明显低于前三者(翻译规律使然)。四个密度值呈线性变化则说明四部法律之间存在一定的语言关联性,即均为一个法律部门的法律在术语/词语构建上彼此相互借鉴/映射,而且术语所处搭配环境决定了术语意义的异同。

3.1.2 作业分数统计及其正态分布拟合可视化

本案例数据源自 MTI 翻译班级 27 名学生的翻译作业,可视化的目的是为验证具体分值段与学生人数之间的关系是否符合正态分布,从而确定作业分数的分布是否合理。下述代码共由三部分组成:一是获取数据代码段;二是设置正态分布概率密度函数;三是组合绘制。

(1) 获取数据

```
import numpy as np
import pandas as pd
import matplotlib.pyplot as plt
path = r'D: \python test\69_学生分数\200404_翻译作业分数.xlsx'
df = pd.read_excel(path)
scores = df["分数"]
combine = {} ①
for score in scores:
    if score in combine:
```

```
        combine[score] += 1
    else:
        combine.update({score: 1})
y = combine.values()
x = combine.keys()
```

（2）正态分布概率密度函数

```
mean = scores.mean() ②
std = scores.std() ③
def normfun(x, mu, sigma):
    curve = np.exp(-((x - mu) ** 2)/(2 * sigma ** 2))/(sigma * np.sqrt(0.0013 * np.pi)) ④
    return curve
x1 = np.arange(75, 110, 0.01) ⑤
y1 = normfun(x1, mean, std)
```

（3）可视化

```
plt.figure(figsize=(10, 5))
plt.xticks(fontsize=14)
plt.yticks(range(len(y)), fontsize=14) ⑥
plt.bar(x, y, facecolor='g', edgecolor='r')
for x, y in zip(x, y):
    plt.text(x, y, "{f}".format(f=y), ha="center", va='bottom') ⑦
plt.plot(x1, y1) ⑧
plt.rcParams['font.sans-serif'] = ['SimHei']
plt.rcParams['axes.unicode_minus'] = False
plt.title('作业分数统计及其正态分布拟合', fontsize=20)
plt.xlabel('分数', fontsize=14)
plt.ylabel('学生人数', fontsize=14)
plt.show()
```

【可视化结果】

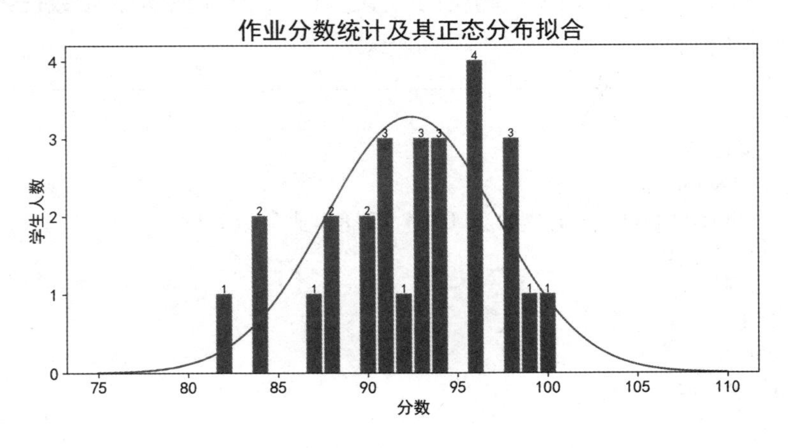

【上述代码的关键代码行】

① combine = {}——该字典结构用于获得相同分数的学生人数加和值;

② mean = scores.mean()——获得所有分数的均值;

③ std = scores.std()——计算数据集中的标准差;

④ curve = np.exp(-((x - mu) ** 2)/(2 * sigma ** 2))/(sigma * np.sqrt(0.0013 * np.pi))——正态分布概率密度函数,其中的 0.001 3 数字设置可调整曲线高低,数值越小曲线越高;

⑤ x1 = np.arange(75, 110, 0.01)——前两个数字表示 x 轴曲线的开始和结束,第三个数字表示步长或者区间的间隔长度;

⑥ plt.yticks(range(len(y)), fontsize=14)——range(len(y))用于设置为整数;

⑦ plt.text(x, y, "{f}".format(f=y), ha="center", va='bottom')——"{f}".format(f=y)用于将数字标识在柱状体之上;

⑧ plt.plot(x1, y1)——绘制正态分布拟合曲线。

【分析与讨论】

本案例可视化图形系由柱状图和曲线图组合而成,其中确定 x 轴和 y 轴数值的是 plt.bar()方法,plt.plot()方法仅为添加一条拟合曲线。从可视化图形看,可以认定本次翻译作业分数的分布情况基本合理。本案例的正态分布概率密度函数的设置参照了网址 https://www.jianshu.com/p/ee43c55123f8。

3.1.3　语篇词长分布及其折线图可视化

《语料库与 Python 应用》一书(2018:142-146)的第 7.5 节曾计算出一个语篇的词长分布数值,包括词长、单词个数、占比。为实现语言数据结果的可视化,必须先获取两个列表,其代码如下(或可参见该书第 7.5 节):

```
from nltk.corpus import PlaintextCorpusReader
path = r"D: \python test\17_ENG-CHN_pairs"
corpora = PlaintextCorpusReader(path, ['American Copyright Act_eng.txt'])
textSeg = corpora.words('American Copyright Act_eng.txt')
textClean = [w.lower() for w in textSeg if w.isalpha()]
max_length = max(len(w) for w in textClean)
number = range(1, max_length +1)
ratios = []
for i in number:
    word_length = [w for w in textClean if len(w) == i]
    word_count = len(word_length)
```

```
ratio = word_count / len(textClean)
ratio1 = round(ratio, 4)
ratios.append(ratio1)
```

本案例旨在将这些数值以图形加数字的方式呈现,使对比结果更为一目了然。将这些数值实现可视化的一个前提条件是把表示词长的数值制作成列表即 range(1, 19),同样也把词长占比转换成列表即[0.0531, 0.2061, 0.1605, 0.0985, 0.0914, 0.0721, 0.0849, 0.0554, 0.0647, 0.0455, 0.0296, 0.0233, 0.0096, 0.0032, 0.002, 0.0001, 0.0001, 0.0]。以下为语篇词长分布可视化的代码:

```
x1 = number
y1 = ratios
plt.figure(figsize=(15, 5), dpi = 300) ①
plt.xticks(x1, fontsize=16) ②
plt.yticks(fontsize=16)
plt.plot(x1, y1, color='blue', linewidth=3, linestyle='-') ③
for x1, y1 in zip(x1, y1):
    plt.text(x1, y1, "{f}".format(f=y1), ha="center", va='bottom', fontsize=14) ④
plt.rcParams['font.sans-serif'] = ['SimHei']
plt.rcParams['axes.unicode_minus'] = False
plt.title('语篇词长分布图', fontsize=20)
plt.xlabel('词长', fontsize=16)
plt.ylabel('百分比', fontsize=16)
plt.grid(True) ⑤
plt.show()
```

【可视化结果】

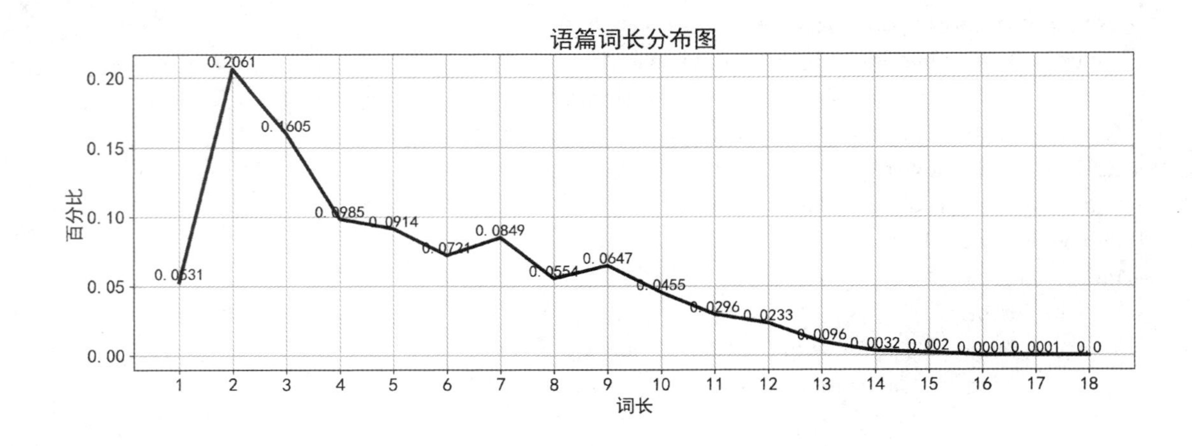

【上述代码的关键代码行】

① plt.figure(figsize = (15, 5), dpi = 300)——设置画布大小的同时设置图像分辨率,dpi300 为可供印刷的质量;

② plt.xticks(x1, fontsize = 16)——将词长数值设为 x 轴下标;

③ plt.plot(x1, y1, color = 'blue', linewidth = 3, linestyle = '-')——显示为折线图,linestyle = '-'表示实线;

④ "{f}".format(f = y1)——用于在相应的转折点上显示文字;

⑤ plt.grid(True)——为图形添加网格线,以增强对比效果。

【分析与讨论】

两组数值转换为可视化图形之前,须将词长和词长占比两个列表分别赋值为 x 轴和 y 轴。本案例由于相应词长的单词数差别过大,不利于数值的可视化,故可视化图形仅列出词长和词长占比两项。从可视化图形看,二字母单词数最多,随着单词的字母数增加,其占比越来越小。这一点也经由《中华人民共和国著作权法》得到验证。

3.1.4　信息贡献度分布对比及其散点图可视化

本案例选择林语堂《京华烟云》张振玉译本和郁飞译本“老百姓”一词进行信息贡献度对比(胡加圣,管新潮 2020),以散点图可视化形式呈现。两译本虽同出一原文,但译本的用词却有着较为显著的差异性,这与译者个体的个人心理因素、教育修养、社会地位、政治偏好、文化习惯息息相关。经计算得出“老百姓”一词的两译本信息贡献度比值高达 6.12。下述为信息贡献度强度分布散点图可视化的代码:

```
import numpy as np
import matplotlib.pyplot as plt
x = np.random.normal(2, 1.2, 612) ①
y = np.random.normal(4.5, 1.2, 612)
x = np.random.normal(7, 1.2, 100)
y = np.random.normal(4.5, 1.2, 100)
area = np.pi * 4 ** 2 ②
plt.rcParams['font.sans-serif'] = ['SimHei']
plt.rcParams['axes.unicode_minus'] = False
plt.xlim( xmax = 9, xmin = 0)
plt.ylim( ymax = 9, ymin = 0)
plt.scatter( x, y, s = area, c = 'red', alpha = 0.4, label = '张译本') ③
plt.scatter( x, y, s = area, c = 'blue', alpha = 0.4, label = '郁译本')
plt.axvline( x = 4.5, ls = "--", c = "black") ④
plt.legend()
plt.show()
```

【可视化结果】

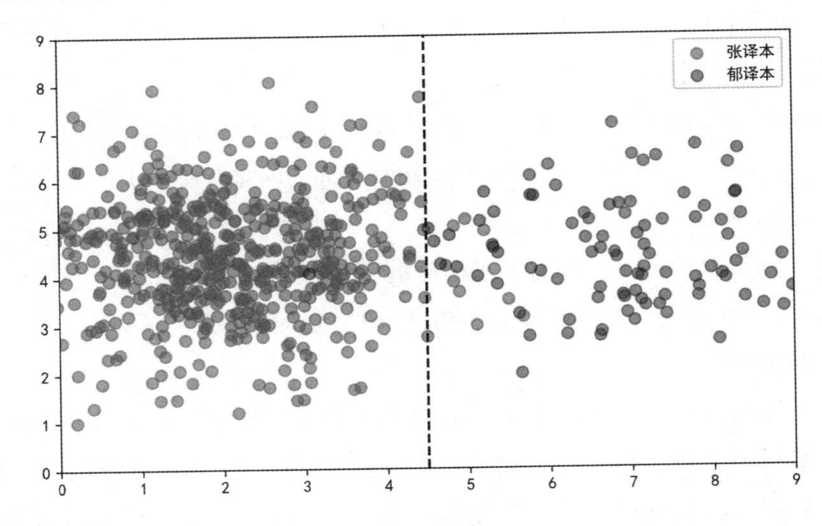

【上述代码的关键代码行】

① x = np.random.normal(2, 1.2, 612)——概率分布函数 np.random.normal(loc, scale, size)中的 loc 是分布函坐标位置,由 x 轴和 y 轴坐标值确定;size 是分布形状大小,可用于信息贡献度比值;

② area = np.pi * 4 ** 2——散点图面积,用于控制散点范围;

③ plt.scatter(x, y, s=area, c='red', alpha=0.4, label='张译本')——用于标识图例;

④ plt.axvline(x=4.5, ls="--", c="black")——在两个散点面积之间画一条直线。

【分析与讨论】

本案例的可视化旨在将数值形式的对比转换为散点图对比,以增强信息贡献度对比的可视效果。绘制图形的关键是将两个散点图同时绘制在一个画面上,控制散点图位置的是坐标值,左图为 x 轴 2 和 y 轴 4.5,右图为 x 轴 7 和 y 轴 4.5。y 轴坐标值相同意味着两个散点图处在同一水平线上,即水平对应。

可对比 3.1.1 节和 3.1.2 节的两种图形同时绘制在一个画面上的情形。

3.1.5 语篇长句界定及其句长分布可视化

本案例选自一次论文答辩场景。有学生的论文自称是关于长句分析的,但在举例分析时似乎并没有按照什么标准去判断所选分析语篇中哪些句子是长句,哪些不是,因此论文中的诸多实例均不具代表性。本案例尝试以可视化判断特定规律的方法来界定语篇长句,为论文写作的科学性而不是随意性提供一种基于语言数据分析的方法。下

述为实现可视化效果的代码(所选文本为美国版权法):

(1) 读取文本并分段分句

```
import nltk
textFile= open(r'D: \...\American Copyright Act_eng.txt', encoding="utf8")
myfiles = textFile.read()
text = set(myfiles.split('\n')) ①
sentList = []
for line in text:
    sentList += nltk.sent_tokenize(line)
```

(2) 确定最大句长

```
max_length = max(len(sent.split()) for sent in sentList) ②
number = range(1, max_length +1)
```

(3) 确定句长分布占比

```
ratios = []
for i in number:
    sent_length = [sent for sent in sentList if len(sent.split()) == i] ③
    sent_count = len(sent_length)
    ratio = sent_count / len(sentList) ④
    ratios.append(ratio)
combine = sorted(zip(number, ratios))
nList = []
percentList = []
for n, percent in combine:
    if percent != 0.0: ⑤
        nList.append(n)
        percentList.append(percent)
combine2 = sorted(zip(nList, percentList))
```

(4) 可视化

```
import matplotlib.pyplot as plt
y1 = nList ⑥
x1 = percentList
plt.figure(figsize=(25, 30))
plt.xticks(x1, fontsize=14, rotation=90)
plt.yticks(fontsize=14)
```

```
plt.plot(x1, y1, color='blue', linewidth=3, linestyle='-')
for x1, y1 in zip(x1, y1):
    plt.text(x1, y1, "{f}".format(f=y1), ha="center", va='bottom', fontsize=14)
plt.rcParams['font.sans-serif']=['SimHei']
plt.rcParams['axes.unicode_minus'] = False
plt.title('语篇句长分布折线图', fontsize=40)
plt.xlabel('百分比', fontsize=40)
plt.ylabel('句长', fontsize=40)
plt.grid(True)
plt.show()
```

【可视化效果】

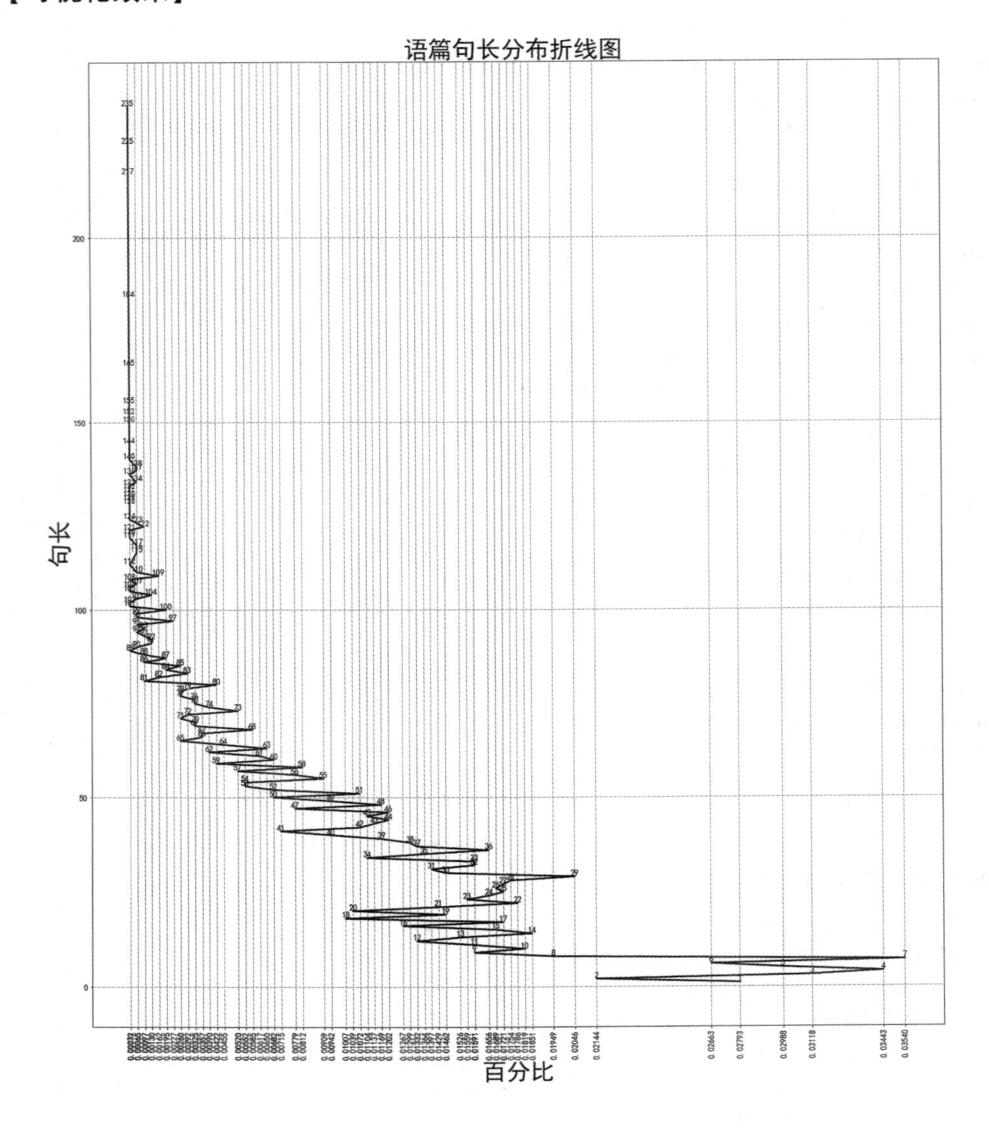

【上述代码的关键代码行】

① text = set(myfiles.split('\n'))——读取语篇后，先分段后分句方能保证句子分割的准确性；

② max_length = max(len(sent.split( )) for sent in sentList)——获取语篇中最大句长的信息；

③ sent_length = [sent for sent in sentList if len(sent.split( )) = = i]——提取特定句长的句子，其中的 sent.split( ) 用于计算句长值；

④ ratio = sent_count / len(sentList)——计算出特定句长占比；

⑤ if percent != 0.0: ——因某些特定句长数值的句子数为 0，须删除这些元素；

⑥ y1 = nList——句长最大值与最小值(235 与 1 之比)之间的差异较大，为增强可视化图形的效果，将句长设为 y 轴，相应的占比设为 x 轴。

【分析与讨论】

如可视化效果图所示，句长分布所构成的折线图在句长为 29 ~ 31 和 100 及以上时折线发生明显变化，从数学上说这是折线的斜率发生突变。以 len(myfiles.split( )) / len (sentList) 计算语篇的平均句长值为 31.308 541 734 329 328，这一平均值与 29 ~ 31 时折线突变相吻合，说明超越平均句长的句子数量已构成特定的数学变化关系，其显示为图形折线走势趋向稳定，但仍显徘徊之趋势。从 100 开始，句长与句长数量的关系几乎呈垂直变化，说明从 100 开始的句长构成了整个语篇句子长度变化关系的走向为一种稳定的对比关系。这一数值可认定为这个语篇中最具代表性的长句开始数值。语篇分析时，应根据实际情况选择这一句长数值以上的长句作为论文写作的实例。当然，不同类型语篇的最大句长会有较大差别，本篇是法律条文，其最大句长高达 235 个单词。

3.2　文字结果可视化

文字结果可视化是指语言数据通过一定的统计计算操作后以文字或以文字为主来表述语言数据规律的可视化方式。选择何种方法来恰当地表示语言数据的内在规律，是实现有效可视化的关键。本节的可视化方法均以文字呈现为主要元素，但文字元素背后还包含文字大小、色彩浓淡、距离远近等说明语言数据规律的元素存在。对文字结果可视化的审视，必须参照特定数字规律的提示作用。唯有如此，方能更好地呈现文字结果的可视化。本节所涉案例有：词汇相似性与相关矩阵、主题词凸显与图形分布、评价语句相似性与聚类、语义分析与网络。

3.2.1 词汇相似性及其相关矩阵可视化

相关矩阵是指由相应元素在各列之间的相关系数所构成的数字矩阵，而相关矩阵可视化则是以不同颜色表示相关系数的图形矩阵，可更为形象地呈现出相关系数之间的相互关系。本书 1.4.2 节已通过词义网 WordNet 计算出['university', 'college', 'school', 'car', 'tree', 'building', 'bridge', 'people']八个词汇之间的语义相似性，下述代码将把语义相似性的相关矩阵以可视化形式呈现：

```
import matplotlib.pyplot as plt
import statsmodels.graphics.api as sm
sm.plot_corr( similarity_frame, xnames = list( similarity_frame) ) ①
plt.figure( figsize=(10, 10), dpi = 300)
plt.show( )
```

【可视化结果】

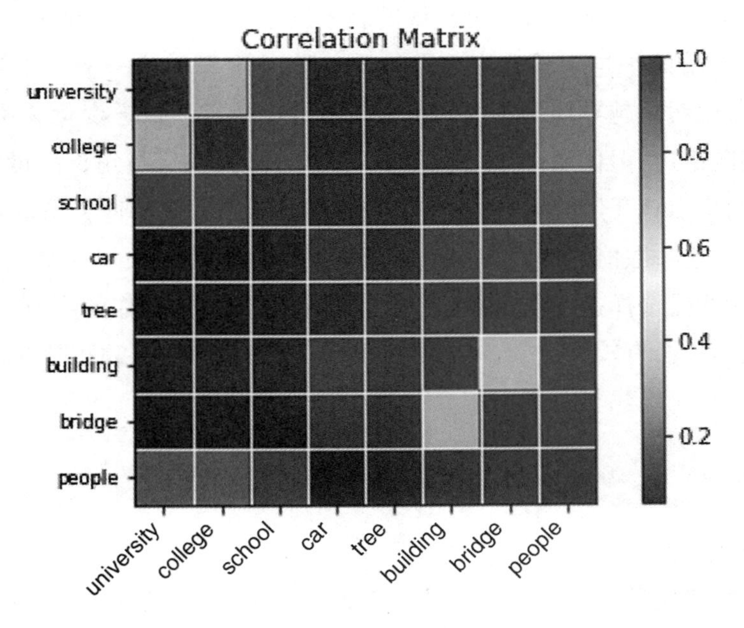

【上述代码的关键代码行】

sm.plot_corr(similarity_frame, xnames = list(similarity_frame)) ——plot_corr( )方法用于绘制相关矩阵图，其设有两个参数，第一个是以数字呈现的相关矩阵，第二个是各元素名称。

【分析与讨论】

上述相关矩阵可经由 pandas 的 DataFrame( )转换而来(如 1.4.2 节案例)，也可经由

numpy 的数组 array()方法。相关矩阵也可采用 seaborn 的 heatmap()方法来实现：

```
import seaborn
cmap = seaborn.cubehelix_palette(start=1.5, rot=3, gamma=0.8, as_cmap=True) ①
seaborn.heatmap(similarity_frame, linewidths=0.05, vmin=0, cmap=cmap) ②
plt.rcParams['font.sans-serif'] = ['SimHei']
plt.rcParams['axes.unicode_minus'] = False
plt.title("相关矩阵", fontsize=20)
plt.show()
```

【可视化结果】

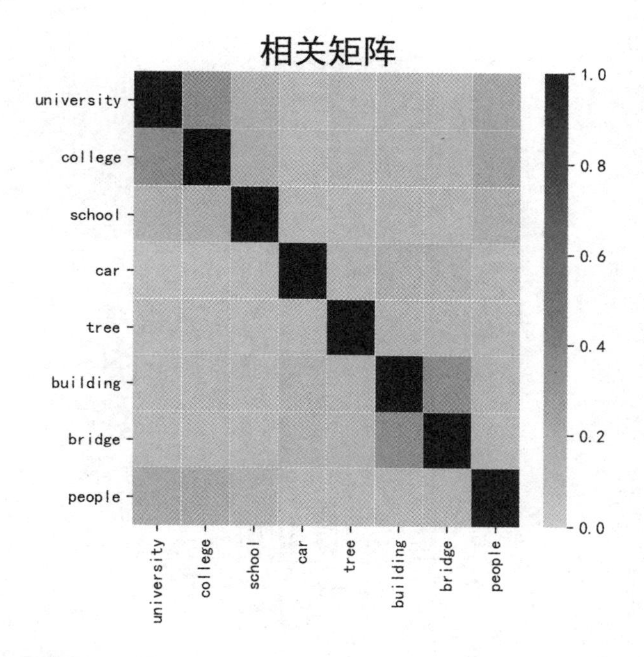

【上述代码的关键代码行】

① cmap = seaborn.cubehelix_palette(start = 1.5, rot = 3, gamma = 0.8, as_cmap = True)——选择 cubehelix_palette()方法绘图；

② seaborn.heatmap(similarity_frame, linewidths=0.05, vmin=0, cmap=cmap)——采用热力图 heatmap()方法。

【分析与讨论】

本案例旨在说明语料库语言学研究中相关主题词彼此之间的语义关联性可通过相关矩阵加以形象呈现，而语义关联性数值的获得则须依托知识库形式的词义网 WordNet 来实现。此外，亦可借助于 VerbNet、FrameNet、HowNet 等知识库实现相应的目的。

3.2.2 主题词凸显及其分布式可视化

语篇主题词的凸显既可以词云图方式呈现,也可以直接将文字呈现于画布。词云图方式可参见《语料库与 Python 应用》一书第 4.4 节(2018:81 - 88)。在个性化的论文或报告写作中,以个性化方式绘制词云图用于表述论文或报告的主题思想是一项颇具创造性的可视化措施。词云图中主题词的选择一般是按词频统计方式进行的,若想刻意强调某些词汇,亦可通过增加其频率的方式。下述为通过正常词频统计呈现的个性化词云图。

【可视化效果】

本节下述案例是将待强调文字直接置于画布上,与作为背景的大量文字呈现出对比效果。这一方法的绘图方式有别于词云图方法,亦可起到强调主题的作用,尤其是在强调特定文字之时。文字画布方法的代码如下:

```
import matplotlib.pyplot as plt
plt.figure(figsize=(8, 8))
t = """Article 3 Works, as used in this Law, shall include such works
as literature, art, natural science, social science and engineering
technology created in the following forms:
1. Writings works;
2. Oral works;
3. Music, dramatic, quyi, dance and acrobatic works;
```

```
4. Painting and architectural works;
5. Photographic works;
6. Cinematographic works and works created by virtue of the analogous
method of film production;
7. Graphic works such as diagrams of project design, drawings of
product design, maps and sketches as well as works of their model;
8. Computer software; and
9. Other works set out by laws and administrative regulations."""
plt.text(0.6, 0.5, "作品\n　使用", size=100, color = "r", rotation=30., ha="center", ①
        va="center",
        bbox=dict(boxstyle="round", ec=(1., 0.5, 0.5), fc=(1., 0.8, 0.8)))
plt.text(0.5, 0.4, "著作权", size=80, color = "r", rotation=-30., ha="right", ②
        va="top",
        bbox=dict(boxstyle="square", ec=(1., 0.5, 0.5), fc=(1., 0.8, 0.8)))
plt.text(0.6, 0.5, t, fontsize=18, style='oblique', color = "b", ha='center', ③
        va='center', wrap=True)
plt.rcParams['font.sans-serif']=['SimHei']
plt.rcParams['axes.unicode_minus'] = False
plt.axis('off')
plt.show()
```

【可视化效果】

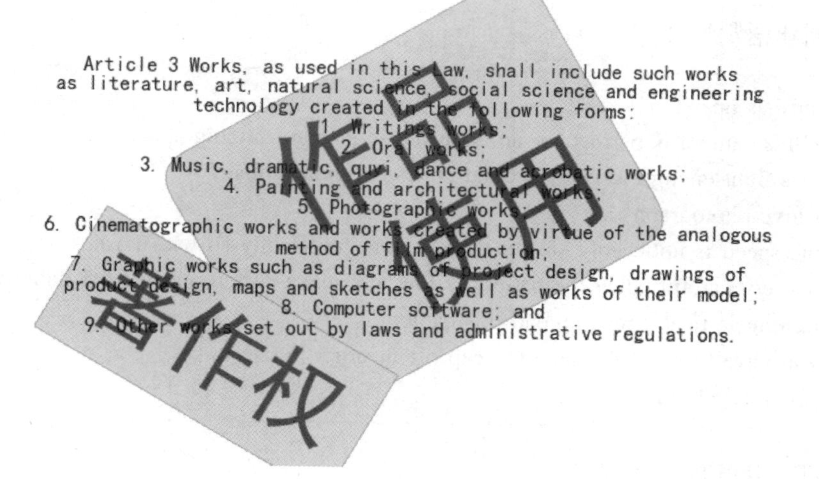

【上述代码的关键代码行】

① plt.text(0.6, 0.5, "作品\n　使用", size=100, color = "r", rotation=30., ha="center", ——专用于设置“作品”和“使用”两字样，其中的 rotation 用于旋转文字；bbox 是为标题增加外框，其常用参数为 boxstyle 方框外形、facecolor（简写 fc）背景颜色、

edgecolor(简写 ec)边框线条颜色;

② plt.text(0.5, 0.4, "著作权", size = 80, color = "r", rotation = -30., ha = "right", ——专用于设置"著作权"字样;

③ plt.text(0.6, 0.5, t, fontsize = 18, style = 'oblique', color = "b", ha = 'center', ——缩小字号,设置背景对比文字,其中的 t 可通过读取文件方式加载。

【分析与讨论】

无论是词云图还是文字画布方法,都是为了强调某些主题。这些方法的强调作用显著,精准显示却不足,即无法精确显示文字的数字式规律。这是将此方法应用于描述特定主题时必须把握的一个因素。

3.2.3 评价语句的相似性及其聚类可视化

商品的评价语句可通过情感分析方法界定其情感取向,并勾勒出不同评价语句对商品某一特征的真实意图。但面对众多的评价语句,仅用分值界定每一个语句的情感值会造成一定程度的情感取向不准确,尤其是面对模棱两可的评价语句之时。在情感取值之前,对不同评价语句进行聚类分析也不失为一种方法。众多的评价语句其聚类越准确,后续的情感分析会越到位,对商品后续改进的建设性作用会越有针对性。本案例的评价语句是佳能照相机的客户评语,随机选择了七句,希望通过聚类方法可呈现出语义最为相似的句子,其可视化代码如下:

(1) 创建语料库

```
import numpy as np
corpus = ['this camera is perfect for an enthusiastic amateur photographer.',
          'it is light enough to carry around all day without bother.',
          'i love photography.',
          'the speed is noticeably slower than canon , especially so with flashes on.',
          'be very careful when the battery is low and make sure to carry extra batteries.',
          'i enthusiastically recommend this camera.',
          'you have to manually take the cap off in order to use it.']
corpus = np.array(corpus) ①
```

(2) TF-IDF 向量模型

```
from sklearn.feature_extraction.text import TfidfVectorizer
tv = TfidfVectorizer(min_df=0., max_df=1., use_idf=True) ②
tv_matrix = tv.fit_transform(corpus) ③
tv_matrix = tv_matrix.toarray() ④
```

（3）计算评价语句的相似性

```
from sklearn.metrics.pairwise import cosine_similarity
similarity_matrix = cosine_similarity(tv_matrix) ⑤
```

（4）评价语句聚类

```
from scipy.cluster.hierarchy import dendrogram, linkage
sentCluster = linkage(similarity_matrix, 'ward') ⑥
```

（5）可视化

```
import matplotlib.pyplot as plt
plt.figure(figsize=(8, 3))
dendrogram(sentCluster) ⑦
plt.rcParams['font.sans-serif'] =['SimHei']
plt.rcParams['axes.unicode_minus'] = False
plt.title('评价语句聚类图', fontsize=16)
plt.xlabel('评价语句编号', fontsize=10)
plt.yticks([])
plt.show()
```

【可视化效果】

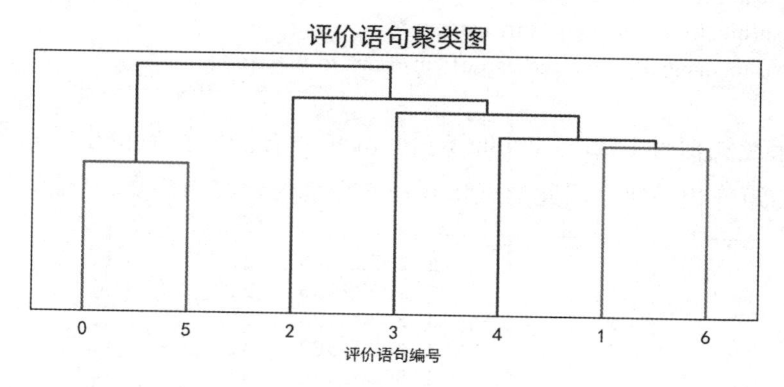

【上述代码的关键代码行】

① corpus = np.array(corpus)——格式转换,将列表结构转换为数组形式的语料库;

② tv = TfidfVectorizer(min_df=0., max_df=1., use_idf=True)——TF-IDF 向量模型,用于设置模型参数;min_df=0.表示构建词表时,忽略小于阈值的文档频率的词条;max_df=1 表示忽略大于阈值的文档频率的词条;use_idf=True 表示启用权重计算;

③ tv_matrix = tv.fit_transform(corpus)——输入语料库后得到 TF－IDF 权重矩阵，表示 TfidfVectorizer()可将字符串文本转换为 TF－IDF 权重矩阵，输出后续相似性比较所需的数据；

④ tv_matrix = tv_matrix.toarray()——将权重矩阵转换为数组结构；

⑤ similarity_matrix = cosine_similarity(tv_matrix)——使用余弦相似性方法计算不同评价语句之间的相似性；

⑥ sentCluster = linkage(similarity_matrix, 'ward')——spicy 模块的层次聚类法，

⑦ dendrogram(sentCluster)——spicy 模块用于绘制聚类图的方法。

【分析与讨论】

TF－IDF(词频逆文本频率)是一种统计方法，用于评估一个词对其所在语料库的其中之一个文本的重要性。其重要性随自身在文本中出现的频率成正比增加，同时也随自身在语料库中出现的频率成反比下降。这是本案例采用的关键方法。

根据可视化结果，还须将评价语句导出为两类列表，用于后续情感分析。通过代码 list(enumerate(corpus))，可显示所有评价语句的索引号：

```
[(0, 'this camera is perfect for an enthusiastic amateur photographer.'),
 (1, 'it is light enough to carry around all day without bother.'),
 (2, 'i love photography.'),
 (3, 'the speed is noticeably slower than canon , especially so with flashes on.'),
 (4, 'be very careful when the battery is low and make sure to carry extra batteries.'),
 (5, 'i enthusiastically recommend this camera.'),
 (6, 'you have to manually take the cap off in order to use it.')]
```

对比经余弦相似性 cosine_similarity(tv_matrix)方法计算后得出的矩阵，可见上述可视化图形与矩阵相一致。因此尝试将 0 和 5 评价语句归为一类，其他的归为另一类。

```
array([[ 0.        ,  5.        ,  1.03598346,  2.        ],
       [ 1.        ,  6.        ,  1.18972053,  2.        ],
       [ 4.        ,  8.        ,  1.24302195,  3.        ],
       [ 3.        ,  9.        ,  1.40871377,  4.        ],
       [ 2.        , 10.        ,  1.50605918,  5.        ],
       [ 7.        , 11.        ,  1.73285607,  7.        ]])
```

本案例尝试先提取另一类评价语句的索引号，然后再根据索引号提取评价语句构成一个新列表：

```
cluster1 = [0, 5]
cluster2 = []
```

```
for item in range(0, 7):
    if item not in cluster1:
        cluster2.append(item)
cluster2Sent = []
for n, sent in list(enumerate(corpus)):
    if n in cluster2:
        cluster2Sent.append(sent)
```

其中的 cluster2 显示为[1, 2, 3, 4, 6],为另一类评价语句的索引号列表。cluster2Sent 最终呈现为另一类评价语句内容。从本次的评价语句聚类结果看,0 和 5 两句的直观阅读感觉也与聚类结果非常吻合。从整体聚类效果看,这一方法适宜于作为情感分析的数据清洗方法,即在评价语句众多、内容长短不一、正话反说等情况下先对所有评价语句进行聚类(分类)处理,然后再运用情感分析方法。

3.2.4 语篇语义分析及其语义网络可视化

语义网络图可直观呈现一个语篇中相关主题词的语义关系,其将主题词视为网络节点,将主题词的语义关系视为网络节点之间的连接关系。语义网络分析法假设,如果两个概念在语篇中频繁共现,就表明这两个概念之间有较强的关联性。在统计语义网络中,概念之间的关系强度可以推导方式统计得出,如绝对频率、相对频率、主题词权重、字距等(谭荧等 2019),皆可用于构建语义网络。因此,以语义网络分析可明确识别出一个主题框架内的多个重点对象及其相应的(社会、政治、经济、人文等)关系。这一方法的社会价值在于:可结合语言数据分析方法进行前瞻性判断,对潜在的问题做出风险预警或识别出领域内的重点企业,防范化解科技领域内的重大安全隐患或监管缺失(王钦等 2020)。本案例所用语料为《中华人民共和国著作权法》英译本。

(1)读取数据

```
from nltk.corpus import stopwords
path = r'D:\python test\10_intellectual property\Chinese copyright law_chn_eng.txt'
with open(path, "r", encoding='utf-8-sig') as data:
    text = data.read()
remove_words = stopwords.words("english")
```

(2)提取主题词排序

```
from gensim.summarization.mz_entropy import mz_keywords
import pandas as pd
```

```
kws = mz_keywords(text, scores=True, threshold=0.0002) ①
kws_slice = []
values = []
for word, value in kws:
    if word not in remove_words:
        kws_slice.append(word)
        values.append(int(value * 10000))
kws = sorted(zip(kws_slice, values)) ②
kws_df = pd.DataFrame(kws,
                      columns=['kw', 'weight']).sort_values(by='weight',
                                                            ascending=False)
```

（3）主题词两两关联性提取

```
import itertools
from nltk import sent_tokenize, word_tokenize
def cooccurance(text, kws): ③
    possible_pairs = list(itertools.combinations(kws, 2)) ④
    cooccurring = dict.fromkeys(possible_pairs, 0)
    for sent in sent_tokenize(text):
        words = word_tokenize(sent)
        for pair in possible_pairs:
            if pair[0] in words and pair[1] in words: ⑤
                cooccurring[pair] += 1
    return cooccurring
```

（4）绘制语义网络图

```
import networkx as nx
import matplotlib.pyplot as plt
import numpy as np
num = 20 ⑥
pairs = cooccurance(text, kws_df['kw'][:num]) ⑦
G = nx.Graph()
for pair, wgt in pairs.items():
    if wgt > 0:
        G.add_edge(pair[0], pair[1], weight=wgt) ⑧
D = nx.ego_graph(G, 'work') ⑨
edges, weights = zip(*nx.get_edge_attributes(D, 'weight').items())
nx.draw(D, ⑩
        pos = nx.spring_layout(D, k=.5, iterations=40),
```

```
        node_color = "red",
        node_size = [kws_df['weight'][i] * 40 for i in np.arange(num)],
        edgelist = edges,
        width = [list(pairs.values())[i] * 0.01 for i in np.arange(num)],
        edge_color = "red",
        with_labels = True,
        font_size = 12)
plt.show()
```

【可视化效果】

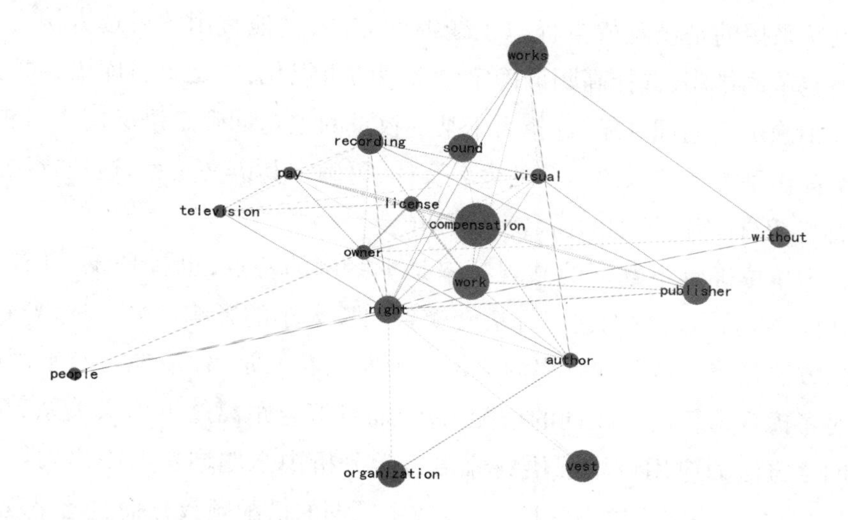

【上述代码的关键代码行】

① kws = mz_keywords(text, scores = True, threshold = 0.0002)——采用 mz_keywords()方法提取语篇主题词,并相应设置权重,可参见“信息贡献度”概念(胡加圣,管新潮 2020);

② kws = sorted(zip(kws_slice, values))——将主题词及其权重转换为二元元组列表结构;

③ def cooccurance(text, kws):——设置自定义函数,用于提取各主题词之间的两两共现频率;

④ possible_pairs = list(itertools.combinations(kws, 2))——将所有主题词实现两两组合,构成二元元组列表;

⑤ if pair[0] in words and pair[1] in words:——如果一对主题词均出现在一个句子中,就计数为1,如 cooccurring[pair] += 1;

⑥ num = 20——选取20个主题词用于绘制语义网络图;

⑦ pairs = cooccurance(text, kws_df['kw'][:num])——仅选择 num 数量的主题词用于后续绘制语义网络图,主题词过多的可视化效果并不尽如人意;

⑧ G.add_edge(pair[0], pair[1], weight=wgt)——配置语义网络图的节点和关系数值;

⑨ D = nx.ego_graph(G, 'work')——将 work 一词作为这个语义网络图的中心节点,可根据"(2)提取主题词排序"的权重大小确定;

⑩ nx.draw()——绘制语义网络图,内含用于设置可视化图形的不同参数。

【分析与讨论】

本案例所采用的是设置权重提取主题词的方法,其他常用的可选方法有:一是按词频大小确定单词排序,选择高频词确定语义网络可视化;二是语料库语言学分析中使用关键性大小确定主题词排序,选择大于某一权重的主题词确定语义网络可视化;三是采用命名实体识别方法选取语篇中的命名实体,再确定其语义关系,这一方法须视数据分析目的而定,因有不同类别的命名实体存在。

以句子为单位确定主题词的共现频率是本案例的特点,也就是说,只有句内单词(或词汇)方可参与计数,故而这一方法会受到句长大小的影响。另一种语料库语言学分析常用的方法是将计数共现频率的单位定为左五右五距离(或左十右十距离等),其优点是同时考虑到语篇内主题词的搭配情形,而且符合距离越近语义关系越紧密的原则。语义网络方法的应用可增强语料库语言学分析中主题词左右距离内搭配的解释力,其不仅关注左右一定距离内的搭配(计数主题词的搭配频数),而且还呈现出语篇中这一左右距离内的共现主题词之间的关系。

本案例的语篇语义分析起始于以语义方式提取主题词,即选择了 gensim 所特有的语义提取方式,再行提取相关主题词的共现搭配。上述呈现的可视化效果图是以 work 一词为中心节点,列示出所选主题词与该词的语义关系(选择了 20 个主题词,但与 work 相关联的仅为 16 个)。从效果图看,不难发现 work 一词的最关键共现词为 compensation,其次是 author、right、owner 等,这与《中华人民共和国著作权法》中文版的主题概念是保持一致的。"作品 work"由"作者 author"制作完成,在绝大多数情况下是其"所有人 owner"即著作权人,自然就享有"权利 right",权利中最重要的就是"报酬 compensation"。这是以 work 为中心的可视化效果图所明示的著作权法的概念语义关系。当然,本案例效果图的不足之处是未对文本进行完全标准化处理,即词形还原等。

参考文献

管新潮.2018.语料库与 Python 应用[M].上海:上海交通大学出版社.

胡加圣，管新潮.2020.文学翻译中的语义迁移研究——以基于信息贡献度的主题词提取方法为例[J].外语电化教学(2)：28－34.

谭荧，张进，夏立新.2019.语义网络发展历程与现状研究[M].图书情报知识(6)：102－110.

王钦，李凡，李乾文.2020.科技政策审计的语义网络分析[M].财会月刊(7)：97－102.

第4章　数据分析可选方法

本书前三章所述内容均为语言数据分析过程中必不可少的环节,其重要性不言而喻。只有为语言数据构建起强大的适应性数据结构,才能为语言数据分析提取出符合语言学要求的语言信息;只有为原始语言数据采用合理有效的清洗方式,才能为语言数据分析清洗出符合任务需要的清洁文本或数据;只有为语言数据绘制出既具有逻辑合理性又具有颜值担当的可视化结果,才能为语言数据分析呈现出引人入胜的画面。而本章旨在为这三方面即数据结构、清洗、可视化提供进一步的可选方法,以增强提取后的语言信息所能反映真实语言规律的效果。在处理语言数据的过程中,任何一种方法都不会是单独应用,而是经过与其他方法的适应性组合,才能完成复杂的语言数据处理任务。

4.1　Python+Excel 应用

语言数据经加工处理后输出的语言信息既可能是数字信息,也可能是文字信息。两种信息的呈现方式可以有多种选项,如图形可视化形式或文本输出形式。输出文本时通过 Excel 实现信息的呈现是一个可以达成文字可视化的较好方式,而且 Excel 还具有再行处理的功能,可为文本信息处理拾遗补缺。语料库研究中某些工具的英文显示毫无问题,但其他小语种呈现总不尽如人意。其实,将此类内容转换成 Excel 格式,可至少避免出现如怪符号之类的字符问题。总之,Excel 表也是一种可视化工具,其与第 3 章可视化的区别在于突显文字信息本身。

本节旨在将 Python 语言数据处理的输出结果与 Excel 相结合,以达成更为强大的信息呈现效果。本节各案例所采用的均为 pandas 工具包,其可为数据结构的转换提供非常便利的方法 DataFrame( ),任何以列表或元组列表等形式呈现的语言数据均可直接导入 Excel 表格之中,而且还可对 Excel 呈现结构进行定制。

4.1.1　长句文字内容和句长分布

本书第 3.1.5 节“语篇长句界定及其句长分布可视化”已将句长分布实现可视化，然而文本分析是对文本真实内容的文字考察，也是图形可视化分析所不可或缺的一个环节。唯有两者结合，才能毫无遗憾地分析语篇句长分布的真实语言数据。本案例系 3.1.5 节的延续，拟通过 pandas 模块实现长句文字内容和句长的同时呈现。

（1）先分段后分句

```
import nltk
textFile= open(r'D: \...\American Copyright Act_eng.txt', encoding="utf8")
myfiles = textFile.read()
text = set(myfiles.split('\n'))
sentList = []
for line in text:
    sentList += nltk.sent_tokenize(line)
```

（2）长句和句长

```
sents = []
wordsCount = []
for sent in set(sentList):
    no = len(sent.split()) ①
    sents.append(sent)
    wordsCount.append(no)
combine = sorted(list(zip(sents, wordsCount)))
sorted_data = sorted(combine, key = lambda result: result[1], reverse = True) ②
```

（3）Excel 输出

```
import pandas as pd
writer = pd.ExcelWriter('D: \Python_results\sentence_result1.xlsx')
cs_df = pd.DataFrame(data = sorted_data) ③
cs_df.to_excel(writer, header=None, index=None) ④
workbook = writer.book
worksheets = writer.sheets
worksheet = worksheets['Sheet1']
worksheet.set_column("A: A", 210) ⑤
writer.save()
```

【可视化效果】

	A	B
1	Where the rules and regulations of the Federal Communications Commission require a cable system to omit the further transmission of a particular program and such rules and regulations	235
2	(3) Notwithstanding the provisions of clause (1) of this subsection and subject to the provisions of subsection (e) of this section, the secondary transmission to the public by a cabl	225
3	(ii) the transmitting entity does not cause to be published, or induce or facilitate the publication, by means of an advance program schedule or prior announcement, the titles of the	217
4	(4) Notwithstanding the provisions of clause (1) of this subsection, the secondary transmission to the public by a cable system of a performance or display of a work embodied in a pri	184
5	(ix) the transmitting entity identifies in textual data the sound recording during, but not before, the time it is performed, including the title of the sound recording, the title of	165
6	The "local service area of a primary transmitter", in the case of a television broadcast station, comprises the area in which such station is entitled to insist upon its signal bein	155
7	— Subject to the provisions of paragraphs (5), (6), and (8) of this subsection and section 114(d), secondary transmissions of a performance or display of a work embodied in a primary	152
8	The Copyright Royalty Judges shall act in accordance with regulations issued by the Copyright Royalty Judges and the Librarian of Congress, and on the basis of a written record, prior	150
9	(C) The procedures under subparagraphs (A) and (B) shall also be initiated pursuant to a petition filed by any copyright owners of sound recordings or any eligible nonsubscription ser	144
10	(2) If a cable system transfers to any person a videotape of a program nonsimultaneously transmitted by it, such transfer is actionable as an act of infringement under section 501, an	140

【上述代码的关键代码行】

① no = len(sent.split())——计算相应的句长,通过 split()方法可不考虑标点符号;

② sorted_data = sorted(combine, key = lambda result: result[1], reverse = True)——将长句内容和句长组合并按句长从大到小排序(result[1]);

③ cs_df = pd.DataFrame(data = sorted_data)——采用 pandas 的 DataFrame 方法将二元元组结构转换成矩阵结构;

④ cs_df.to_excel(writer, header=None, index=None)——写入 Excel 表,无表头和序号;

⑤ worksheet.set_column("A: A", 210)——设置 Excel 表 A 列宽度,以呈现尽可能多的文字内容。

【分析与讨论】

根据本书 3.1.5 节的分析,100 个词及以上的句子可视为该语篇的长句。由于 Excel 已经按句长大小排序(见 Excel 表右列),本案例还是将所有句子都导入 Excel 内,因为句长值已充分说明问题。文本分析时,建议将 3.1.5 节的可视化图形与本案例的 Excel 表结合使用。若想进一步研究此类长句的复杂性,可通过研究一个句子所包含的从句数等进行分析。从句数的计数亦可采用 Python 编程方式实现,其中的关键是如何有效地识别从句。

4.1.2 上下文关键词呈现

上下文关键词(KWIC)检索是语料库语言学用于检索关键词搭配的常用方法,目前的语料库工具均配置有这样的功能。本案例采用 Python 方法实现这一功能,旨在达成上下文关键词的呈现具备更优的表现力和灵活性。所谓表现力是指上下文关键词呈现的字体、字号、颜色、布局等方面的外在表现更具个性发挥;所谓灵活性是指可延伸检索上下文关键词，即在检索出大量关键词的情况下可继续检索左右搭配(不限检索次数)，以最终获取具备有效解释力的语言学实例。本小节所选语料为八部联合国公约，其代码实例如下：

（1）读取语料库

```
import re
from nltk.corpus import PlaintextCorpusReader
corpus_root = r"D: \python test\4_UN conventions"
corpora = PlaintextCorpusReader(corpus_root, '. *')
text = corpora.raw(corpora.fileids())
```

（2）确定检索对象

```
term = "in accordance with"
result = re.findall(r'. *'+term+'. *', text.lower()) ①
```

（3）构建数据结构

```
import nltk
list1 = []
list2 = []
list3 = []
term2 = '-'.join(term.split()) ②
for line in result:
    line1 = line.replace(term, term2)
    line2 = nltk.word_tokenize(line1) ③
    if term2 in line2:
        n = line2.index(term2) ④
        list1.append(" ".join(line2[0: n])) ⑤
        list2.append(line2[n].replace(term2, term)) ⑥
        list3.append(" ".join(line2[n+1: ])) ⑦
combine = sorted(zip(list1, list2, list3))
```

（4）Excel 输出

```
import pandas as pd
df1 = pd.DataFrame(combine)
writer = pd.ExcelWriter('D: \Python_results\Phrase_output.xlsx')
df1.to_excel(writer, header = None, index = None)
workbook1 = writer.book
```

```
worksheets = writer.sheets
worksheet1 = worksheets['Sheet1']
AA = workbook1.add_format({'align':'right'}) ⑧
BB = workbook1.add_format({'bold':True, 'font_color':'red','align':'center'}) ⑨
worksheet1.set_column("A:A", 100, cell_format=AA)
worksheet1.set_column("B:B", 20, cell_format=BB)
worksheet1.set_column("C:C", 100)
writer.save()
```

【可视化效果】

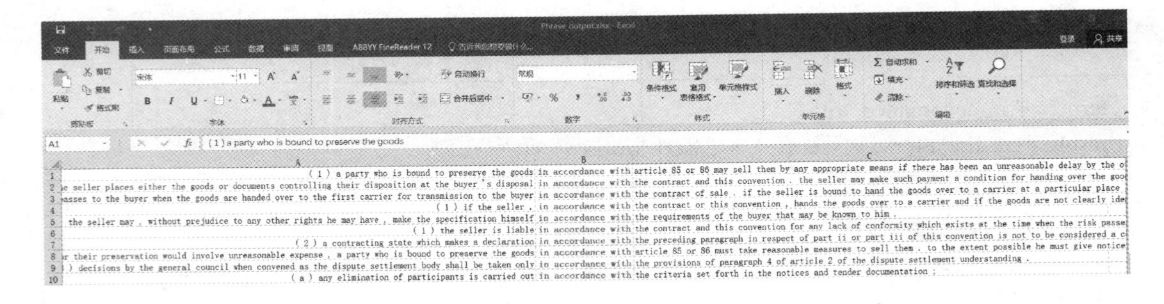

	A	B	C
1	(1) a party who is bound to preserve the goods	in accordance with	article 85 or 86 may sell them by any appropriate means if there has been an unreasonable delay by the o
2	ie seller places either the goods or documents controlling their disposition at the buyer 's disposal	in accordance with	the contract and this convention . the seller may make such payment a condition for handing over the goo
3	passes to the buyer when the goods are handed over to the first carrier for transmission to the buyer	in accordance with	the contract of sale . if the seller is bound to hand the goods over to a carrier at a particular place
4	(1) if the seller ,	in accordance with	the contract or this convention , hands the goods over to a carrier and if the goods are not clearly ide
5	the seller may , without prejudice to any other rights he may have , make the specification himself	in accordance with	the requirements of the buyer that may be known to him .
6	(1) the seller is liable	in accordance with	the contract and this convention for any lack of conformity which exists at the time when the risk passe
7	(2) a contracting state which makes a declaration	in accordance with	the preceding paragraph in respect of part ii or part iii of this convention is not to be considered a c
8	r their preservation would involve unreasonable expense , a party who is bound to preserve the goods	in accordance with	article 85 or 86 must take reasonable measures to sell them . to the extent possible he must give notice
9	) decisions by the general council when convened as the dispute settlement body shall be taken only	in accordance with	the provisions of paragraph 4 of article 2 of the dispute settlement understanding .
10	(a) any elimination of participants is carried out	in accordance with	the criteria set forth in the notices and tender documentation ;

【上述代码的关键代码行】

① result = re.findall(r'.*'+term+'.*', text.lower())——以正则表达式方法检索具体内容；

② term2 = '-'.join(term.split())——将待检索词组转换成由连字符组合而成的一个整体(in-accordance-with)，以便后续确定相应的索引号；

③ line2 = nltk.word_tokenize(line1)——将待检索句子作分词处理，以便后续按索引号提取具体内容；

④ n = line2.index(term2)——针对②确定索引号；

⑤ list1.append(" ".join(line2[0: n]))——提取索引号之前的内容，转换成字符串后添加入列表内；

⑥ list2.append(line2[n].replace(term2, term))——将组合成一体的关键词转换成常规形式；

⑦ list3.append(" ".join(line2[n+1:]))——提取索引号之后的内容，转换成字符串后添加入列表内；

⑧ AA = workbook1.add_format({'align': 'right'})——导入 Excel 表后左列右对齐；

⑨ BB = workbook1.add_format({'bold': True, 'font_color': 'red', 'align':

'center'})——设置关键词一列的字体等内容。

【分析与讨论】

本案例设置的检索对象是多个单词的词组形式，检索当然也可以是一个单词的关键词形式。在上述可视化检索基础上，可视需要在检索词组的右列或左列继续检索与该词组搭配的其他词汇。一般而言，检索结果过多或者是过多的检索结果已导致无法准确进行语言学分析时，可再行检索。这样的检索可继续使用 Python 编程实现，也可以采用 Excel 的"筛选"功能并选择"包含"(如下所示)。

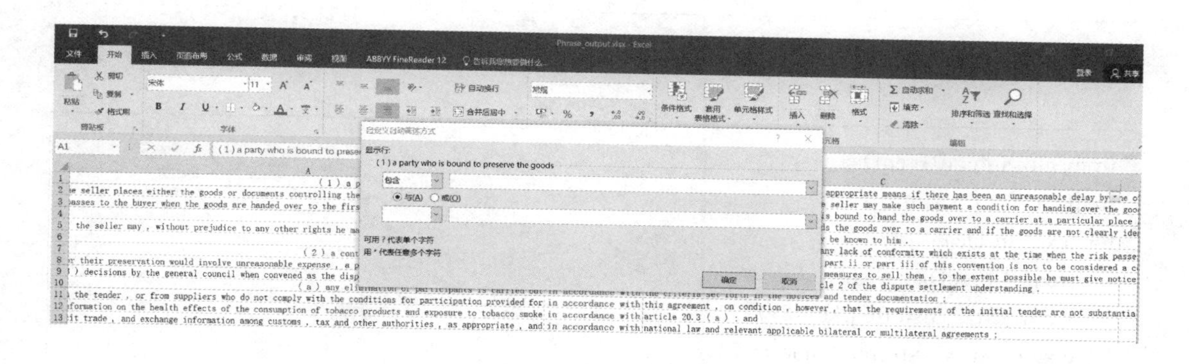

4.1.3　多文本对比呈现

将多个文本的统计结果同时呈现在一个 Excel 表上，以对比多个统计结果并得出更为具体的关联对比信息。这是借助 Excel 可视化方法发现语言数据信息的一条可行之路。所呈现的语言数据既可以是文字类，也可以是数字类，或者是两者组合。呈现形式可以是多样的，呈现效果可以视需要而定，但关键是如何突出多种统计结果的可比性，为后续对比分析做好铺垫。本小节以《中华人民共和国著作权法》和《德国著作权法》两个文本的词频统计结果进行 Excel 表对比呈现。

(1) 读取文件

```
import nltk
path = [r'D: \...\200621_德国著作权法(2018)_de_eng.txt',
    r'D: \...\Chinese copyright law (2010)_chn_eng.txt'] ①
textList = []
for p in path:
    text = open(p, encoding = "UTF-8-sig").read()
    textList.append(nltk.word_tokenize(text)) ②
```

（2）文本清洗

```
from nltk.corpus import stopwords
stop_words = stopwords.words('english')
cleanList = []
for text1 in textList:
    normal1 = [word.lower() for word in text1 if word.isalpha()]
    normal2 = [word for word in normal1 if word not in stop_words]
    cleanList.append(normal2) ③
```

（3）词频统计

```
from nltk import FreqDist
freqList = []
for text2 in cleanList:
    freq = FreqDist(text2) ④
    word_list = list(freq.keys())
    count_list = list(freq.values())
    pair_list = zip(word_list, count_list)
    sorted_data = sorted(pair_list, key = lambda result: result[1], reverse = True) ⑤
    freqList.append(sorted_data) ⑥
```

（4）词频输出

```
import pandas as pd
dfList = []
for wordfreq in freqList:
    df = pd.DataFrame(data = wordfreq) ⑦
    dfList.append(df) ⑧
writer = pd.ExcelWriter(r'D:\Python_results\excelOutput_twofrequency.xlsx')
dfList[0].to_excel(writer, index=None, startcol=0, header=['德国著作权法','词频']) ⑨
dfList[1].to_excel(writer, index=None, startcol=4, header=['中国著作权法','词频'])
workbook1 = writer.book
worksheets = writer.sheets
worksheet1 = worksheets['Sheet1']
worksheet1.set_column("A:A", 20) ⑩
worksheet1.set_column("E:E", 20)
writer.save()
```

【可视化效果】

	A	B	C	D	E	F	G
1	德国著作权法	词频			中国著作权法	词频	
2	shall	687			work	138	
3	section	553			shall	108	
4	work	314			copyright	104	
5	right	290			right	79	
6	use	255			article	74	
7	author	218			law	50	
8	works	209			owner	49	
9	may	198			may	43	
10	public	178			compensation	41	
11	apply	173			license	40	
12	act	148			works	37	
13	remuneration	138			rights	32	
14	audio	133			sound	30	
15	rights	131			visual	29	
16	protection	128			according	27	
17	person	104			recording	27	
18	provisions	100			person	26	
19	party	97			published	23	
20	subsection	96			public	23	
21	accordance	94			publication	21	
22	within	94			another	21	
23	information	84			author	20	
24	sentence	83			legal	18	

【上述代码的关键代码行】

① path = [r'D: \... \200621_德国著作权法(2018) _de_eng.txt', r'D: \... \Chinese copyright law (2010) _chn_eng.txt']——将有待对比的两个文件名设置成一个列表；

② textList.append(nltk.word_tokenize(text))——将读取后的每一个文本进行分词处理并转换成嵌套列表结构；

③ cleanList.append(normal2)——将上述 textList 嵌套列表结构内的数据信息逐一进行清洗，并保留嵌套列表结构；

④ freq = FreqDist(text2)——对每一个文本进行词频统计；

⑤ sorted_data = sorted(pair_list, key = lambda result: result[1], reverse = True)——将每一个文本的单词和词频组合成二元元组列表结构，并按词频从高到低排序；

⑥ freqList.append(sorted_data)——由于是两个文本，将数据结构转换成二元元组嵌套列表结果，即数据结构的最里层是二元元组，中层和外层为嵌套列表；

⑦ df = pd.DataFrame(data = wordfreq)——读取存储每一个文本的二元元组列表

结构,并转换成矩阵结构;

⑧ dfList.append(df)——将两个矩阵结构转换成矩阵列表结构;

⑨ dfList[0].to_excel(writer, index=None, startcol=0, header=['德国著作权法', '词频'])——逐一从矩阵列表结构中读取矩阵结构并输入 Excel 表;

⑩ worksheet1.set_column("A: A", 20)——为单词一列设定宽度。

【分析与讨论】

从可视化结果看,位列词频前十的,两部法律有四个相同单词即 work、right、shall、may,中国著作权法独有的单词为 copyright、owner、compensation、law,德国著作权法独有的单词为 use、author、public(已去除前十无分析意义的单词)。就此而言,work 和 right 两词所体现的是两部著作权法均以作品和权利为主导,这与法律事实相符;其他独有的单词则体现了两部法律某种程度上的特定区别之所在。中国著作权法将著作权和版权合而为一,赋予权利所有人诸多法律上的权利如报酬等;德国著作权法关注如何利用作者的作品为公众带去利益。两部法律的情态动词 shall 和 may 的主导性使用程度颇有些相似,这在一定程度上体现了法律文本的情感基调。

4.1.4 过程 pandas 数据结构呈现

本节前述三个案例均以其他方式构建元组列表结构后再通过 pandas 导入 Excel,本案例尝试过程中通过 pandas 先行构建起所需的数据结构并在此基础上进行数据处理,最后直接导入 Excel 表。本案例所选语料为《中华人民共和国著作权法》英译本,用于计算指定句子与语篇中所有其他句子的相似性。

(1) 读取文本

```
path = r'D: \python test\78_newCopyrightAct\Chinese copyright law (2010)_chn_eng.txt'
text = open(path, encoding = 'UTF-8-sig').read()
```

(2) 分句处理

```
import spacy
nlp = spacy.load('en_core_web_lg') ①
test_doc = nlp(text)
sentList = []
for sent in test_doc.sents: ②
    sentList.append(str(sent).strip())
```

（3）构建 pandas 数据结构

```
import pandas as pd
df = pd.DataFrame(sentList, columns = ['sents'])③
```

（4）自定义函数计算相似性

```
sentInput = nlp('In relation to a work, the citizen who creates it shall be the author.') ④
def get_similarity(sent): ⑤
    sent_doc = nlp(sent)
    return sent_doc.similarity(sentInput)
df['similarity'] = df['sents'].apply(get_similarity) ⑥
df1 = df.sort_values(by='similarity', ascending=False) ⑦
```

（5）输出结果

```
writer = pd.ExcelWriter('D:\Python_results\sent_similarity.xlsx')
df1.to_excel(writer, header=None, index=None)
writer.save()
```

【可视化效果】

	A	B
1	In relation to a work, the citizen who creates it shall be the author.	1
2	If no proof to the contrary is available, the citizen, legal person or other organization whose name appears on a work shall be the author.	0.967292
3	ny other organization, and for which the said person or organization has the responsibility, the said person or organization shall be regarded as the author.	0.965056
4	shall enjoy the right of authorship, and the legal person or other organization shall enjoy other rights included in the copyright and may reward the author:	0.956153
5	When a person has not participate in the creation, to indicate his name on a work of another for seeking personal fame and interests;　4.	0.955461
6	Right of publication, i.e. the right to decide whether or not a work is made known to the public;　2.	0.954988
7	after the work was created, the author may not, without consent of the unit, license a third party to use the said work in the same manner as the unit does.	0.953265
8	Any person who has not participated in the creation may not be identified as a joint author.	0.951932
9	may independently enjoy copyright in his contribution, the exercise of his copyright, however, may not infringe the entire copyright in the collective work.	0.949958
10	fails to publish the work according to the limit of time as contracted shall bear civil responsibility according to the provisions of Article 54 of this Law.	0.948821
11	ic work or a work created by virtue of the analogous method of film production shall enjoy the right to exercise copyright in his contribution independently.	0.947469
12	ulations, the author's name and the work's title shall be indicated, and other rights enjoyed by copyright owners according to this Law may not be infringed.	0.947418
13	However, the legal person or other organization shall enjoy the right of priority to use the said work within its business scope.	0.947348
14	the work has not been published within the period of 50 years from the end of the calendar year in which the work was created, this Law shall not protect it.	0.947163
15	ion, the exclusive right of publication enjoyed by the book publisher as contracted shall be protected by law, and no other person may publish the said work.	0.945399
16	ediately, may apply to a people's court for adopting such measures as order to stop the relevant act and property preservation before he initiates an action.	0.945233
17	er. the author's name and the work's title shall be indicated and the other rights enjoyed by the copyright owner according to this Law may not be infringed:	0.944953

【上述代码的关键代码行】

① nlp = spacy.load('en_core_web_lg')——加载 spaCy 语言模型；

② for sent in test_doc.sents:——采用 sapCy 的 sents 方法将文本分句；

③ df = pd.DataFrame(sentList, columns = ['sents'])——使用 DataFrame()方法构建 pandas 数据结构；

④ sentInput = nlp('In relation to a work, the citizen who creates it shall be the author.')——选定对比例句；

⑤ def get_similarity(sent):——创建获取句子相似性数值的自定义函数，测定相似性的方法为 similarity()；

⑥ df['similarity'] = df['sents'].apply(get_similarity)——将相似性数值添加入pandas 数据结构中;

⑦ df1 = df.sort_values(by='similarity', ascending=False)——按相似性数值从大到小排序。

【分析与讨论】

将导入 Excel 表之前的数据结构与添加相似性数值之前的数据结构相比,如下述可视化效果图所示,上图仅为一列的句子排序,下图为两列排序。这是本案例的关键点,即先行构建 pandas 数据结构,再行添加其他列内容。为方便添加第二列内容,本案例还创建了一个自定义函数,用于获取相似性数值。

【可视化效果】

```
                                                sents
0     The copyright law of the People's Republic of ...
1                          Chapter I General Provisions
2     Article 1 For the purposes of protecting the c...
3     Article 2 Works of citizens, legal persons or ...
4     Copyright enjoyed by works of foreigners and s...
..                                                  ...
277                                          Article 60
278   The rights conferred by this Law to copyright ...
279   Any acts of infringement or breach of contract...
280                                          Article 61
281    The Law shall be implemented as of June 1, 1991.

[282 rows x 1 columns]

                                                 sents  similarity
71    In relation to a work, the citizen who creates...    1.000000
73    If no proof to the contrary is available, the ...    0.967292
72    In relation to a work which is created under t...    0.965056
89    If a work produced in course of employment is ...    0.956153
221   When a person has not participate in the creat...    0.955461
..                                                  ...         ...
275                                          Article 59    0.420867
280                                          Article 61    0.417700
252                                          Article 51    0.416964
270                            Supplementary Provisions    0.413464
269                                          Chapter VI    0.385448

[282 rows x 2 columns]
```

4.2 正则表达式方法

4.2.1 概述

设想从语言数据中提取语言学习、教学和科研所需的语言信息,正则表达式方法是必须掌握并加以灵活运用的。除了那些起规律性作用的代码函数外，正则表达式恐怕就是提取语言信息的不二选择。正则表达式是一种规则字符串，用于检索、提取或替代文本中与此规则相符的文本内容，其强大的功能性和灵活性为语言数据分析的全过程成就了可用于数据采集、清洗、提取、分析等的各种不同模式，其全方位的适用性表明了学习正则表达式的必要性和重要性。

编程过程中选用正则表达式须加载 re 模块，并选择其相应的函数，如 findall()、sub()、compile()等，亦或加载 nltk.RegexpParser()解析器，从树库结构中提取特定的语块结构。在本小节概述之前，不同的正则表达式已有多次出现在本书的不同代码段内，其作用和效果不言而喻，可实现词汇或搭配的特定语言单位的识别或提取，亦可识别或提取符合特定语法要求的句子。

- 如 1.1.2 节“术语列表”所示，正则表达式'\w+\sengineering'的\w+表示一个单词，其中的\w 用于匹配包括下划线在内的任何一个字符[A-Za-z0-9_]，+表示可匹配一次或多次，这就构成了可识别由一个或多个字母组成的单词本身，\s 表示两个单词之间的空格。
- 如 2.1.3 节“sub()方法”所示，该段代码系通过 re.compile("|".join(rep))构成一个正则表达式 r'NP |/DT|/JJ|/NN|\(|\)'(其中的“|”用于匹配|左右表达式的任意一个)，用于将多种词性标记符替换为无，可明显简化编程代码。2.2.3 节“中文动词的清洗”的正则表达式 r'\n|u|l|d'亦属于此列。
- 如 2.3.2 节“英文动词词组的清洗”所示，通过解析器 nltk.RegexpParser()提取符合正则表达式'CHUNK: {<V.*> <TO> <V.*>}'要求的动词词组结构。
- 如 4.1.2 节“上下文关键词呈现”所示，以正则表达式 r'.*'+term+'.*'提取含有指定词组的句子。

正则表达式方法不仅可用于提取语言数据内的连续结构如 1.1.2 节的指定术语，亦可用于识别句级层面表示特定语义的语言结构，如非连续结构 it is...that...。

```
import re, nltk
from nltk.corpus import PlaintextCorpusReader
corpus_root = r"D: \python test\2_eng"
corpora = PlaintextCorpusReader(corpus_root, '.*')
text = corpora.raw(corpora.fileids())
text2 = nltk.sent_tokenize(text)
for unit in text2:
    if re.findall('.* it is .* that .*', unit):
        print(unit)
```

正则表达式'.* it is .* that .*'的.*用于匹配指定区域内的所有字符,其中的.用于匹配除换行符“\n”外的任意字符,*用于匹配前一个字符0次或多次。本例代码已把文本分割为句级单位,故其匹配对象为符合非连续结构要求的英文句子。提取含指定(非连续)信息中文句子的代码如下:

```
import re
from nltk.corpus import PlaintextCorpusReader
corpus_root = r"D: \python test\3_Chinese2"
corpora = PlaintextCorpusReader(corpus_root, '.*')
text = corpora.raw(corpora.fileids())
text2 = text.split('。')
for unit in text2:
    if re.findall('出口成员[^\x00-\xff]{1,}理事会', unit):
        print(unit)
```

正则表达式'出口成员[^\x00-\xff]{1,}理事会'表示匹配内含“出口成员”和“理事会”两词的句子,其中的[^\x00-\xff]表示双字节字符即汉字和标点符号,{1,}表示匹配1次或多次。

概而言之,为准确提取语言数据所内含的语言信息,应结合特定的词汇表达或词性标记符等,加之以正则表达式的规则表述,方能提取合乎要求的语言信息内容。常用于语言数据分析的正则表达式的规则表述如下:

- +表示匹配一个字符1次或多次,*表示匹配一个字符0次或多次,?表示匹配一个字符0次或1次;
- {n}表示匹配一个字符n次,{n,}表示匹配一个字符n次及以上次数;
- 采用\w+表示一个单词;
- 可用.* that .*表示含有that一词的句子;
- 匹配汉字字符的正则表达式为[\u4e00-\u9fa5],注意区别匹配双字节字符(包括汉字在内)的正则[^x00-xff];
- |表示选择性匹配左右两侧的字符串;
- ^表示匹配字符串的开始(比较startswith()方法),$表示匹配字符串的结束(比较endswith()方法);
- \b表示匹配单词边界即单词和空格间的位置,\s表示匹配空白字符。

4.2.2 案例1——首字母为元音的单词提取

本案例的正则表达式答案选自上海交通大学外国语学院语言学方向的自然语言

处理课程，作业要求提取语篇中首字母为元音的所有单词。这次作业意在考核正则表达式的写法。所提交的正则表达式答案可归为两类：一是仅根据首字母判断是否符合要求（aeiou 或大写形式）；二是根据整个单词判断。必须说明的是单词内还可能含有其他字符如数字或连字符等。若采用不同的文件读取方式、分词方式、判断首字母方法均会造成实际提取单词数的不同。如下列出编程代码组合方式互有区别的代码：

（1）判断首字母

```
import re
from nltk.corpus import PlaintextCorpusReader
corpora = PlaintextCorpusReader(r"D:\python test\1", ['total book5.txt'])
text = corpora.words('total book5.txt')
result = [w.lower() for w in text if re.search('^a|^e|^i|^o|^u', w)]
len(result) ###188896
```

（2）判断首字母

```
import re
from nltk.corpus import PlaintextCorpusReader
corpora = PlaintextCorpusReader(r"D:\python test\1", ['total book5.txt'])
text = corpora.raw('total book5.txt')
result = re.findall(r'\w+', text)
outcome=[]
for unit in result:
    if re.findall(r'[aeiouAEIOU]', unit[0]):
        outcome.append(unit.lower())
len(outcome) ###213314
```

（3）判断整个单词

```
import re
with open(r'D:\python test\1\total book5.txt', encoding='utf-8') as f:
    text = f.read()
result = [w for w in re.findall(r'\b[aeiouAEIOU][a-zA-Z-]*\b', text)]
len(result) ###212694
```

判断首字母的正则表达式有三种：

① re.search('^a|^e|^i|^o|^u', w)

② re.findall('^[aeiou]', w)

③ re.findall(r'[aeiouAEIOU]', unit[0]

第①和②个正则表达式的判断效果完全相同,均直接判断单词首字母是否合乎要求;第③个是通过提取单词首字母并判断是否合乎要求来提取相应单词的。

判断一个单词的正则表达式有四种:

④ re.findall(r'\b[aeiouAEIOU][a-zA-Z-] * \b', text)

⑤ re.findall(r'\b[aeiou][a-z-] * \b', text.lower())

⑥ re.findall(r'\s[aeiou][a-z] *', text.lower())

⑦ re.search(r'^[aeiou][a-z] * $', i.lower())

上述正则表达式中的\b 表示匹配单词边界即单词和空格间的位置,\s 表示匹配任何空白字符即本例的单词空格。第④和⑤个正则表达式匹配效果相同,但若读取方式不同也造成提取结果的不同。把第⑥个正则表达式的\s 替换为\b,提取结果也不同。第⑦个正则表达式是通过界定单词首字母和结尾字母的方式提取,若取消判断结束符号 $,其提取结果变大。故此可见,应对同一对象的正则表达式编写方法会有若干不同的形式。若考虑文件读取方式和分词方式,应在处理文本时保持两种方式的一致性,以确保提取结果的可比性。涉及具体正则表达式的,应通过不同正则表达式的提取结果予以验证。

4.2.3 案例 2——主题词 L5R5 搭配提取

本案例旨在呈现提取主题词左五右五(L5R5)搭配的正则表达式方法。通过尝试以不同正则表达式的微小区别来实现左五右五搭配的不同效果,说明正则表达式方法的灵活性和创造性。主题词左五右五搭配是语料库语言学教学科研中常用的方法,用于说明相应主题词在指定语篇中其关联词语的搭配环境。本案例分析所用语料为八部联合国公约,案例学习可比较 4.1.2 节“上下文关键词呈现”的提取方法进行。

```
import re
from nltk.corpus import PlaintextCorpusReader
corpus_root = r"D: \python test\4_UN conventions"
corpora = PlaintextCorpusReader(corpus_root, '. *')
text = corpora.raw(corpora.fileids())
result = re.findall(r'((\w+\s){5}action[s|,|.]?(\s\w+){5})', text.lower())
textLine = []
for i, j, k in result:
    textLine.append(i)
```

【提取结果】

```
['the general council for appropriate action. membership in these committees shall',
 'they shall refrain from any action which might adversely reflect on',
 'shall participate in decisions or actions taken by the dsb with',
 'any party from taking any action or not disclosing any information',
 'including that released by administrative action from screen time reserved for',
 'and impartial review of administrative action even though such procedures are',
 'the fund as to whether action by a contracting party in',
 'frustrated as a result of action in exchange matters by the',
 'a contracting party against which action has been taken in accordance',
 'any contracting party shall take action pursuant to the provisions of',
...]
```

【分析与讨论】

本案例正则表达式 r'((\w+\s){5}action[s|,|.]?(\s\w+){5}) 的主题词为 action，其出现在语篇中的形式为“action、actions、action. 和 action,”四种，故将其设置为 action[s|,|.]?，其中的[s|,|.]为可选匹配，但须结合？表示 0 次或 1 次。左五搭配以(\w+\s){5}表示，其中的(\w+\s)表示一个单词和一个空格，{5}表示 5 个单词。右五搭配的区别在于空格在前、单词在后。最后还须为整个表达式添加一个圆括号，表示提取结果为一个完整的字符串。本案例提取结果为一维列表结构，列表的每个元素均为 11 个词即中心为主题词，左右分别五个，但不计标点符号。这一提取结果可直接用于文本分析如计算搭配强度等。稍加改变上述正则表达式可实现三元元组列表结构，即左五搭配、主题词、右五搭配分别为元组的三个元素。

```
result = re.findall(r'((\w+\s){5})(action[s|,|.]?)((\s\w+){5})', text.lower())
textLine1 = []
textLine2 = []
textLine3 = []
for i, j, k, l, m in result:
    textLine1.append(i)
    textLine2.append(k)
    textLine3.append(l)
list(zip(textLine1, textLine2, textLine3))
```

【提取结果】

```
[('the general council for appropriate', 'action.', 'membership in these committees shall'),
 ('they shall refrain from any', 'action', 'which might adversely reflect on'),
```

```
('shall participate in decisions or', 'actions', 'taken by the dsb with'),
('any party from taking any', 'action', 'or not disclosing any information'),
('including that released by administrative', 'action', 'from screen time reserved for'),
('and impartial review of administrative', 'action', 'even though such procedures are'),
('the fund as to whether', 'action', 'by a contracting party in'),
('frustrated as a result of', 'action', 'in exchange matters by the'),
('a contracting party against which', 'action', 'has been taken in accordance'),
('any contracting party shall take', 'action', 'pursuant to the provisions of'),
...]
```

【分析与讨论】

本例正则表达式 r'((\w+\s){5})(action[s|,|.]?)((\s\w+){5})'仅为左五搭配、主题词、右五搭配分别添加一个圆括号,可实现 Excel 表的三列呈现(请参见 4.1.2 节“上下文关键词呈现”)。

4.3 文本分类方法

任何可使多文本实现彼此文本区分的方法皆可用于文本分类,采用何种分类方法的关键是文本分类之后的应用目的,如话语分析、情感分析等。文本分类的方法众多,如 3.2.3 节“评价语句的相似性及其聚类可视化”,与其说是聚类方法,倒不如说也是一种文本分类方法,是以某种特征作为标志将文本汇聚在一起,如 3.2.3 节的评价语句相似性特征值。又如关键词分类法,其实现文本分类的特征值是文本内含的关键词,而关键词既可根据分类主题有意确定,也可通过提取文本主题词的方法加以确定。总之,准确实现文本分类的关键点在于识别多文本所内含的某些显著特征。

4.3.1 以关键词实现大文本分类

话语分析有时会关注文内指定关键词的构成,用于确定该文本是否符合相应的话语分析主题,为后续的话语分析做好文本分类的准备工作。尤其是拥有大量文本的情况下,做好文本分类是后续话语分析的一个重要前提条件。时下的学界多关注外国新闻媒体有关中国形象的话题,常以文本内是否含有如 China 一词以及 China 一词的个数等指标来判断某一新闻报道是否与研究主题相关。本案例以某一报纸的每日新闻报道作为分析语料,尝试在文件名(一个报道保存为一个文件)上加注 China 一词及其个数,采用文件夹自动按数字归类的功能实现文本的主题适应性分类。

```
import os, nltk, collections
path1 = r'D: \...\汇总_txt 分割'
path2 = r'D: \...\汇总_txt 分割_China '
files = os.listdir(path1)
for file in files:
    f = open(path1+'/'+file, "r", encoding = "utf-8") ①
    text = f.read()
    f.close()
    wordList = nltk.word_tokenize(text)
    i = collections.Counter(wordList)['China '] ②
    new_name = file.replace(file, "%d+China"%i) ③
    new_f = open(path2+'/'+new_name+'---'+file, "w", encoding = "utf-8") ④
    new_f.write(text)
    new_f.close()
```

【分类结果】

54+China---文件 SMHH000020100326e63r0003g.txt
39+China---文件 SMHH000020131129e9bu0004a.txt
35+China---文件 SMHH000020180525ee5q0002g.txt
33+China---文件 SMHH000020170327ed3s0004v.txt
27+China---文件 SMHH000020160708ec790004i.txt
25+China---文件 SMHH000020140310ea3b0004u.txt
25+China---文件 SMHH000020090717e57i00051.txt
24+China---文件 SMHH000020190517ef5i0002n.txt
24+China---文件 SMHH000020180525ee5q0001t.txt
23+China---文件 SMHH000020180709ee7a0001r.txt
23+China---文件 SMHH000020150526eb5r00057.txt
23+China---文件 SMHH000020110318e73j00069.txt
22+China---文件 SMHH000020191129efbu0000t.txt
22+China---文件 SMHH000020101115e6bg0004y.txt
22+China---文件 SMHH000020100701e6720005f.txt
21+China---文件 SMHH000020161121ecbm0001p.txt
21+China---文件 SMHH000020100518e65j0005k.txt
20+China---文件 SMHH000020191121efbm0001x.txt
20+China---文件 SMHH000020141122eabm00001.txt
20+China---文件 SMHH000020120525e85q0004n.txt
20+China---文件 SMHH000020101107e6b800016.txt
19+China---文件 SMHH000020150924eb9p0005d.txt

【上述代码的关键代码行】

① f = open(path1+'/'+file, "r", encoding = "utf-8")——逐个打开 txt 文件;

② i = collections.Counter(wordList)['China']——计数每个文件中 China 一词的

个数；

③ new_name = file.replace(file, "%d+China"%i)——替换原文件名，加注 China 一词及其个数，注意个数在前；

④ new_f = open(path2+'/'+new_name+'---'+file, "w", encoding = "utf-8")——创建相对应的新文件。

【分析与讨论】

如分类结果所示，可一目了然地确定文本内 China 一词及其个数，这为判断每个文本的相关性程度提供了依据。话语分析时可在此基础上有针对性地研读具体文本的内容。其实，AntConc 软件也有相似功能如 File view，可准确显示所检索词汇在具体文本内的个数。但文本数量超过一定数量时，这一功能恐怕无法减轻人工分类的工作量，尤其面对巨大的文本数量之时。本案例所显示的分类结果可达成这一目标。

相较于 4.3.2 节的“小文本”，本节的每个文本均保存为一个独立的 txt 文件，因其独立性故称其为大文本。所谓的小文本是指文本内容按段落分割或单元格保存在一个文件内，读取时针对不同段落或单元格进行分析，这一方法较为适用于情感分析的文本内容(见 4.3.2 节)。

4.3.2 以情感极性实现小文本分类

文本的情感分析是文本分析中常见的一种方法，可用于判断影评、产品评价、公众舆论、政治倾向、行情预测等。其中的一种用于判断情感程度的方法是确定相应表述的情感极性即从 0.0 至 1.0 或从-1.0 至 1.0 之间的数值，进而确定相应表述文字的情感。本案例尝试借助这一数值或数值区间实现此类小文本的分类，为精准分析数量不在少数的评价文本提供有效的预处理手段。本案例分析语料为产品评价，分类的特征值为极性数值。

(1) 划分段落

```
path = r'D: \...\191103_Duty Roster.txt'
text = open(path, encoding='utf8').readlines() ①
text_line = []
for line in text:
    line = line.replace('\n', '') ②
    text_line.append(line)
len(text_line)
```

（2）计算极性

```
from snownlp import SnowNLP ③
for line2 in text_line:
    s2 = SnowNLP(line2)
    print(s2.sentiments, "---", line2)
```

（3）保存文本

```
output_0710 = open(r'D:\sentiment_0710.txt', 'w', encoding='utf8')
output_0307 = open(r'D:\sentiment_0307.txt', 'w', encoding='utf8')
output_0003 = open(r'D:\sentiment_0003.txt', 'w', encoding='utf8')
for line2 in text_line:
    s2 = SnowNLP(line2)
    if s2.sentiments >= 0.7: ④
        output_0710.write(str(s2.sentiments)+'---') ⑤
        output_0710.write(line2+'\n')
    elif 0.3 < s2.sentiments < 0.7:
        output_0307.write(str(s2.sentiments)+'---')
        output_0307.write(line2+'\n')
    else:
        output_0003.write(str(s2.sentiments)+'---')
        output_0003.write(line2+'\n')
output_0710.close()
output_0307.close()
output_0003.close()
```

【分类结果】

0.05469395748561057---DR 温度记录不方便实际操作，营运时楼面很忙，很浪费伙伴工作时间

0.09100354264059585---查看消息和电子 DR 切换不方便

0.10852973517748166---1. 行事历是否可以一键导入　2. 需要网页版　3. 闪退　4. dr 中功能完善

0.23863334270527892---还是会出现 bug 有一次使用电子 DR 添加任务一直添加不上 下班后才全跳出来跳了六七个

0.028224310170236966---duty roster 温度记录再完善一点，提交后就不可以修改了

0.19533564026509687---不喜欢电子 Duty roster，上班使用手机时间太长！！！

0.03332774348663259---建议 DM 职级也能够进行 Duty roster 的操作权限,确保自己的认知,能够与门店进行交流和跟进。

0.002025138224047595 7---DR 还是建议在纸质上 电子版虽说方便但伙伴每天拿着手机上班对于顾客体验不佳,APP 部分系统不完善 经常性死机 部分文件也不可以在 office 套件上以及其他程序上打开不方便

【上述代码的关键代码行】

① text = open(path, encoding='utf8').readlines()——将保存在一个 txt 文档内的产品评价语句按段落转换成列表,原文档的每一段评价代表一个客户的观点;

② line = line.replace('\n', '')——为每一段落清除段落符号,提高极性精确度;

③ from snownlp import SnowNLP——加载情感分析工具,其极性区间为 0.0 至 1.0;

④ if s2.sentiments >= 0.7: ——设置情感极性不小于 0.7 的分类条件,其他相同;

⑤ output_0710.write(str(s2.sentiments)+'---')——将分类后的情感极性连同评价语句一起写入相应的文本。

【分析与讨论】

上述分类结果为情感极性小于 0.3 的部分内容。使用上述代码段(2)输出全文的“情感极性+评价语句”后,发现将所有内容保存在一个文档内不利于后续的文本情感分析。于是,采用代码段(3)将情感极性分为三个区间并保存为三个文件。若分析后发现这三区间分类还不足以精确分类小文本,可继续细分区间。对比情感极性与评价语句之间的关系时发现单个句子的情感极性值与其情感内容基本相一致,而多句长文本的情感极性值与该文本本身所表述的情感很多时候是不一致的。针对这一问题,建议可按单句或多句对小文本实施分类。具体分类则须抽样分析后才能确定。

4.3.3 朴素贝叶斯分类法

作为一种机器学习分类算法,朴素贝叶斯分类法可直接输出分类特征,用于判定待分类文本,其甚至可借助于较少的训练数据实现文本分类,这是朴素贝叶斯分类法的优势所在。本小节设有两个案例,一是借助情感极性实现评价语句的分类,二是借助树库语料通过单词及其词性标记符的分类构建词性标注器。

1) 机器学习小文本分类

本案例是 4.3.2 节案例的另一种分类方法,故拟根据 4.3.2 节所划分的情感极性三分区间,先标注部分评价语句的情感极性,并经过人工核对,再经由朴素贝叶斯分类器的训练学习,最后用于其他评价语句的后续分类。由于情感分析工具 TextBlob 的情感

极性值区间为-1.0 至 1.0,本案例的划分区间也定为-1.0 至-0.3(含-0.3);大于-0.3 至小于 0.3;0.3(含 0.3)至 1.0。为显示有所不同,本案例选用源自亚马逊网站的英文评价语料,是客户对计算机产品的评价文本,保存为 csv 文档。

(1) 机器学习小文本分类

```
path = r"D: \...\Amazon_B07RF1XD36_Review_2019_12_06_14_33.csv"
import pandas as pd
import nltk
df = pd.read_csv(path)
paraList = list(df['内容'])
len(paraList)
unitList = []
for line in paraList:
    if len(nltk.sent_tokenize(line)) == 1: ①
        unitList.append(line)
len(unitList)
```

(2) 分区间极性分析

```
from textblob import TextBlob
output_neg1003 = []
output_neu0303 = []
output_pos1003 = []
for line in unitList:
    statement = TextBlob(line)
    polarity = statement.sentiment.polarity
    if polarity >= 0.3: ②
        output_pos1003.append(line)
    elif -0.3 < polarity < 0.3:
        output_neu0303.append(line)
    else:
        output_neg1003.append(line)
len(output_pos1003)
len(output_neu0303)
len(output_neg1003)
```

(3) 构建训练集

```
posList = []
neuList = []
negList = []
```

```
for i in range(10): ③
    posList.append('pos')
    neuList.append('neu')
    negList.append('neg')
pos1003List = list(zip(output_pos1003[:10], posList))
neu0303List = list(zip(output_neu0303[:10], neuList))
neg1003List = list(zip(output_neg1003, negList))
trainList = pos1003List + neu0303List + neg1003List ④
```

（4）使用训练模型分类文本

```
from textblob.classifiers import NaiveBayesClassifier
nbc = NaiveBayesClassifier(trainList) ⑤
posFinal = []
neuFinal = []
negFinal = []
for line in unitList:
    if nbc.classify(line) == 'pos': ⑥
        posFinal.append(line)
    elif nbc.classify(line) == 'neu':
        neuFinal.append(line)
    else:
        negFinal.append(line)
len(posFinal)
len(neuFinal)
len(negFinal)
```

【分类结果】

分类结果 1：按极性值分类

```
['school and game',
 'Gift for my Uncle, he had to pay $150.00 to get some thing installed( Maybe Windows)
horrible !',
 "There's no memory card reader......this sucks",
 'Do not buy if I could give it zero stars I would this thing is useless',
 "I recommend buying a mouse with this laptop, the trackpad is really annoying to use since it
takes a little bit to respond and isn't sensible to small movements.",
 ' Very slow,   constantly   cutting off open pages']
```

分类结果 2：机器学习后分类

```
['Gift for my Uncle, he had to pay $150.00 to get some thing installed( Maybe Windows)
horrible !',
 "While I wouldn't buy this if I were going to do any specific act, this is a very good laptop for
general use; able to take on any general task.",
 "There's no memory card reader......this sucks",
 'Do not buy if I could give it zero stars I would this thing is useless',
 "I recommend buying a mouse with this laptop, the trackpad is really annoying to use since it
takes a little bit to respond and isn't sensible to small movements.",
 'Very slow,  constantly  cutting off open pages']
```

【上述代码的关键代码行】

① if len(nltk.sent_tokenize(line)) == 1: ——选取由一个自然句子构成的评价语句；

② if polarity >= 0.3: ——采用 TextBlob 对文本按极性三区间分类；

③ for i in range(10): ——构建三分类标记 pos、neu、neg；

④ trainList = pos1003List + neu0303List + neg1003List——将三类训练集合并成一个训练集；

⑤ nbc = NaiveBayesClassifier(trainList)——用训练集对朴素贝叶斯分类器进行训练；

⑥ if nbc.classify(line) == 'pos': ——按三个标记符对所选择的评价语句进行分类。

【分析与讨论】

由于多句文本的极性值多为不准确，本案例仅选取由一个自然句子构成的评价语句作为分类语料，由第(1)段代码实现。第(2)段代码的作用在于先按极性进行文本分类，并以人工方式确认分类后的文本是否准确。然后从正向区间(output_pos1003)和中性区间(output_neu1003)中分别选取十句作为训练样本，负向区间(output_neg1003)仅为六句，全都纳入其中。第(3)段代码是构建训练集，其关键是如何将训练样本转换为所需的二元元组列表结构。第(4)段代码是训练模型并最终实现分类。

分类结果选自负向区间。分类结果 1 为 TextBlob 极性标记后的六句，分类结果 2 为其学习后分类所得的六句。令人感兴趣的是两个结果仅为一句之差，即分类结果 1 的第一句和分类结果 2 的第二句。阅读后发现'school and game'颇有些模棱两可，而"While I wouldn't buy this if I were going to do any specific act, this is a very good laptop for general use; able to take on any general task."一句则是对产品的负面评价，由此可断定分类结果得到了优化。

2）机器学习词性标记特征分类

本案例尝试采用宾州树库（treebank）训练朴素贝叶斯分类器，进而构建词性标记模型，可用于文本的词性标记。这一树库由宾夕法尼亚大学于1995年创建，库容为1 740 034词，仅为其总库的十分之一大小。

（1）文本分词处理

```
text = """Springer Handbook provides a concise compilation of approved key
information on methods of research, general principles, and functional
relationships in physical and applied sciences."""
import nltk
wordList = nltk.word_tokenize(text)
```

（2）加载树库作为训练语料

```
from nltk.corpus import treebank
train_data = treebank.tagged_sents() ①
```

（3）模型训练

```
from nltk.classify import NaiveBayesClassifier as nbc
from nltk.tag.sequential import ClassifierBasedPOSTagger as cPOSt
tagModel = cPOSt(train = train_data, classifier_builder = nbc.train) ②
```

（4）词性标注应用

```
result = tagModel.tag(wordList)
print(result)
```

【标记结果】

```
[('Springer', 'NNP'), ('Handbook', 'NNP'), ('provides', 'VBZ'), ('a', 'DT'), ('concise',
'JJ'), ('compilation', 'NN'), ('of', 'IN'), ('approved', 'VBN'), ('key', 'JJ'), ('information',
'NN'), ('on', 'IN'), ('methods', 'NNS'), ('of', 'IN'), ('research', 'NN'), (',', ','),
('general', 'JJ'), ('principles', 'NNS'), (',', ','), ('and', 'CC'), ('functional', 'JJ'),
('relationships', 'NNS'), ('in', 'IN'), ('physical', 'JJ'), ('and', 'CC'), ('applied', 'VBN'),
('sciences', 'NNS'), ('.', '.')]
```

【上述代码的关键代码行】

① train_data = treebank.tagged_sents()——调用树库经词性标记的语料；

② tagModel = cPOSt(train = train_data, classifier_builder = nbc.train)——模型训练，经 NaiveBayesClassifier 和 ClassifierBasedPOSTagger 组合训练而成。

【分析与讨论】

仅就上述待标记文本而言，本方法的标记结果('concise', 'JJ')优于采用 nltk.pos_tag()的标记结果('concise', 'NN')。同样也优于 Brown 语料库(参见 1.3.3 节“Brown 语料库词性标记训练集”)训练后所得到的词性标记模型，这与宾州树库的文本内容和库容有关。

经过 ClassifierBasedPOSTagger 的训练，可由训练语料构建诸多分类特征如单词本身及其词性标记符，前一个单词及其词性标记符等，然后是词性标注。可以想见，用于模型训练的语料规模越大，其词性标记结果会越准确。

4.4　语言数据检验

语言数据的检验可有多种方法，如卡方检验、T 检验、方差分析等。检验之前，须把语言文字类数据转换成数字类数据，方能进行数学统计方式的检验。本书 3.1.1 节和 3.1.2 节分别以线性拟合和正态分布曲线拟合方式检验不同语篇词汇密度之间的关联性和作业分数统计是否符合相关要求。以 3.1.1 节为例，先把语言文字类数据转换成密度(总形符数减去虚词数后得出的实词数除以总形符数)这样的数字类数据，再行绘制直线以确认密度值分布是否符合线性分布。语言数据的转换可能性会是多种多样的，转换前必须为语言数据确定转换后的数字关联性，或以可视化形式或以纯数字检验方式实现语言数据的检验。

本节拟采用卡方检验方法对语言数据进行检验，以确定用于对比分析的语言数据之间是否存在显著差异，即是否可用于对比分析。卡方检验是指对统计样本的实际观测值与理论推测值之间的偏离程度进行检验判断，两者之间的偏离程度决定卡方值的大小。卡方值越大，表示两者偏离程度越大；反之，两者偏离程度越小；若卡方值为 0，表示两者相等即实际观测值与理论推测值相符。一般以 p 值表示卡方检验的结果，卡方值越大 p 值越小，两者偏离程度越大即越显著。进行卡方检验时，先假设实际观测值与理论推测值相符，检验所得 p 值很小，说明实际观测值与理论推测值偏离程度大，应当拒绝原假设，表示统计样本之间存在显著差异。一般认为 p 值小于 0.05 时，表示实际观测值与理论推测值偏离程度大，否则就不能拒绝假设。

本案例拟对两个文本的词汇构成进行卡方检验，以确定其版本构词是否存在显著差异以及是否在词汇层面具有统计学意义上的可比性。先假设两个文本的词汇构成是相似的，若 p 值大于 0.05，接受该假设，两个文本无显著差别；若 p 值小于 0.05，拒绝该假设，两个文本之间存在显著差异，即可进行后续的版本构词对比分析。那么，词汇构成的哪些方面可进行对比，以显示两个文本之间存在显著差异？本案例选择《德国著作权法》和《中华人民共和国著作权法》英译本作为对比文本。从法律部门看，两部法律均为著作权法，存在可比性；从法系看，德国的为大陆法系，中国的则为中国特色社会主义法系，但诸多著作权概念却是相同的，属异同共处；从整部法律总词数看，德国的明显多于中国的；从版本语言看，两部法律均已翻译为英语，可实现语料库语言学对比。现拟编程提取两部法律中的相同词汇和独有词汇（以总形符数计算），用于卡方检验，以确定两部法律的真实用词情况。

（1）版本总形符数

```
pathD = r"D: \...\200621_德国著作权法(2018)_de_eng.txt"
import nltk
text = open(pathD, encoding='UTF-8-sig').read()
wordListD = nltk.word_tokenize(text)
wordCleanD = [w.lower() for w in wordListD if w.isalpha()]
len(wordCleanD)
```

（2）版本独有词汇

```
bothListD = []
for w in wordCleanD:
    if w in wordCleanC:
        bothListD.append(w)
len(bothListD)
indenListD = len(wordCleanD) - len(bothListD)
```

（3）卡方检验

```
from scipy.stats import chi2_contingency
import numpy as np
kf_data = np.array([[24265, 7961], [5177, 544]])
kf = chi2_contingency(kf_data)
print('chisq-statistic=%.4f, p-value=%.4f, df=%i expected_frep=%s'%kf)
```

【分析与讨论】

德国版和中国版的总形符数分别为 32 226 和 5 721，两个版本同时出现的形符数分别为 24 265 和 5 177，独有词汇分别为 7 961 和 544。经卡方检验(p-value = 0.0000)，其结果显示两个版本的词汇构成仅就相同词汇和独有词汇这一因素而言存在显著差异。影响这一因素的原因是多方面的。首先是著作权法律构成内容的区别，即中国的《中华人民共和国著作权法实施条例》《音像制品管理条例》和《著作权集体管理条例》等均为单列的法律，未计入《中华人民共和国著作权法》，这就造成了总形符数的显著差异。其次，我国的著作权法虽然在一定程度上受到德国著作权法的影响(清朝时期)，但毕竟当前的法律是自成体系，我国法律还规定著作权等同于版权，具有明显的自身特色。看词汇使用情况，我国的英译本为美式英语，德国的为英式英语，这不仅影响词汇使用，还影响到句法结构，使得语言本身就存在明显的区别。

鉴于上述区别，若设想对词汇构成风格做进一步的对比分析，可就两个版本的独有词汇展开研究。研究内容可涉及两方面：一是两个译本的语料库语言学特征统计值；二是法律内容构成；三是词汇构成对法律内容的影响。

下　篇

语言数据分析理论与应用

本篇共分六章，分别从不同领域视角阐释语言数据分析过程中的既有研究和未来可能的探索路径。第5章为短语学及其计算语言学方法，以短语学的计算语言学实现为路径，探究不同技术工具在短语学分析中的作用，并由此拓展短语学的应用范围；第6章为情感分析理论、方法与路径，以简单判断类、极性类、词表类、机器学习类等情感分析技术为立足点，展开难易程度由简到繁的多领域全方位情感分析；第7章为相似性度量理论与应用，其有多种应用场景，如以不同层级的度量方法匹配新的应用场景，既取决于如何理解和运用相似性度量技术，也取决于对语言学或翻译学概念的创新解读；第8章为语义分析与文本探究，以多样性、系统性、针对性为视角展开文本语义分析，探究语义分析工具与语言学或翻译学之间的可融合性；第9章为主题建模与文本主题，探索作为更具归纳性的这一文本分析方法对不同语料体裁的适用性，旨在挖掘主题建模技术的应用潜力；第10章为语料库语言学与多变量设置，以不同技术手段为语料库语言学提供更多可供分析的变量，借以研究深化理论的同时如何进行技术创新。

第5章 短语学及其计算语言学方法

短语学的发展以经典短语学为开端,以语料库短语学为延续和拓展,实现了从短语学到对比短语学的过渡。经典短语学是指以理论驱动、精细的定性分析和范畴分类为特征,聚焦于结构完整的词语实体的研究;语料库短语学是指以基于频数、以计算技术和定量分析为重要支撑,内容涵盖广泛复杂的词语序列的研究(卫乃兴 2011)。前者无法对数量巨大、充满多种变异可能的词语实体给予足够重视(卫乃兴,陆军 2014: 4),后者的发展使短语学与实现了学科跨越,更是与现代智能技术实现结合。短语学的跨学科属性使其与词汇学、语义学、形态学、句法学、话语分析紧密结合在一起(卫乃兴 2011),开拓了一条更为宽广的定性定量分析研究之路。

5.1 短语学与计算语言学

5.1.1 语料库与短语学

作为局部语法研究内容之一的短语学,产生于计算语言学信息处理的现实需求(卫乃兴 2017),现已被确立为语言学的一个专门学科,并应用于自然语言处理等领域(宋丽珏 2017)。局部语法涵盖词汇、句法、语义、语用等内容,融合形式、意义、功能于一体,是语料库语言学的新发展,为短语学提供了一条新的研究路径(苏杭,卫乃兴 2020)。从技术发展的现实角度出发,本章所述短语学是指语料库短语学。语料库短语学是以单语或双语中短语意义单位为基元,基于语料库研究范式进行语言学的相关研究(宋丽珏 2017)。其范式下短语学研究中最重要的理论视角和方法框架是共选理论,主要的共选关系包括词汇与语法共选、词汇与词汇共选、型式与意义共选(卫乃兴 2012),聚焦于词语的组合行为,尤其关注词语的形式、意义和功能的共选行为特征(陆军,卫乃兴 2014)。实现语料库语言学共选关系的关键是计算语言学方法的运用。

5.1.2 计算语言学

计算语言学的出现，使得语言学在现代科学体系中的地位发生了明显变化，从一门传统的基础科学变成了一门领先的带头科学（冯志伟 1992）。计算语言学是指运用计算机科学为自然语言沟通建模，进而实现信息的自然传播，其中包括使用计算机对自然语言进行语言学分析，这一点其实设置了一个前提条件，即必须以语言学知识为理论指导运用计算机技术展开分析研究，其明确了语言学学科范畴内的研究方向。在技术突飞猛进的当下，语言学理论和知识的重要性在自然语言处理方面日显突出。借助计算机实现的语言学分析导致非数字计算的出现，其能够处理各种感知或认知现象（Hausser 2014：3）。在语言学分析过程中，短语单位以其语料库方式发挥着至关重要的作用，并可构建起“语料库计算短语学（Computational and Corpus-Based Phraseology）”（Mitkov 2017）。计算语言学通过词法、句法和语义分析，对文本语料库进行语言数据信息提取，以获取符合特定语言学结构要求的（连续和非连续）短语，构筑起语言学分析的语言数据基础。纯语言学体系下的语料库计算短语学并非刻意追求纯粹的机器自动化（宋丽珏 2017），而是在语言学思想指导下通过计算机方式去发现符合具有广泛意义要求的语言学结构。

5.1.3 基于意义单位的研究

短语学研究中的意义单位有其独特意义，其为计算语言学研究提供了独特的视角。任何语言中的所有实词都与一系列不同的短语型式相关，其被用于创造意义，构成特定的意义单位（Hanks 2017）。意义单位是词汇衔接的重要手段和具体体现（陈鹏，濮建忠 2011）。短语型式的产生一般会经历很长的历史时间（200 年以上），呈现为较为稳定的模式；每一种自然语言均包含有核心的短语型式，仅随时间发生渐变（Hanks 2017）。扩展意义单位的提出（Sinclair 2004：24）使其成为研究短语趋势的工作模型，完整体现和揭示了语料库语言学的各种共选关系（卫乃兴 2012），使得短语型式的研究步入可行之列。共选关系中的搭配表示词与词之间的共选（节点词与搭配词的共选），类联接是词汇与语法的共选（节点词与结构的共选），语义趋向是实义搭配词意义特征的共选体现，语义韵表示词汇、语法与功能之间的关系（Sinclair 1996）。搭配、类联接、语义趋向、语义韵四者构成了短语学研究的核心，也为计算语言学研究提供了语言学结构框架。

短语学研究的关键技术环节是短语序列的提取。囿于计算和操作的复杂性，既往研究多使用相对单一的统计方法测量和提取短语序列，导致提取的数据含有大量噪音（卫乃兴等 2017）。开发新系统提取短语数据或者对已提取的短语数据进行数据清洗是获取优质短语序列的关键。卫乃兴等(2017)进行了尝试,使用前沿的大数据处理手段和计算技术,实现了基于频数、互信息、边界熵等多种统计手段的短语序列提取方法,并在语料库语言学、短语学、计算语言学等领域实现了较好的应用。

5.1.4　短语学技术应用

现有 Python 框架下的各种工具包或模块亦可应用于短语序列的提取:

- N 元提取函数 ngrams();
- 二连词提取函数 collocation_list()或 BigramCollocationFinder();
- 三连词提取函数 TrigramCollocationFinder();
- 名词提取函数 noun_chunks 或 noun_phrases;
- 正则表达式左右搭配提取方式;
- 词表提取方法等。

无论何种提取方式,最初提取的短语序列总是伴随着各种各样的噪音,因为语料文本的构成本来就是繁杂多样,因此采用必要的清洗手段(见本书第 2 章)是获取优质短语序列的必经之路。上述 Python 工具的短语提取方法还有全额提取和分类提取之区别。全额提取是指针对目标语料提取出所有可能的短语,如函数 ngrams(),随之而来的一个复杂问题是如何清洗短语数据。分类提取是指针对目标语料仅提取出某一类短语,如名词短语,其短语有效性会明显优于全额提取方法。此类提取工具既可以是名词提取函数,也可以是正则表达式或树库方法。

词向量技术的应用也为短语学研究带来了新视野。词向量的基本概念是将人类符号化的词进行数值或向量化表征,即把文本转换为空间向量,用向量的夹角代表其语义相似性,由此能够从海量历时文本中获取语义相近的词(陆晓蕾,王凡柯 2020),进而可获取搭配共选关系。以语义变迁研究为例,刘知远等(2016)基于 1950~2003 年的《人民日报》文本训练词向量模型,借此实现对词汇语义变化的定量观测并探究了词汇变化所反映的社会变迁问题。此外,亦可自行构建一定库容规模的语料库,通过 Python 第三方工具包 gensim 的 corpora、models 和 similarities 模块创建词向量模型,为语义相似性(搭配、语义韵等)提供短语学研究的技术和语料资源框架。采用后一种方法也规避了因难以获取巨量语料或因巨量语料训练问题而产生的烦恼。

5.2　短语数据处理工具

第 5.1 节对短语学和计算语言学及其相互关系的描述均基于现有理论的探索,若能借由工具提取出富有想象力的短语单位,对理论的慰藉和意义是不言而喻的。设想呈现有效的短语单位,离不开对理论、应用场景、具体短语数据处理工具三者互为关系的把握。Python 第三方库可供提取短语使用的模块相对较多,本节拟按全额提取和分类提取两种模式描述相关方法的优势和不足,旨在分辨不同的工具模块皆有其最佳的场景适用性,尤其是结合短语学理论的工具应用更是如此。全额提取方法是指借助工具可从文本中一次性提取所有的相关短语单位的方法,其最重要的配套工具是相应的数据清洗方法。分类提取方法是指借助工具可从文本中一次性提取某一类短语单位的方法。

5.2.1 全额提取方法

1) NLTK 的 ngrams() 方法

全额提取短语的 ngrams() 方法其应用代码如下:

```
import nltk
text = """Springer Handbook provides a concise compilation of approved key information
on methods of research, general principles, and functional relationships
in physical and applied sciences."""
wordList = nltk.word_tokenize(text.lower())
textList = []
for i in range(2, 5):
    x = nltk.ngrams(wordList, i)
    textList += x
print(sorted(textList))
```

【提取结果】

```
[(',', 'and'), (',', 'and', 'functional'), (',', 'and', 'functional', 'relationships'), (',', 'general'), (',', 'general', 'principles'), (',', 'general', 'principles', ','), ('a', 'concise'), ('a', 'concise', 'compilation'), ('a', 'concise', 'compilation', 'of'), ('and', 'applied'), ('and', 'applied', 'sciences'), ('and', 'applied', 'sciences', '.'), ('and', 'functional'), ('and', 'functional', 'relationships'), ('and', 'functional', 'relationships', 'in'), ('applied', 'sciences'), ('applied', 'sciences', '.'), ('approved', 'key'), ('approved', 'key', 'information'), ('approved', 'key', 'information', 'on'), ('compilation', 'of'), ('compilation', 'of', 'approved'), ('compilation', 'of', 'approved', 'key'), ('concise', 'compilation'), ('concise', 'compilation', 'of'), ('concise', 'compilation', 'of', 'approved'), ('functional', 'relationships'), ('functional', 'relationships', 'in'), ('functional', 'relationships', 'in', 'physical'), ...]
```

【分析与讨论】

本方法通过设定 N 连词的区间范围从文本中提取不同词数的短语并构成一个总列

表，其全额提取的特点表现在逐一遍历每个字符或形符，同时将紧随其后的字符或形符与其结合成所需的多连词，进而达成全额提取之目的。这一方法会对数据清洗过程提出更高要求，即清洗前必须分析短语的具体构成，如短语是否含有标点符号，短语末尾单词是冠词或介词还是副词或形容词，短语首个单词是否为动词，等等。数据清洗不会一蹴而就，针对特定目的的合理清洗才能提取出有效的短语单位。

请对比 5.2.2 节 4）的 TextBlob 的提取方法。

2）词表提取方法——以成语提取为例

词表提取方法的一个前提是所用词表必须涵盖指定领域内的所有相关提取对象，通过匹配方式提取出文本所含词表词的意义单位。这一方法的典型案例是从文本中提取含有成语的句子单位，其代码如下：

```
import pandas as pd
path = r"D: \...\201118_仅为汉语.xlsx"
df = pd.read_excel(path)
sentList = list(df['zh-CN'])
text = open(r'D: \...\191003_成语_7000.txt', encoding = 'UTF-8-sig')
idiomList = text.read().split('\n')
uIdiom = []
uSent = []
for unit in sentList:
    for w in idiomList: ①
        if len(w) > 0 and w in unit: ②
            uIdiom.append(w)
            uSent.append(unit)
combine = sorted(zip(uIdiom, uSent))
```

【提取结果】

上下浮动	人民币兑美元的汇率一直在6.3上下浮动，夏季里有一阵还贬值了1%。
不可避免	许多认为自己属于改革派阵营的人认为，变革无论如何都不可避免。然而他们表示，改革发生的唯一原因是迫于社会动荡的压力。
不得已而为之	储户：生来节俭不得已而为之
不惜一切	为了实现目标不惜一切代价。”
不费吹灰之力	只要女孩子自己不是太挑剔，找对象可以说是不费吹灰之力的。”
为时过早	“现在想这个还为时过早。”他说。
为时过早	“硬着陆的风险正日渐消除，但要说复苏必定会出现也为时过早。”

【上述代码的关键代码行：】

① for unit in sentList: 和 for w in idiomList: ——双重遍历，即先遍历待检索句子，再遍历成语表；

② if len(w) > 0 and w in unit: ——与①衔接,设置提取句子的条件。

【分析与讨论】

能否以词表形式实现全额提取的关键是所拥有的词表是否全面涵盖了待提取对象的全部,即本方法的成语是否齐全。若词表能反映全部内容,这一方法也适用于其他领域的内容提取。本方法同样适用于双语平行语料的成语提取,即检索句子是否含有成语,若是,则提取双语句子。

在提取过程中发现成语 txt 文档存在格式问题,首次提取时同时输出不含和含有成语的句子,故设置条件 len(w) > 0。

5.2.2 分类提取方法

1) NLTK 的 BigramCollocationFinder 和 TrigramCollocationFinder

本方法可根据互信息值提取二连词/三连词:

```
import nltk
from string import punctuation
text = """Springer Handbook provides a concise compilation of approved key information
on methods of research, general principles, and functional relationships
in physical and applied sciences."""
bigram_measures = nltk.BigramAssocMeasures() ①
finder = nltk.BigramCollocationFinder.from_words(nltk.word_tokenize(text))
stop_words = nltk.corpus.stopwords.words('english')
finder.apply_word_filter(lambda w: w.lower() in stop_words + list(punctuation)) ②
finder.score_ngrams(bigram_measures.pmi) ③
```

【提取结果】

```
[(('Handbook', 'provides'), 4.754887502163469),
 (('Springer', 'Handbook'), 4.754887502163469),
 (('applied', 'sciences'), 4.754887502163469),
 (('approved', 'key'), 4.754887502163469),
 (('concise', 'compilation'), 4.754887502163469),
 (('functional', 'relationships'), 4.754887502163469),
 (('general', 'principles'), 4.754887502163469),
 (('key', 'information'), 4.754887502163469)]
```

【上述代码的关键代码行】

① bigram_measures = nltk.BigramAssocMeasures()——设置二连词互信息函数;

② finder.apply_word_filter(lambda w: w.lower() in stop_words + list(punctuation))——

清除停用词和标点符号；

③ finder.score_ngrams(bigram_measures.pmi)——按互信息值大小输出短语。

【分析与讨论】

概率论和信息论所定义的互信息是指两个随机变量之间相互关联的程度。本方法的互信息是指语篇中两个形符之间的相关性，通过互信息值提取短语的方法可判断语篇中所提取形符之间的关联性。这一方法已不再独立考察各个具体的形符，而是将所有的形符置于一个由待提取对象即语篇所构成的系统中，进一步说是在考察各形符之间的语义关系。提请注意：本方法所用文本是一个小文本，其互信息值不一定能完全反映真实情况。提取三连词时，替换上述代码中的相关函数即可，如 TrigramAssocMeasures( )、TrigramCollocationFinder。

2) NLTK 的 collocation_list( ) 方法

本方法专用于提取二连词：

```
from nltk.corpus import PlaintextCorpusReader
corpus_root = r"D: \python test\1"
corpora = PlaintextCorpusReader( corpus_root, [ 'total book5.txt'])
from nltk.text import Text
myfiles = Text( corpora.words( 'total book5.txt')) ①
myfiles.collocation_list( num = 50)
```

【提取结果】

```
[ 'http ://', ':// www', 'transfer function', 'New York', 'added mass', 'Reynolds number', 'free surface', 'wave height', 'shallow water', 'ground reaction', 'wind speed', 'United States', 'Fluid Mech', 'boundary layer', 'IEEE OCEANS', 'water column', 'deep water', 'MHK energy', 'van der', 'autonomous underwater', 'VIVACE converter', 'pore pressure', 'sediment transport', 'vortex shedding', 'water depth', 'Offshore Mech', 'natural frequency', 'wave energy', 'underwater vehicles', 'Ocean Eng', 'per unit', 'sea level', 'underwater acoustic', 'IEEE Trans', 'drag coefficient', 'energy conversion', 'der Meer', 'underwater vehicle', 'Woods Hole', 'metacentric height', 'Tanker accident', 'boundary conditions', 'Gulf Stream', 'beach nourishment', 'standard deviation', 'Fourier transform', 'Froude number', '1st cylinder', 'marine environment', 'power density']
```

【上述代码的关键代码行】

myfiles = Text(corpora.words('total book5.txt'))——以 Text( ) 方法实现下一步的 collocation_list( ) 提取二连词。

【分析与讨论】

从提取结果看,collocation_list()方法似乎已对提取结果进行了一定程度的数据清洗,结果的可读性和适用性明显更强。该提取方法的默认提取短语数量为 20 个,可通过设置函数内的数值加以调整。

3)spaCy 的 noun_chunks 方法

分类提取的 noun_chunks 方法代码如下:

```
text = """Springer Handbook provides a concise compilation of approved key information
on methods of research, general principles, and functional relationships
in physical and applied sciences. The world's leading experts in the fields
of physics and engineering will be assigned by one or several renowned editors
to write the chapters comprising each volume."""
import spacy
nlp = spacy.load("en_core_web_sm") ①
doc = nlp(text)
termList = []
for chunk in doc.noun_chunks:
    termList.append(str(chunk)) ②
```

【提取结果】

```
['Springer Handbook', 'a concise compilation', 'approved key information', 'methods',
'research', 'general principles', 'functional relationships', 'physical and applied sciences', "The
world's leading experts", 'the fields', 'physics', 'engineering', 'one or several renowned editors',
'the chapters', 'each volume']
```

【上述代码的关键代码行】

① nlp = spacy.load("en_core_web_sm")——加载 spaCy 语言模型,该模型经由机器训练而得;

② termList.append(str(chunk))——其中的 str(chunk)系转换列表格式所需。

【分析与讨论】

本分类提取方法仅提取名词短语。从提取结果看,除了冠词加上一个名词的短语外,借助语言模型 en_core_web_sm 的方法还是相当令人满意的,几乎可直接应用于文本名词短语构成的对比分析,如计量语言学方法的历时话语分析。该方法亦可调用其他两个语言模型 en_core_web_md 和 en_core_web_lg。三个模型的 sm/md/lg 分别表示模型的大小(small/medium/large)。中等模型的提取结果与小模型的相同,但大模型的提取结果却有些区别：

```
['Springer Handbook', 'a concise compilation', 'approved key information', 'methods', 'research', 'general principles', 'functional relationships', 'sciences', "The world's leading experts", 'the fields', 'physics', 'engineering', 'one or several renowned editors', 'the chapters', 'each volume']
```

这一区别的原因在于模型训练的词汇量大小、句法分析方法、命名实体识别和词向量的设置等。

4）TextBlob 的 ngrams()和 noun_phrases 方法

本小节的两种短语提取方法均由 TextBlob 库提供：

```
text = """Springer Handbook provides a concise compilation of approved key information
on methods of research, general principles, and functional relationships
in physical and applied sciences. The world's leading experts in the fields
of physics and engineering will be assigned by one or several renowned editors
to write the chapters comprising each volume."""
from textblob import TextBlob
blob_ = TextBlob(text)
blob_.ngrams(n = 2)
len(blob_.ngrams(n = 2))
blob_ = TextBlob(text)
len(blob_.noun_phrases)
```

【提取结果】

```
['springer handbook', 'concise compilation', 'key information', 'general principles', 'functional relationships', "world's", 'renowned editors']
```

【分析与讨论】

TextBlob 库 ngrams()方法的名称与 NLTK 的相同，提取短语的方式（全额提取）也相同，但本方法是在清除文本内的标点符号后才提取短语的，故造成出现由前一句的末尾单词与后一句的开首单词组成的无效短语。

请对比本方法和 spaCy 库 noun_chunks 方法的名词短语提取结果。显而易见，就本提取对象而言，后者的提取效果更优。

5）正则表达式方法

所用正则表达式方法请参见 1.1.2 节“术语列表”。本方法的一个优点是可针对某些特定词如主题词提取相应的短语，既可以是多连词，也可以是左右搭配（参见 4.2.3 节“案例 2——主题词 L5R5 搭配提取”）。树库方法中的正则表达式亦属相似方法（参见 5.3.1 节）。

5.3 短语学分析路径

短语学分析路径的确定在于应用场景的选取，不同的应用场景其分析路径会有所不同，所运用的计算语言学工具也因此有所区别。本节案例来自两方面：一是他人已发表学术论文成果的 Python 代码复现；二是本书作者及其团队成员的 Python 教学科研或学习应用心得。案例的呈现旨在探索 Python 技术支持下的短语学研究应用之路。

5.3.1 学术文本模糊短语的弱化表述手段

1）论文描述

卡尔里欧-帕斯托（Carrió-Pastor 2019）提出假设，不同学科背景的作者在英语学术论文中会利用与短语单位相结合的弱化表述手段来呈现其学术判断结论。论文的研究目标是分析弱化表述手段的运用频率是否与具体的学科领域如工程、医学、语言学有关。作者采用 METOOL 软件从所构建的语料库中提取此类短语。研究结果表明，尽管从理论上说三个学科的语料文本的体裁和学术风格是相同的，但不同学科领域作者运用弱化表述手段的短语单位存在区别。

弱化表述手段一般与模糊语的应用息息相关，即不同领域的学术写作其模糊语机制是如何通过不同的短语单位得以体现的，因而识别短语单位与模糊语机制之间的关系显得异常重要。这一数据驱动的方法旨在对英语母语者的模糊语使用频率进行定量分析。数据分析结果显示如下：

- 所使用的模糊语可分类为情态动词、副词、实义动词、名词、副词等，其中的情态动词是最为常用的模糊语；
- 语言学研究者的模糊语使用频率要多于工程师和医生，这或许是知识领域的特点以及作者对模糊语在学术语篇中的重要性的意识所决定的；
- 工程学术论文的模糊语使用顺序为情态动词、名词、动词、形容词和副词；
- 医学学术论文的模糊语使用顺序为情态动词、副词、动词和名词；
- 语言学学术论文的模糊语使用顺序为情态动词、形容词、动词、副词和名词。

2）代码复现

根据该文的研究结果，学术语篇多以情态动词 may 和 can 为主的弱化表述手段缓和学术判断结论的语气和语调，从而达成更为学术界人士所能接受的效果。表 5.1 为该文所提取的短语结构，本案例将以 may 和 can 为例复现相应短语的提取代码。

表 5.1　不同学科语篇的常用短语单位（Carrió-Pastor 2019）

	May	Can
工程	Noun + may + reduce Noun + may + actually Noun + may + have Noun + may + be + past participle Noun + may + apply Noun + may + also + V Noun + may + allow Noun + may + lead to Noun + may + not + be as	Noun + can + affect Noun + can + be + past participle Noun + can + also + be Noun + can + have Noun + can + result Noun + can + help Noun + can + provide
医学	That + may + account Noun + may + increase Noun + may + be + adj. Noun + may + be + past participle Noun + may + benefit Noun + may + not be Noun + may + mitigate Noun + may + lead to Noun + can + be + ing	Noun + can + be + past participle Noun + can + cause Noun + can + have Noun + can + lead Noun + can + help Noun + can + only + verb
语言学	Noun + may + appear Noun + may + differ Noun + may + be +adj Noun + may + be + past participle Noun + may +in fact + V Noun + may + also + V Noun + may + not + V Noun + may + not necessarily + V	Noun + can + account Noun + can + be + past participle Noun + can + also + be Noun + can + have Noun + can + appear Noun + can + estimate Noun + can + only + verb

从表 5.1 可见，短语单位多为三词结构，有部分为四词结构（五词结构仅为 Noun + may +in fact + V）；多词短语结构内含指定单词，如 may、can、account、lead to 等；短语单位的首个单词为名词（That + may + account 除外）。基于上述多词短语结构，本案例拟采用两种方法实现代码编程，即正则表达式方法和树库提取方法。

正则表达式方法可根据 4.2.3 节“案例 2——主题词 L5R5 搭配提取”代码提取所需短语结构，其正则表达式可做如下修改：

```
re.findall(r'((\w+\s)may(\s\w+){2})', text.lower())
```

上述正则表达式中的情态动词 may 左侧(\w+\s)表示提取一个单词,如表 5.1 所示的名词或 that;右侧(\s\w+){2}表示提取两个单词;提取结果也多与表 5.1 所示短语单位相同。由于本案例所用语料为一本海洋工程类图书,未经任何清洗操作的总字符数为 908 836,所提取的四词短语为 1 127 个,其中已涵盖三词短语。但提取结果显示本案例文本的特殊性,左侧搭配词除了名词和 that 外,还有 it、there、these、which、thus、this、but、or、and 等词,须进行数据清洗;右侧搭配词与表 5.1 基本相符。

树库提取方法可根据 2.3.2 节“英文动词词组的清洗”代码提取所需短语结构,其关键代码如下:

```
verbChunk = []
for sent in sentList:
    cp = nltk.RegexpParser('CHUNK: {<N.*> <MD.*> <V.*>}') ①
    tree = cp.parse(sent) ②
    for subtree in tree.subtrees():
        if subtree.label() == 'CHUNK': ③
            verbChunk.append(subtree[0:3])
mayList = []
for item in verbChunk:
    if 'may' in item[1]: ④
        mayList.append(item)
```

【提取结果】

```
[[('bodies', 'NNS'), ('may', 'MD'), ('exhibit', 'VB')],
 [('cylinders', 'NNS'), ('may', 'MD'), ('be', 'VB')],
 [('converter', 'NN'), ('may', 'MD'), ('be', 'VB')],
 [('converter', 'NN'), ('may', 'MD'), ('be', 'VB')],
 [('environment', 'NN'), ('may', 'MD'), ('be', 'VB')],
 [('flow', 'NN'), ('may', 'MD'), ('deviate', 'VB')],
 [('barge', 'NN'), ('may', 'MD'), ('take', 'VB')],
 [('velocity', 'NN'), ('may', 'MD'), ('change', 'VB')],
 [('cylinders', 'NNS'), ('may', 'MD'), ('appear', 'VB')],
 [('alts', 'NNS'), ('may', 'MD'), ('have', 'VB')],
 [('prototype', 'NN'), ('may', 'MD'), ('serve', 'VB')],
 [('jeopardy', 'NN'), ('may', 'MD'), ('result', 'VB')],
 [('velocity', 'NN'), ('may', 'MD'), ('be', 'VB')],
...]
```

【上述代码的关键代码行】

① cp = nltk.RegexpParser('CHUNK: {<N. * > <MD. * > <V. * >}')——设置正则表达式用于识别以情态动词为中心的三词短语,以<MD. * >表示情态动词。

② tree = cp.parse(sent)——树库解析;

③ if subtree.label() == 'CHUNK':——设置符合正则表达式的提取条件;

④ if 'may' in item[1]:——提取情态动词为 may 的三词短语。

【分析与讨论】

无论何种方式用于提取多词短语结构,其初次提取结果总是存在各种各样的噪声。上述正则表达式方法虽然 may 的提取结果是准确的,但还须对三词或四词结构进行适当的数据清洗。树库提取方法则须分类提取才能实现较为精准的结果呈现,提取后的结果可分类验证是否符合模糊语的表达要求。不同的提取方法各有优势,但两种方法最后都归入为采用正则表达式,只是两种正则表达式具有明显的差异性,其代码应用函数也明显不同。树库提取方法的关键是必须对文本进行词性标注,依托词性标记符才能合理应正则表达式,这一点是与前者方法的区别所在。本案例仅呈现关键代码,不再对该文的人工介入模式做相应描述。

5.3.2　话语分析及其 ngrams() 短语数据清洗

1）论文描述

该文(Huan C. P. & Guan X. C. 2020)采用文献计量学的研究方法,探究了话语研究领域 40 年来(1978~2018)的历史发展脉络和未来发展方向。基于全球最大的学术文献数据库 Scopus 中涵盖的九本话语研究领域重要刊物 *Critical Discourse Studies*、*Discourse & Communication*、*Discourse Context & Media*、*Discourse Processes*、*Discourse & Society*、*Discourse Studies*、*Journal of Language and Politics*、*Social Semiotics* 和 *Text & Talk*,识别出过去 40 年来国际话语研究领域的核心作者群和高产国家以及在学界具有较高影响力的作者和学术成果。借助对数似然值(Loglikelihood)和贝叶斯因子(Bayes Factor),该文还探讨了话语研究领域最近十年显著上升的研究议题。总体可见,社会学视角已经在话语研究领域中取代心理学视角成为研究语言与社会关系的主导视角。最近十年内显著上升的重要研究议题主要包括语料语言学(corpus linguistics)、数字会话分析(digital conversation analysis)、新闻价值的话语研究方法(discursive news values approach)、成员分类分析(membership categorization analysis)、多模态分析(multimodal analysis)和社交媒体研究(social media)等。在话语研究领域,美国作为知识生产的单极世界正在瓦解,英国、澳大利亚和中国在研究产出上正迎头赶上。

该文的数据处理方法是:

- 第一步,将所下载的文献计量学摘要数据使用 NLTK 工具包的词性标记(pos_tag)和词形还原(WordNetLemmatizer)功能进行文本处理;
- 第二步,使用 NLTK 工具包的 ngrams 函数,从整 40 年的摘要数据中全额提取出所有的多连词短语(最高为四连词),再使用 spaCy 工具包的 noun_chunks 函数提取出所有的名词短语用于后续验证核对;
- 第三步,为单个词和二连词短语设置选取的最低频率为 15 次,三连词和四连词短语为 5 次,这是考虑到三四连词的频率远低于四五连词之故;
- 第四步,后续的半自动结合分析方法。

第二步的 ngrams()方法如 5.2.1 节 1)所示,虽是全额提取,可也为后续的短语数据清洗带来颇多挑战,因为数据清洗不能去除有效的语言数据。本案例的关键是如何通过清洗获取可有效代表不同时间段话语分析意义的短语并进行相应比较。其清洗过程既借鉴了已有研究方法,同时也有自己的创新应用,如以 spaCy 提取的名词短语进行对比验证。

2）代码复现

本案例拟对第二步所提取的短语进行数据清洗,即清除以冠词、情态动词、介词、代词等结尾的短语。先将提取的多连词短语组合成一个列表(见 5.2.1 节)便于后续数据清洗。清洗过程的重要一步是设置上述用于清洗的单词词表:

(1) 提取多连词短语

请参见 5.2.1 节 1)代码以及所获取的多连词短语列表 textList。

(2) 清除标点符号

```
from string import punctuation
cleanWord1 = []
for item in textList:
    if len(set(item) & set(punctuation)) == 0: ①
        cleanWord1.append(item)
```

(3) 清除以指定词结尾的短语

```
cleanList = ['a', 'an', 'the', 'should', 'may', 'can', 'and', 'of', 'on', 'in']
cleanWord2 = [] ②
for item in cleanWord1:
```

```
for word in cleanList:
    item2 = " ".join(item) ③
    if item2.endswith(' '+word): ④
        cleanWord2.append(item)
```

（4）获取有效短语

```
cleanWord3 = []
for item in cleanWord1:
    if item not in cleanWord2:
        cleanWord3.append(item)
```

【清洗结果】

```
[('springer', 'handbook'), ('handbook', 'provides'), ('a', 'concise'), ('concise', 'compilation'), ('of', 'approved'), ('approved', 'key'), ('key', 'information'), ('on', 'methods'), ('of', 'research'), ('general', 'principles'), ('and', 'functional'), ('functional', 'relationships'), ('in', 'physical'), ('and', 'applied'), ('applied', 'sciences'), ('springer', 'handbook', 'provides'), ('provides', 'a', 'concise'), ('a', 'concise', 'compilation'), ('compilation', 'of', 'approved'), ('of', 'approved', 'key'), ('approved', 'key', 'information'), ('information', 'on', 'methods'), ('methods', 'of', 'research'), ('and', 'functional', 'relationships'), ('relationships', 'in', 'physical'), ('physical', 'and', 'applied'), ('and', 'applied', 'sciences'), ('handbook', 'provides', 'a', 'concise'), ('provides', 'a', 'concise', 'compilation'), ('concise', 'compilation', 'of', 'approved'), ('compilation', 'of', 'approved', 'key'), ('of', 'approved', 'key', 'information'), ('key', 'information', 'on', 'methods'), ('on', 'methods', 'of', 'research'), ('functional', 'relationships', 'in', 'physical'), ('in', 'physical', 'and', 'applied'), ('physical', 'and', 'applied', 'sciences')]
```

【上述代码的关键代码行】

① if len(set(item) & set(punctuation)) = = 0:——设置条件确定短语是否含有标点符号；

② cleanWord2 = []——制作一个含有指定词的列表，用于后续充当停用词使用；

③ item2 = " ".join(item)——将元组内的短语结构转换成字符串；

④ if item2.endswith(' '+word):——判断该短语是否以指定词结尾，注意末尾单词与前一个单词之间空格，否则会去除以 on 结尾的单词。

【分析与讨论】

为清晰可见语言数据的清洗过程，本案例仅选用小文本示例，所设置的结尾单词也仅针对所选文字。从清洗结果看,代码运行结果已达成任务目标。但观察所有短语,还是存在不尽如人意的情况:短语的首个单词是介词、连词、冠词;短语末尾单词是形容词、动词(本案例不再为此列出代码,因清洗代码的相似性极大)。此类情形下的诸多短语实际上是无意义的。短语的清洗不可能一蹴而就,尤其是针对特定的话语分析研究而言,必定是一个极具个性化的数据清洗过程,而且还必须结合人工肉眼观察在过程中做微调。研究发现,名词短语构成了有意义短语的绝大多数,这也是为什么使用 spaCy 相关模块所提取的名词短语进行对比验证的原因所在。学术研究是严谨的,数据处理也必须是严谨的。

5.3.3 多词术语的结构语义消歧

1)论文描述

该文(Cabezas-García & León-Araúz 2019)系基于术语的语言学特征和自然语言处理方法对多词术语划定语义边界,以实现语义消歧,为语篇理解或源语文本分析创造条件。其目标:一是设计一套利于手工划定多词术语语义边界的规则;二是实现边界划定结构的普遍化。作为组合词,此类多词术语多为向心结构,同时含有中心词和修饰词。以 offshore wind turbine 为例,offshore 修饰 wind turbine,划定边界时应认定 wind turbine 为中心结构单位,而不是 offshore wind。边界划定错误将导致理解错误,又如 renewable energy technology,应该认定 renewable energy 为中心结构单位。判定多词短语中心结构的方法是计数文本中二连词(或是以三连词识别四连词的中心结构单位)的出现频率,以确定其是否符合要求。但也因此可能出现新的问题,即四连词的前后两个连词若频率相同,则难以区分哪一个是中心结构。该方法的适用范围:三连词及以上短语;专业科技文本。

该文所用工具为 Sketch Engine (https://www.sketchengine.eu/),其提取三四连词短语的正则表达式如下:

```
[tag="N.*|JJ.*|RB.*|VVN.*|VVG.*"]{2}[tag="N.*"]
[tag="N.*|JJ.*|RB.*|VVN.*|VVG.*"]{3}[tag="N.*"]
```

上述正则表达式系用于提取首尾单词均为名词、中间为形容词或副词或过去分词或现在分词的短语结构。由于所用工具的差异,本案例所用 Python 代码与此有所不同。提取后三四连词短语,须去除无效内容。还须注意诸多四连词内含某些三连词的现象(见表 5.2)。

表 5.2　所提取的三四连词短语及其频率

三 词 短 语	频 率	四 词 短 语	频 率
Offshore wind farm	1 024	Horizontal axis wind turbine	129
Tip speed ratio	445	Wind power generation system	105
Wind power plant	419	Installed wind power capacity	101
Wind power generation	374	Doubly feed induction generator	84
Wind power capacity	333	Vertical axis wind turbine	68
Mean wind speed	311	Offshore wind power plant	58
Wind power production	298	Annual mean wind speed	56

该文识别多词短语中心结构的一个重要环节是制作一个二连词或三连词短语词表,为使该词表有效发挥作用,语料库库容应尽可能大并具有代表性。以 Wind farm power output 为例,可识别出如下中心结构:

```
[wind farm] power output_
Wind [farm power] output
[wind farm power] output
Wind [farm power output]
```

2）代码复现

为尽可能实现论文所述的短语分析效果,本案例使用本书常用的海洋工程类图书,其库容为 908836(未经数据清洗)。虽然未能达成论文的几百万库容规模,但从短语提取结果看已不妨碍多词术语的分析和展示。

（1）先分段后分句

本段代码请参见 2.3.2 节“英文动词词组的清洗”。

（2）按正则表达式提取短语

```
nounChunk = []
for sent in sentList:
    cp = nltk.RegexpParser('CHUNK: {<N.*><R.*>*<J.*>*<N.*>}') ①
    tree = cp.parse(sent)
    for subtree in tree.subtrees():
        if subtree.label() == 'CHUNK':
            nounChunk.append(subtree[0:4])
```

（3）筛选三四连词

```
nounChunk3 = []
for item in nounChunk:
    if len(item) >= 3: ②
        nounChunk3.append(item)
```

（4）提取含 offshore 的短语

```
for item in nounChunk3:
    for word, pos in item: ③
        if "offshore" == word: ④
            print(item)
```

【提取结果】

```
[('owt', 'NN'), ('offshore', 'RB'), ('wind', 'NN')]
[('conducting', 'NN'), ('offshore', 'JJ'), ('operations', 'NNS')]
[('consolidate', 'NN'), ('various', 'JJ'), ('offshore', 'NN')]
[('offshore', 'NN'), ('renewable', 'JJ'), ('energy', 'NN')]
[('layer', 'NN'), ('offshore', 'JJR'), ('velocity', 'NN')]
[('steel', 'NN'), ('offshore', 'RB'), ('platforms', 'NNS')]
[('quality', 'NN'), ('offshore', 'RB'), ('sand', 'JJ'), ('resources', 'NNS')]
[('hook', 'NN'), ('offshore', 'RB'), ('derrick', 'JJ'), ('barges', 'NNS')]
[('vindeby', 'NN'), ('offshore', 'RB'), ('wind', 'JJ'), ('farm', 'NN')]
[('term', 'NN'), ('offshore', 'RB'), ('wind', 'JJ'), ('turbine', 'NN')]
[('multimegawatt', 'NN'), ('offshore', 'RB'), ('wind', 'JJ'), ('turbines', 'NNS')]
```

【上述代码的关键代码行】

① cp = nltk.RegexpParser('CHUNK: {<N.*> <R.*>* <J.*>* <N.*>}')——采用正则表达式方法提取短语；正则表达式以名词开始，也以名词结束；中间的副词和形容词可有可无，这可以确保同时提取出三四连词；

② if len(item) >= 3:——上一步提取的短语可能是二三四连词，而本次任务仅需要三四连词；

③ for word, pos in item:——遍历每一个短语内的每个由单词和词性标记符组成的元组；

④ if "offshore" == word:——若单词为 offshore，则输出该短语。

【分析与讨论】

从提取结果看,因词性标记问题,可能导致结果出错如[('consolidate', 'NN'), ('various', 'JJ'), ('offshore', 'NN')],故选择一种合适的标注工具是完善本案例提取的关键。从提取过程看数据结构,nltk.pos_tag 方法并不是非常适用于本案例语料的处理加工,建议采用 spaCy 词性标注方法效果会更好一些。本案例仅以一个正则表达式实现二三四五连词的同时提取,且可后续再行分类处理,这是短语提取的一个优势,其直接输出合并后的多词短语,这是与 ngrams()方法相比的明显之处(见 5.2.1 节"全额提取方法"的 1))。

以提取结果的短语[('quality', 'NN'), ('offshore', 'RB'), ('sand', 'JJ'), ('resources', 'NNS')]为例,其与二连词比对的中心结构为 sand resources,quality 和 offshore 均为修饰词,quality 作为名词修饰词其含义为"高品质"。为实现自动识别,可将代码段(3)的条件改为 if len(item) = 2,即提取二连词并生成多词短语中心结构列表(三连词提取同理)。本案例所用正则表达式与论文正则表达式的区别在于:论文所用正则表达式是固定名词成分,其他成分均为可选项;本案例则是固定所有成分,仅为形容词或副词成分设置为 0 到多次。

本案例方法的作用在于识别超长多词短语的意义单位构成。从结果看,分别构建高质量的二连词、三连词和四连词多词短语将有效提升识别效率。采用 Python 编程方式也将使中心结构的识别更具个性化和自动化。

参考文献

Cabezas-García, M. & P. León-Araúz. 2019. On the Structural Disambiguation of Multi-word Terms [A]. In G.C. Pastor & R. Mitkov (Eds.). *Computational and Corpus-Based Phraseology — Third International Conference, Europhras 2019, Malaga, Spain, September 25 - 27, 2019, Proceedings*[C]. Cham: Springer Nature. 46 - 60.

Carrió-Pastor M.L. 2019. Phraseology in Specialised Language: A Contrastive Analysis of Mitigation in Academic Papers [A]. In G.C. Pastor & R. Mitkov (Eds.). *Computational and Corpus-Based Phraseology — Third International Conference, Europhras 2019, Malaga, Spain, September 25 - 27, 2019, Proceedings*[C]. Cham: Springer Nature. 61 - 72.

Hanks, P. 2017. Mechanisms of Meaning [A]. In R. Mitkov (Ed.). *Computational and Corpus-Based Phraseology — Second International Conference, Europhras 2017, London, UK, November 13 - 14, 2017, Proceedings*[C]. Cham: Springer Nature. 54 - 68.

Hausser, R. 2014. *Foundations of Computational Linguistics* [M]. Heidelberg: Springer.

Huan C. P. & Guan X.C. 2020. Sketching landscapes in discourse analysis (1978 - 2018): A bibliometric study[J]. *Discourse Studies* 22(6): 697 - 719.

Mitkov, R. 2017. Preface [A]. In R. Mitkov (Ed.). *Computational and Corpus-Based Phraseology — Second International Conference, Europhras 2017, London, UK, November 13 - 14, 2017, Proceedings*[C].

Cham：Springer Nature. V－VII.

Sinclair, J. 1996. The search for units of meaning[J]. *Textus* (Ix)：75－106.

Sinclair, J. 2004. *Trust the Text* [M]. London/New York：Routledge.

陈鹏，濮建忠.2011.意义单位与词汇衔接的实现——基于本族语者和学习者语料库的对比研究[J].外语教学与研究(3)：375－386+480.

冯志伟.1992.计算语言学对理论语言学的挑战[J].语言文字应用(1)：84－97.

刘知远，刘扬，涂存超，孙茂松.2016.词汇语义变化与社会变迁定量观测与分析[J].语言战略研究(6)：47－54.

陆军，卫乃兴.2014.短语学视角下的二语词语知识研究[J].外语教学与研究(6)：865－878+960.

陆晓蕾，王凡柯.2020.计算语言学中的重要术语——词向量[J].中国科技术语(3)：24－32.

宋丽珏.2017.人工智能时代语料库短语学考察[J].学习与探索(12)：78－85.

苏杭，卫乃兴.2020.语料库语言学视域下的局部语法研究：概述与展望[J].外语电化教学(4)：40－45+7.

卫乃兴.2011.再探经典短语学的要旨和方法：模型、概念与问题[J].外语与外语教学(3)：29－34.

卫乃兴.2012.共选理论与语料库驱动的短语单位研究[J].解放军外国语学院学报(1)：1－6+74+125.

卫乃兴.2017.基于语料库的局部语法研究：背景、方法与特征[J].外国语(1)：10－12.

卫乃兴，李峰，李晶洁.2017.语料库短语序列提取系统的设计与开发[J].外语电化教学(4)：9－16.

卫乃兴，陆军.2014.对比短语学探索[M].北京：外语与研究出版社.

第6章 情感分析理论、方法与路径

情感分析一词最早出现在2003年，它是指通过分析文本数据获取针对实体及其属性所表达的观点、情感、评价、态度和情绪，其中所指实体可以是产品和服务，或者是个人和机构，或者是事件、问题和主题等（刘兵 2017：1）。现有的情感分析研究和应用多以文本数据为主，已然成为自然语言处理的一个重要研究领域。严格意义上说，前述引文所指的是当下有着更多认同的情感分析，即运用各种情感分析工具包或情感词表等从文本数据中获取相关的情感统计值和特征值，进而对文本情感做出判断的一种自然语言处理方法。而传统意义上的"情感分析"（虽然不一定采用这一名称）是指情感词的精准文本分析，如诗词的情感意义分析（许文涛 2015）、情感与情绪的区别（Naar 2018）、情感短语的翻译（Torijano & Recio 2019）、评价理论情感分析（Ross & Caldwell 2019）等，虽不涉及自然语言处理技术的应用，但的确也是另一种"情感分析"。因此，本章所述内容仅限于各种自然语言处理工具包和情感词表的情感分析理论描述和实际应用。

6.1 情感分析与接受度定位

6.1.1 情感与情感分析

情感是指人与人之间以及人与特定对象之间的连接关系和精神依赖，是构成社会归属关系的重要维系纽带（王云璇，董青岭 2020）。而情感分析旨在以量化方式为体现这一社会纽带关系的情感给出特定的数值，以作为情感评价的判断基础，进而实现人与人、人与特定对象之间关系的精准描述，为可接受的行为给出定位取向。情感分析技术已在市场营销、贸易和公共部门等领域广为接受，它可以识别出人类语言的叙述特点，或者利用公共数据资源来评估和预测公共反馈意见且具有良好的精准度，或者通过分析社交媒体或在线论坛上的信息情感能够为商业企业创造不可计数的商业价值

(Hajiali 2020)。所以,情感分析在很大程度上是通过大数据分析以实现对人或特定对象的接受度定位,即对语言特点、反馈意见、观点表述、评价信息、商业价值等的精准分析。

6.1.2 国际关系领域

在国际关系领域内,情感是政治决策中难以排除的扰动因素,作为一个研究分析变量,情感可谓飘忽不定、瞬息万变(王云璇,董青岭 2020)。情感可以使政治行为体明晰并把握彼此关系的性质,还能使其知晓什么才是可被接受的行为规范(Miller *et al.* 2004)。政治领域中的正面情感是塑造主体间信任的粘合剂,是维系良性互动和友好合作的催化剂;而负面情绪是政治压抑得不到疏解和释放的极端表现,一旦其扩散传播并累积到一定程度,就会爆发并激发社会抗议或暴力冲突(王云璇,董青岭 2020)。现代技术迅猛发展条件下的情感是可以识别捕捉并进行计算分析的。国际关系领域下的情感分析技术也因此有其独特的应用场景:社会舆情监测、政治倾向分析、国家形象描述、话语体系建构、选民选情预测等。其应用优势体现在:数据处理成本低、效率高;政策反应时效快、预测强;研究过程容错高、完整性强(王云璇,董青岭 2020)。迄今为止的理论分析和实践应用已给出诸多具有说服力的说明和描述,如预测全民公决中的公众情感观点(Sabatovych 2019)以及探讨信息公开与舆情演化的双向作用机制(刘晓娟,王晨琳 2020)等。

6.1.3 市场营销领域

在市场营销领域内,随着社交媒体的兴起,出现了大量由客户就某产品或服务发表的看法或观点,企业可借助互联网轻而易举地获取此类虚拟信息,就此构成市场营销的一个新场景。其中的实践已证明,情感分析技术是分析和理解他人就产品或服务所给看法或观点的有效途径,可为企业确定产品或服务的市场接受度并以此改进或提升相关质量(Agarwal & Mittal 2014; Benedetto & Tedeschi 2016)。但客户对产品或服务的评价经常会使用模棱两可的语言,导致情感分析的极性计算不准确,这是因为相关工具使用表示观点的情感关键词来计算不同上下文的内容时会得出不同的极性,进而影响结果评价的准确性。为此,朴素贝叶斯分类法也是一种有效的改进方法(Soni *et al.* 2020):

- 第一步是数据预处理——数据清洗、词形还原、分词;
- 第二步是倾向预估——把部分评价文本分为正面、负面、模棱两可三类;
- 第三步是文本分类(见后续英文内容)——使用朴素贝叶斯分类器对所有文本进

行分类处理；

◇ Ambiguous：“This is good airline service but comes with high tariff. They do not provide good service. Best part of this airline is they are always available.”

◇ Positive：“This one is the best airline comes with awesome services and facility. 100% recommendation for new once.”

◇ Negative：“Worst services experience. Air hostess don’t know about their responsibilities.”

• 第四步是极性计算——使用相关工具计算出文本的情感极性。

这一方法可有效处理模棱两可的评价文本，并根据极性权重给予文本内容更为真实的定位（Soni *et al*. 2020）。就客户评价文本进行情感分析的方法并非一成不变，对原始文本的情感预评估也是解决问题的基础，就此可构建起有效应用相关情感分析技术的前提。

6.1.4　教育领域

在教育领域内，教育场景千变万化、无所不在，教育参与人的显性或隐性情感会有千差万别，对其进行识别的关键是构建与教育相关的情感理论基本原则（Han *et al*. 2020）。教育领域内情感理论探索与技术应用主要集中于三方面：情感分析系统/方法的构建；学习者满意度/态度/议题的调查；情感、行为和绩效三者间关系的研究（Zhou & Ye 2020）。

• 针对在校生的信息反馈数据，情感分析技术可帮助大学教师和行政管理人员解决教学中出现的问题，如通过分析学生的课业调查信息和在线自由表达的信息来识别学生的情绪和满意度以及相关信息内容的情感极性。这一情感分析技术与人工评价方式相比有其稳定的可靠性（Rani & Kumar 2017）。

• 使用不同机器学习技术来研究学生的情感状况是规划和组织合作教育环境的一项重要策略，其所采用的方法是根据源自学生的数据研究正面、负面和中性情感极性，由此构建情感模型并预测学生今后的情绪动态（amused、anxiety、bored、confused、enthused、excited、frustrated 等），为学生、院系和其他相关方提供最大化的数据挖掘效益（Jena 2019）。

• 情感短语模式匹配法（Pong-inwong & Songpan 2019）可用于改进教学评估系统的情感分析效果：以教学情感词典对文本进行分词处理；以模式匹配法分析情感短语；以情感分值完成情感分析。结果显示，该方法适用于教师个体改进自身的教学行为、转换教学策略，以应对学生的特殊需求并实施有效的教学管理。

情感分析技术在教育领域的应用有着与市场营销领域相似之处,即朴素贝叶斯分类法的应用有效性在教育领域也得到了相关文献统计研究的证实(Mite-Baidal *et al*. 2018)。

6.1.5 应用与不足

情感分析技术在诸多不同领域皆有应用(以上仅为三方面),其应用场景彼此之间会有明显区别。不同领域自身所独有的规律性决定了应用情感分析技术的独特性和针对性。情感分析技术有简单判断类、极性类、词表类、机器学习类等;情感分析难易程度由简到繁,无所不含。总之,应依托各领域自身的理论有效结合情感分析技术,才能对情感分析结果进行有针对性的解读。情感分析技术本身无从更多描述,相关应用领域的知识是应用情感分析技术的必备。

情感分析技术也有其不足之处。情感分析是将非结构化的文本数据转换为结构化的信息,随之也会产生与数据处理相关的不确定性问题(Hajiali 2020)。如数据质量问题,数据的原创性质量决定了所提取出的关键特征值的质量。标准数据的欠缺也会给大数据分析带来不确定性影响。如灾难响应,必须先行采集与灾难相关的数据才能训练出一个可用于灾难分析的情感模型,而标准的危机数据集的欠缺是模型训练的难点(Hajiali 2020)。语言结构的复杂性使得语义解析成为难点,如讽刺话语、正话反说等,因此情感分析技术的适用性还有待商榷(王云璇,董青岭 2020)。当然,技术的进步无时无刻不在行进之中,今天的不足并不妨碍明天的改进,更何况当下的技术进步已呈一泻千里之态势。技术应用的效果如何,不仅仅取决于具体技术工具包或模块的适用性,也与具体应用算法息息相关。

6.2 情感分析工具

情感分析的复杂性决定了相关工具的复杂性,其体现为每一种工具的独特性和适用性。工具的应用必须考虑到原始设计的条件和参数,如待分析语料的体裁、待分析文本的大小、任务的复杂性、训练语料的多少等。本节拟将相关工具分为三类即中文类、英文类、混合类,并结合实际应用描述相应的功能。

6.2.1 中文类工具

1) SnowNLP 工具

SnowNLP 工具应用代码如下:

```
text = ['设备启动有些缓慢,界面看不太懂',
        '功能太多又凌乱,只显示主要几个功能就可以了',
        '提倡无纸化办公是一件好事,通过电子版的 duty 可以很好的 check ',
        '评分结果发现 SnowNLP 对长句的评分效果不尽如人意']
from snownlp import SnowNLP
polarNote = []
for line in text:
    sentLine = SnowNLP(line)
    polarNote.append(sentLine.sentiments) ①
combine = list(zip(polarNote, text))
```

【计算结果】

```
[(0.11007403352357548, '设备启动有些缓慢,界面看不太懂'),
 (0.4578317472805179, '功能太多又凌乱,只显示主要几个功能就可以了'),
 (0.9416694488545071, '提倡无纸化办公是一件好事,通过电子版的 duty 可以很好的 check '),
 (0.055955467452427854, '评分结果发现 SnowNLP 对长句的评分效果不尽如人意')]
```

【上述代码的关键代码行】

polarNote.append(sentLine.sentiments)——使用 SnowNLP()方法处理每一句文本即结合 sentiments 计算出相应句子的极性。

SnowNLP 工具对购物类电商评论的情感分析较为准确,正如上述计算结果所示与人工判断基本吻合,这是因其用于训练的语料主要是购物方面的(参见 C:\Users\...\anaconda3\Lib\site-packages\snownlp\sentiment 的 neg.txt 和 pos.txt;前者统计字符数为 1 216 630,后者为 1 385 531,均未降噪)。由此,可尝试借用知网正负面情感词表再行训练:

```
from snownlp import sentiment
sentiment.train('D: \...\正面情感词语(中文) - 副本.txt',
                'D: \...\负面情感词语(中文) - 副本.txt')
sentiment.save('D: \Python_results\sentiment.marshal')
print(sentiment.data_path)
```

以训练后的模型再次执行上述文本的情感极性计算,所得结果如下:

```
[0.14296137567005796,
 0.2862557405214259,
 0.000646992329688123,
 0.11691025794406484]
```

【分析与讨论】

这一极性计算结果与人工判断相去甚远，可能是知网正负面情感词表的情感词过少之故。故认为，SnowNLP 初始工具仅为一种特定领域的情感分析技术，若想使用 SnowNLP 工具分析其他领域的情感极性，一般须采用较多相关领域的语料进行模型训练。SnowNLP 工具的情感极性值区间为 0~1，越趋向 1 表示正面情感越显著，反之亦然。正如刘晓娟和王晨琳（2020）所述，由于 SnowNLP 工具自带的语料库具有滞后性与局限性，采用评论语料库自行构建信息公开舆情词典，用于识别公众对信息公开工作的态度。因此，以其他方式弥补工具的不足，无论是模型的语料训练还是其他附加方式，都是 SnowNLP 情感分析技术应用过程中必须关注的一个问题（可参见 6.3.2 节案例）。

2）Senta 工具

Senta 工具应用代码如下：

```
text = ['设备启动有些缓慢，界面看不太懂',
        '功能太多又凌乱，只显示主要几个功能就可以了',
        '提倡无纸化办公是一件好事，通过电子版的 duty 可以很好的 check ',
        '评分结果发现 SnowNLP 对长句的评分效果不尽如人意']
import paddlehub as hub
senta = hub.Module(name="senta_bilstm") ①
inputData = {"text": text} ②
result = senta.sentiment_classify(data = inputData) ③
```

【计算结果】

```
[{'text': '设备启动有些缓慢，界面看不太懂 ',
  'sentiment_label': 0,
  'sentiment_key': 'negative',
  'positive_probs': 0.0018,
  'negative_probs': 0.9982},
 {'text': '功能太多又凌乱，只显示主要几个功能就可以了',
  'sentiment_label': 0,
  'sentiment_key': 'negative',
  'positive_probs': 0.0008,
  'negative_probs': 0.9992},
 {'text': '提倡无纸化办公是一件好事，通过电子版的 duty 可以很好的 check',
  'sentiment_label': 1,
  'sentiment_key': 'positive',
```

```
  'positive_probs': 0.9998,
  'negative_probs': 0.0002},
 {'text': '评分结果发现 SnowNLP 对长句的评分效果不尽如人意 ',
  'sentiment_label': 0,
  'sentiment_key': 'negative',
  'positive_probs': 0.0042,
  'negative_probs': 0.9958}]
```

【上述代码的关键代码行】

① senta = hub.Module(name="senta_bilstm")——加载情感分析模块；

② inputData = {"text": text}——转换待分析文本格式；

③ result = senta.sentiment_classify(data = inputData)——计算情感极性。

【分析与讨论】

为增强情感分析工具的可比性，本小节所用情感分析文本与上一小节（即 SnowNLP 工具）相同。就此四句文本而言，所得结果基本相似，但 Senta 工具提供了更多的情感分析信息，即同时列出分析对象的正负极性值，这有助于正话反说等文本内容的情感分析。Senta 是一款由百度开发的开源情感分析工具。与 SnowNLP 工具主要从词汇出发进行二元判断的机制不同，Senta 工具系基于海量数据训练而成，可更好地关联上下文语境，对长句的情感极性判断更为准确。

3）词表类工具

词表类亦称之为词典类。谓之工具，其实就是一套由情感词语构成的词汇。因词汇的数据结构彼此不同，所应用的代码会有所区别。以大连理工大学情感词汇本体库为例，其既可用于解决多类别情感分类的问题，也可以用于解决一般的倾向性分析问题。这一情感词汇本体库将情感分为 7 大类 21 小类（共计 27 466 个词语），将情感强度分为 1、3、5、7、9 五档，9 表示强度最大，1 为强度最小，其中每个词在每一类情感下都对应一个极性：0 代表中性，1 代表褒义，2 代表贬义，3 代表兼有褒贬两性（徐琳宏等 2008），如图 6.1 所示。上述分类和强度设置使得这一本体库的应用代码编写必须既考虑到词语本身，同时还得加上极性和强度数值。

又以知网情感词典为例，共有 12 个 txt 文件（英汉各 6 个），构成文件类型：程度级别词语、负面评价词语、负面情感词语、正面评价词语、正面情感词语、主张词语。其中的中文负面情感词语为 1 254 个，文件内仅列出词语本身，并未标明情感极性和强度，其他几类亦是如此。相较于大连理工大学情感词汇本体库，知网情感词典所涉应用代码

	A	B	C	D	E	F	G
1	词语	词性种类	词义数	词义序号	情感分类	强度	极性
2	脏乱	adj	1	1	NN	7	2
3	糟报	adj	1	1	NN	5	2
4	早衰	adj	1	1	NE	5	2
5	责备	verb	1	1	NN	5	2
6	贼眼	noun	1	1	NN	5	2
7	战祸	noun	1	1	ND	5	2
8	招灾	adj	1	1	NN	5	2
9	折辱	noun	1	1	NE	5	2
10	中山狼	noun	1	1	NN	5	2
11	清峻	adj	1	1	PH	5	0
12	清莹	adj	1	1	PH	5	1
13	轻倩	adj	1	1	PH	5	1
14	晴丽	adj	1	1	PH	5	1
15	求索	adj	1	1	PH	3	1
16	热潮	noun	1	1	PH	5	1
17	仁政	noun	1	1	PH	5	1
18	荣名	noun	1	1	PH	5	1
19	柔腻	adj	1	1	PH	5	1
20	瑞雪	noun	1	1	PA	5	1

图 6.1　大连理工大学情感词汇本体库 Excel 表格结构

仅须考虑不同文件的词语即可。

其他英文情感词表也是如此，如 Afinn 词表（见 6.2.2 节 2））的相关描述。

与 SnowNLP 和 Senta 等工具不同，情感词表的应用必须结合特定的词汇结构加以代码编写，或是构建多维数据结构，或是多重遍历，均以具体的情感词表为准。可供应用的情感词表也会有其他选择，如从《当代英汉分类详解词典》的有关感觉情感分类中选出 419 个词汇和短语，构成英文文本的情感词语判断标准（罗天，吴彤 2020）。必须注意，具体应用应以相关情感词表的代表性和权威性为准。

6.2.2　英文类工具

1）TextBlob 工具

TextBlob 工具应用代码如下：

```
text = ['I use this thing to play WoW classic and it does a great job',
        'The sound is awful  … very low',
        'so far works great for the price',
        'it is a basic computer but does what i need it to']
from textblob import TextBlob
polarNote = []
for line in text:
```

```
    blob = TextBlob(line)
    polarNote.append(blob.sentiment)
combine = list(zip(polarNote, text))
```

【计算结果】

```
[(Sentiment(polarity=0.3555555555555557, subjectivity=0.638888888888889),
  'I use this thing to play WoW classic and it does a great job'),
 (Sentiment(polarity=-0.19999999999999998, subjectivity=0.5966666666666667),
  'The sound is awful  ... very low'),
 (Sentiment(polarity=0.45, subjectivity=0.875),
  'so far works great for the price'),
 (Sentiment(polarity=0.0, subjectivity=0.125),
  'it is a basic computer but does what i need it to')]
```

【分析与讨论】

TextBlob 工具是一款与 SnowNLP 工具相类似的情感分析工具。从这四句的计算结果看,与人工判断基本吻合,其中的 polarity 表示情感极性,越趋向 1 表示正面情感越显著,越趋向-1 表示负面情感越显著;subjectivity 表示判断的主观性程度。相较于 SnowNLP 初始工具而言,TextBlob 工具的适用范围似乎更为宽广。借助 TextBlob 工具对《三体》小说进行海外读者就中国译介文学的接受和评价进行计量分析,结果证实情感分析的运用使得大规模读取海外读者的评论并直观量化地呈现读者褒贬态度成为可能(张璐 2019)。

2) Affin 工具

Affin 工具应用代码如下:

```
text = ['I use this thing to play WoW classic and it does a great job',
        'The sound is awful  ... very low',
        'so far works great for the price',
        'it is a basic computer but does what i need it to']
from afinn import Afinn
polarNote = []
for line in text:
    afn = Afinn(emoticons=True)
    polarNote.append(afn.score(line))
combine = list(zip(polarNote, text))
```

【计算结果】

```
[(7.0, 'I use this thing to play WoW classic and it does a great job'),
 (-3.0, 'The sound is awful   ... very low'),
 (3.0, 'so far works great for the price'),
 (0.0, 'it is a basic computer but does what i need it to')]
```

【分析与讨论】

从计算结果看,第 2 和 4 句与使用 TextBlob 工具的结果相似,但两款工具所呈现的第 1 和 3 句的极性虽说都是正面情感,可数值大小却是相反的,根据这两句的人工判断,Affin 工具的准确性似乎优于 TextBlob 工具,但 Affin 工具仅计算情感极性值。Affin 工具系由丹麦工业大学的 Finn Årup Nielsen 使用情感词表开发而成的一款分析工具,更适用于微博情感分析(Dakar 2016: 353)。其情感词表已更新三次,初版 AFINN-96 为 1 468 个单词和短语,第二版 AFINN-111 为 2 477 个单词和短语,第三版 AFINN-165 为 3 382 个单词和短语。每个单词和短语的极性强度为±5 之间(Kocich 2018)。

3) SentimentIntensityAnalyzer 工具

SentimentIntensityAnalyzer 工具应用代码如下:

```
text = ['I use this thing to play WoW classic and it does a great job',
        'The sound is awful   ... very low',
        'so far works great for the price',
        'it is a basic computer but does what i need it to']
from nltk.sentiment.vader import SentimentIntensityAnalyzer
sia = SentimentIntensityAnalyzer()
for line in text:
    print(line)
    polarNote = sia.polarity_scores(line)
    print(polarNote)
```

【计算结果】

```
I use this thing to play WoW classic and it does a great job
{'neg': 0.0, 'neu': 0.466, 'pos': 0.534, 'compound': 0.8834}
The sound is awful   ... very low
{'neg': 0.574, 'neu': 0.426, 'pos': 0.0, 'compound': -0.659}
so far works great for the price
{'neg': 0.0, 'neu': 0.579, 'pos': 0.421, 'compound': 0.6557}
it is a basic computer but does what i need it to
{'neg': 0.0, 'neu': 1.0, 'pos': 0.0, 'compound': 0.0}
```

【分析与讨论】

SentimentIntensityAnalyzer 工具源自 NLTK 包，其计算结果可同时呈现四种数值即负面、中性、正面、组合极性。正如中文类 Senta 工具那样，可为评价语句提供更为细致的情感分析可能性，如讽刺话语、正话反说等极性值的确定。在评价语句的分类方面，可依托组合极性进行大类区分，再逐一根据负面、中性、正面极性进行二次或三次分类。对比 Affin 工具，本款工具的组合极性值与其非常接近。从 Affin 工具基于情感词表这一特性看，本款工具应该也是采用类似的算法模式。从英文类工具针对这四句计算出的结果看，似乎可以说 Affin 工具和本款工具的极性值更能解读评价语句的情感表示。

6.2.3　混合类工具——朴素贝叶斯分类法

本节内容可参见 4.3.3 节“朴素贝叶斯分类法”。其中“1）机器学习小文本分类”采用 from textblob.classifiers import NaiveBayesClassifier 分类器，将小文本按正面、中性、负面极性进行情感分类。其他工具包的相应分类器如 from nltk. classify import NaiveBayesClassifier 等也可实现这一功能[可参见“2）机器学习词性标记特征分类”]。将朴素贝叶斯分类器应用于情感分析的关键是训练语料的分类设置或者获取。这一方法的优点：

- 一是可不区分文本的所属语言；
- 二是可按正面、中性、负面进行三分类，也可按具体的情感极性值分类；
- 三是将少量语料作为训练语料也可实现有效分类。

朴素贝叶斯分类法可应用于大选推特的情感分析（Sabatovych 2019）——将公众观点分为五类（strongly agree、agree、neutral、disagree、strongly disagree），即标示为五种分类标签，采用朴素贝叶斯分类器对文本数据进行分类，其预测精度高达 97.98%，其结果可以帮助决策者理解社交媒体情感分析在评估公众观点方面的重要意义。将朴素贝叶斯分类器应用于模型训练和文本分类，具有极大的便利性，且能适用于多领域文本的分类（Sabatovych 2019）。

详细案例可参见 6.3.3 节“朴素贝叶斯分类法与情感分析”。

6.3　情感分析路径

与 6.1 节相呼应，本节内容涉及三方面（国际关系/政治、产品/服务、教育）四个案例（民意调查、商品评价、朴素贝叶斯分类法、择校数据中的情感因素）。援引论文作为案例时不再拘泥于代码复现，而是主要关注算法的实现，如 6.3.1 节和 6.3.4 节。运用编程技术实现情感分析的关键不在于技术本身，而在于如何为情感分析任务设计一种合理有效的分析与处理流程，其前提自然是对技术的全面理解和把握。本节将列举源自上海交通大学外国语学院课堂任务分析的典型案例如 6.3.2 节和 6.3.3 节，其所关注的重点也是案例的解决思路，即在具体任务中如何应用相应的情感分析工具。

6.3.1 情感分析与传统民意调查比较

1）论文描述

奥利韦拉等（Oliveira *et al.* 2017）尝试通过情感分析技术从社交媒体数据中获取选民的政治偏好信息，以确定这一方法是否与传统民意调查具有相同的准确性。其研究结果显示，两种方法的结果非常接近。尽管情感分析并未达到传统民意调查的同等精度水平，但这项技术已显示出令人满意的结果，足以说明投票人的观点偏好。技术应用的优点体现为：

- 相关数据信息虽源自某一媒体如推特而非全部，但足以识别投票人的政治偏好；
- 社交媒体数据免费获取；
- 技术应用成本较低；
- 社交媒体以自身传播观点的形式突显其重要性；
- 成为识别民众就不同主题所发表观点的新路径。

研究分为八个步骤：确定研究对象；选用数据源；定义用于数据挖掘的关键术语；选择观点挖掘软件；采集和准备数据；定义训练集；实施情感分析；核对结果。从数据采集、清洗和分类，到模型训练，再到正面、负面和中性情感的确定，均使用 DiscoverText 软件。所得出的六组推特数据的情感分析结果随后与六个传统民意调查结果进行对比，其依据是正面情感与投赞同票之间、负面情感与投反对票之间存在紧密的关联性。结果显示，情感分析的平均精度为 81.05%，与传统的差值仅介于 1%至 8%之间。该文的最后问题是否有新技术或组合方法，可实现更高精度的情感分析。

2）分析与讨论

该文所用 DiscoverText 软件是一款用于多语文本分析的数据科学软件，可进行文本挖掘、数据分析、数据标注、机器学习等，其最大优点是能够处理大量非结构化的文本数据。

文中所提出的情感分析技术应用的结果精度问题，必定与该款软件相关。可能的影响因素有：

- 用于软件分析的文本数量是否最为合适——根据这款工具的特点,数量是否会过少;从论文所示数据看,这很可能是一个较为显著的影响因素;
- 软件算法设计是否说明针对何种具体领域文本——不同文本类型的数据清洗其要求会有所不同,若千篇一律地对待,必定会导致某些文本类型的清洗效果有所欠缺;
- 定型软件一般无法提供极具个性化要求的功能——数据处理是千变万化的,新闻文本与法律法规文本的处理方法无法相提并论;
- 是否将某些模棱两可的观点转换为正面或负面观点(Soni *et al.* 2020)——从论文中无法知晓这一点,而如何转换会对情感分析的正负面结果产生显著影响;现有的很多工具未必会加以处理,这也是导致出现情感分析无法处理正话反说等观点的原因所在(王云璇,董青岭 2020);6.3.2 节的"问题与展望"提出了长句变短句的解决办法。

采用定型工具有其优势,但也会有意想不到的影响。奥利韦拉等(Oliveira *et al.* 2017)所述的新技术或组合方法可能就是索尼等(Soni *et al.* 2020)所运用的分析方法,而 NLTK 的 SentimentIntensityAnalyzer(见 6.2.2 节)等工具或许也能够为此提供一定的参照解决思路。

6.3.2 基于文本情感分析的商品评价

1）案例说明

本案例以某饮品公司某产品的用户评价为例,采用情感极性标注工具和情感词典两种方法,分析用户对该产品的情感倾向;利用算法工具统计评价语料的关键词,结合关键词得分和产品特点确定微观分析角度,进而实现微观层面的产品情感分析。

2）分析步骤

(1) 语料清洗

本案例所用语料共计 264 条,10 995 字。应用于情感分析前,采用哈尔滨工业大学停用词表做数据清洗,同时针对文本特点,将频繁出现的产品名称等也加入停用词列表,以此提高检索准确性和搜索效率。清洗后文本共计 7 262 字。清洗后的文本采用 jieba 进行分词处理。

(2) 情感极性标注

所用情感分析工具为 SnowNLP 工具包,其给出 0~1 范围内的数字结果。数字越接近 0,表示该句子越接近负面情感类,而越接近 1,则表明越接近正面情感类。本文利用

Python 编程对所有文本逐句判断，并以 0.5 为作为判断标准临界值，将结果低于 0.5 的句子化为负面情感句，并写入同一文档，将结果高于或等于 0.5 的句子化为正面情感句并写入同一文档。文本分类结果如表 6.1 所示。

表 6.1 情感文本分类数据

	数量(个)	占比(%)
正面情感句	104	39.4
负面情感句	160	60.6
总　计	264	100

(3) 情感词典的应用

情感词典是指由情感倾向性词语所组成的词典，目前国内比较流行的情感词典主要有知网的情感词典(Hownet)、台湾大学中文情感极性词典(NTUSD)和大连理工大学信息检索研究室的中文情感词汇本体库。前两者仅整理出负面和正面的情感词汇，而中文情感词汇本体库则从不同角度描述一个中文词汇或短语，包括词语词性种类、情感类别、情感强度和极性等信息，较之前两者更为详细。本文选用中文情感本体库对 SnowNLP 的情感极性标注结果进行验证，将所得结果与 SnowNLP 评分相对比，部分结果如表 6.2 所示。

表 6.2 情感词汇、评价语句和评分对比

情感词汇	评　价　语　料	评 分
不合理	分配工作每一项都分配**不合理**。(例句 1)	0.209
死板	DR 的一些功能比较**死板**，比如温度记录，应该设定手工添加这一项，如果只是固定选项，门店会有遗漏的冰箱温度记录，早晚班的进货记录不够完善。(例句 2)	0.331
笼统	关于 DR，许多标准的东西太**笼统**，没有原来的纸质版那么细则化，过于形式！做的最好的一项就是温度得记录与早晚库存管理！清洁 Paly，如果能把清洁品相，清洁标准都展示，使用会更方便，QA5x5，具体 5 分项能体现出来最好！(例句 3)	0.558
优点	**优点**：伙伴有了更好的平台可以互相认识。电子版 bntk 可以让伙伴及时了解活动，即使在休息的时候也能了解。电子版的 workbook 使伙伴可以更好的了解我们的活动。(例句 4)	0.977

在中文情感词汇本体库中检索以上几个情感词汇，结果如表 6.3 所示。例句 1、2 均包含强度为 3 的贬义词，而对应的 SnowNLP 得分均低于 0.5，符合负面情感句的判断标准，也与人工判断相吻合。例句 4 包含强调为 5 的褒义词，而其 SnowNLP 得分也相对较高，符合正面情感句的判断。例句 3 的情感词汇虽为贬义词，但其强度较低，而该句

的 SnowNLP 得分较为接近 0.5，应属强度较低的正面情感句，综合情感词汇和 SnowNLP 得分，例句 3 可判断为贬义程度较低的正面情感句，与人工判断较为吻合。综上所述，情感词典和机器学习作为文本情感分析的两大方向，可以相互佐证，互为补充。

表 6.3　情感词强度和极性比较

词　语	词性种类	词义数	词义序号	情感分类	强　度	极　性
不合理	adj	1	1	NN	3	2
死板	adj	1	1	NN	3	2
笼统	adj	1	1	NN	1	2
优点	noun	1	1	PH	5	1

（4）维度分析

根据情感倾向性，可从宏观视角判断用户对该产品喜欢与否，但若想对产品进行优化，还须从微观层面分析用户对产品的不同评价。本案例借助 jieba 的 Textrank 算法统计评价语料中的关键词，人工筛选出与产品性能和功用最为相关的评价角度，最后通过上下文检索搜索出该角度的评价语句。Textrank 算法将抽取候选关键词，并根据内设公式为其打分，分值高低即代表其作为关键词的可能性。根据 Textrank 算法提取的部分候选关键词如表 6.4 所示。

表 6.4　情感关键词及其得分

候选词	得分	候选词	得分	候选词	得分	候选词	得分	候选词	得分
使用	0.634	需要	0.449	优化	0.270	完成	0.202	值班	0.150
门店	0.618	工作	0.378	任务	0.267	选择	0.179	设置	0.143
手机	0.549	无法	0.329	操作	0.251	部分	0.171	不够	0.141
功能	0.483	纸质	0.328	建议	0.242	库存	0.160	查看	0.136
填写	0.482	记录	0.307	内容	0.239	经理	0.158	信息	0.136
希望	0.455	时间	0.303	添加	0.233	是否	0.157	能够	0.133
温度	0.449	增加	0.295	进行	0.230	营运	0.156	手册	0.130

根据候选关键词的得分和产品特征，选取界面设计、功能使用两大角度进行产品分析。界面设计角度的关键词为“界面（得分 0.099）”，功能使用角度选取的关键词为“功能（得分 0.483）”，分别检索两大关键词，得到相关评价如表 6.5 所示。用户对产品的界面设计和功能使用方面仍有较多期待，普遍认为界面设计较繁琐，功能较为凌乱，部分用户也提出了对增加新功能的需求。

表 6.5　“界面”和“功能”关键词所对应的评价语句

关键词	评　价　语　料
界面	设备启动有些缓慢，**界面**看不太懂
	搜索**界面**优化，可以适当在微博的 ui 上学习
	UI 设计还不错，就是**界面**经常抽风以及操作的指向性不够明确，让人时常摸不着头脑
	希望能根据门店的不同，能优化相对应的**界面**
	简化线上**界面**，填写方便快捷。
	很多**界面**设计的很复杂，如每天使用的测温，设计的了二级**界面**就可以了。有些还要设计三级**界面**。用完这一项还要退三四步，在进入点三四步才可以用。
功能	一些**功能**比较死板，比如温度记录，应该设定手工添加这一项
	功能太多又凌乱，只显示主要几个**功能**就可以了。
	喜欢食品到期提醒，但是点进去要提醒伙伴的时候发现**功能**并不齐全，如果能添加门店食品选择以及下架提醒和过期日期之类的贴心选择，感觉可以省去一些沟通错误的不必要麻烦。
	用户交互**功能**不够简约，存在重复多动作操作，希望更多**功能**（如 DR 事务处理、任务添加-可以设置一些常用任务模板，不用伙伴每天重复输入新增）可以优化
	增加反馈**功能**，区组门市无法签到

本案例发现，用户对该产品总体持负面情感，好评率仅为 39.4%，对该产品的评价不乏“死板”“不合理”等负面情感词汇。就微观层面而言，该产品的界面设计和功能使用均有待优化，使产品界面更灵活，功能更简约。

3）问题与展望

SnowNLP 工具虽能对评价语料进行逐句评分，但评分结果发现 SnowNLP 对长句的评分效果不尽如人意，如表 6.6 所示。

表 6.6　长句评价

例　句	评 分
提倡无纸化办公是一件好事，通过电子版的 duty 可以让老板们能够知道当前的任务卡清洁有伙伴在做，可以很好的 check。但是伙伴们与其拿手机去查看自己的任务，不如直接让值班经理进行安排不是更好，这样也能减少伙伴拿手机的频率，在 check 方面，门店都有认真完成每日的清洁，值班经理也会对班次中的清洁进行检查。行销的 workbook/陈列指引，两件工具都是分开的，workbook 通过 app 发送，可以让伙伴能够及时看到，并进行笔记，这点来说真的很棒，但是行销陈列指引一般都是门市行销经理和店经理进行布置的，在整个行销布置过程中，使用手机进行 check 会降低效率，因为要不停的看手机，但是如果用纸质版的，也可以在书上进行提醒，更能方便伙伴进行工作。	0.916

表述这一评价语句的用户是用较平稳的语气叙述了对该产品优化的意见，实则是表达对该产品不尽满意的态度，而 SnowNLP 评分高于 0.9，这一评分并不符合人工判断。通过分析发现，评价语句过长会影响评分的准确性。现以逗号为单位切分成短句，对短句进行评分，最后取所有短句评分的均值。所得评分远低于该句的整句评分，其评分也更符合人工判断（见表 6.7）。切分成不同短句后所得均值为 0.651，远低于 0.916。

表 6.7 分句处理后的得分

切　分　短　句	得分
提倡无纸化办公是一件好事，通过电子版的 duty 可以让老板们能够知道当前的任务卡清洁有伙伴在做，可以很好的 check。	0.675
但是伙伴们与其拿手机去查看自己的任务，不如直接让值班经理进行安排不是更好，这样也能减少伙伴拿手机的频率，	0.004
在 check 方面，门店都有认真完成每日的清洁，值班经理也会对班次中的清洁进行检查。	0.183
行销的 workbook/陈列指引，两件工具都是分开的，	0.961
workbook 通过 app 发送，可以让伙伴能够及时看到，并进行笔记，这点来说真的很棒，	0.872
但是行销陈列指引一般都是门市行销经理和店经理进行布置的，在整个行销布置过程中，使用手机进行 check 会降低效率，因为要不停的看手机，	0.925
但是如果用纸质版的，也可以在书上进行提醒，更能方便伙伴进行工作	0.934

6.3.3 朴素贝叶斯分类法与情感分析

可用于情感分析的算法分类模型主要包括朴素贝叶斯模型、最大熵模型和支持向量机模型。于和哈齐瓦西罗格洛（Yu & Hatzivassiloglou 2003）使用词语作为特征，并采用朴素贝叶斯分类器完成篇章级情感文本的主客观判断。他们实现了高达 97%精度的文档分类和高达 91%准确度的对句子积极、消极和中性的分类，证明了朴素贝叶斯模型在不同细粒度的情感分析任务中的有效性。费尔南德斯-德尔加多等（Fernandez-Delgado *et al.* 2014）比较了在不同数据集上 179 个不同分类器的效果。结果表明，贝叶斯分类器适用于不同维度之间相关性较小的模型。它能快速、简易、高效地处理高维数据，但是如果输入变量是相关的，则会出现问题。由此可见，文本中单词的关联度会影响朴素贝叶斯分类器的分类效果，主观性和长度不同的文本会有不同的分类精确度。本案例拟对比分析 TextBlob 中 sentiment 和 NaiveBayesClassifier 模块对不同长度和主观性句子的情感分析结果，借以考察不同朴素贝叶斯模型在内部关联度不同的句子层面的分类效果。

1）算法设计

本案例从 Kaggle 网站下载免费的购物评论数据集，选取评论长度差异较大的美食购物数据集，从中选取训练集和测试集进行情感分析。TextBlob 构建在 NLTK 之上，功能强大，易访问，可快速建模。本文情感分析算法框架包括语料加载与特征提取、分类器训练、测试集分类和模型效果评估四个模块，如图 6.2 所示。

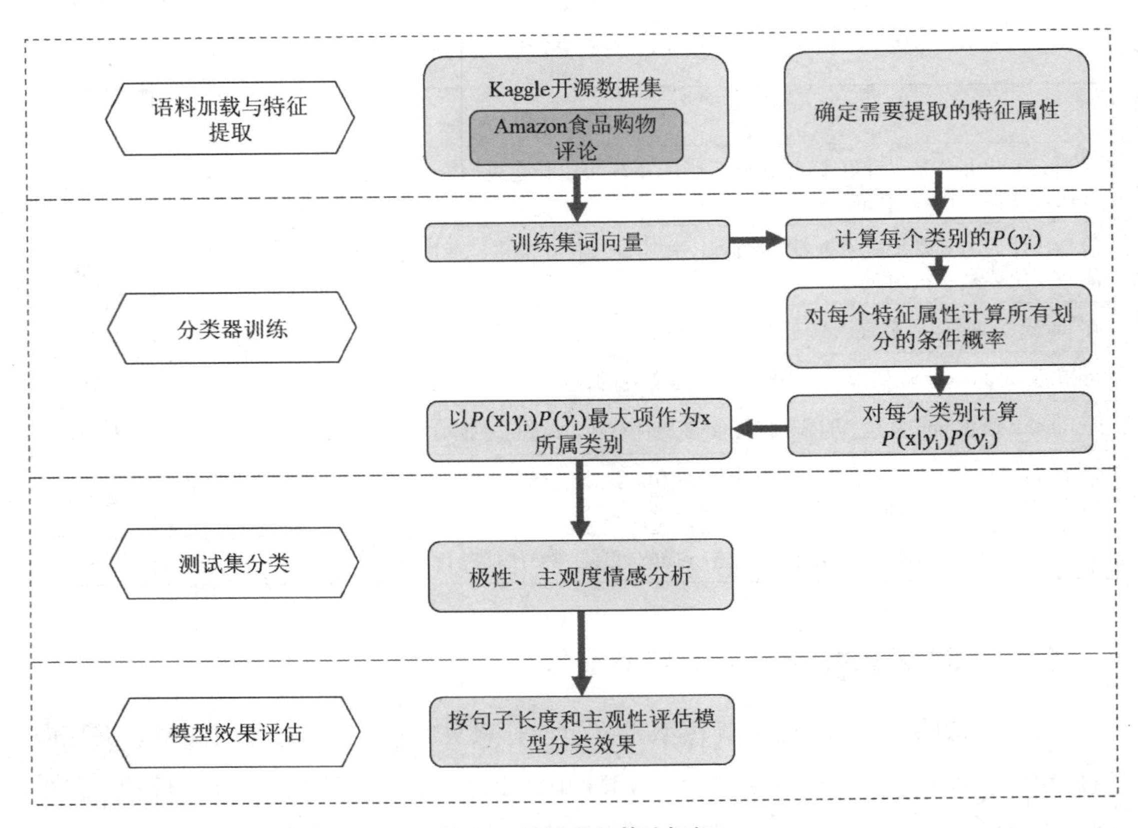

图 6.2　情感分析算法框架

2）整体情感数值评估

使用 TextBlob 进行情感分析，其结果显示，所有文本的情感极性平均值为 0.231，说明美食评论总体偏向好评但区分程度不明显。由图 6.3 可知，大部分的评论集中在中性区域，但好评数量远远多于差评。积极评论（polarity>0）有 8 706 条，占 87.06%；消极评论（polarity<0）有 531 条，占 5.31%；中性评论（polarity=0）有 763 条，占 7.63%。由此可见，亚马逊美食销售好评度很高，也可认为当顾客对购物满意时，更有可能添加评论。如图 6.4 所示，美食评论集中在中等偏上的区域，好评的数量比较多。由网络评论数据集看，亚马逊美食受众度良好。

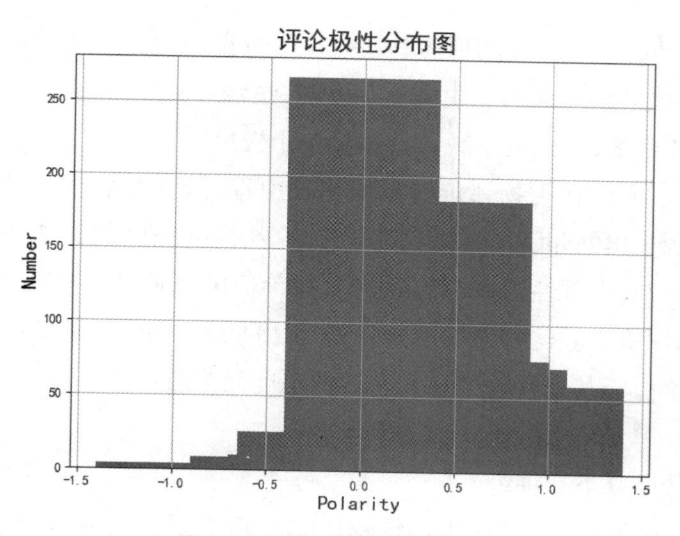

图 6.3　极性-数量柱状分布图

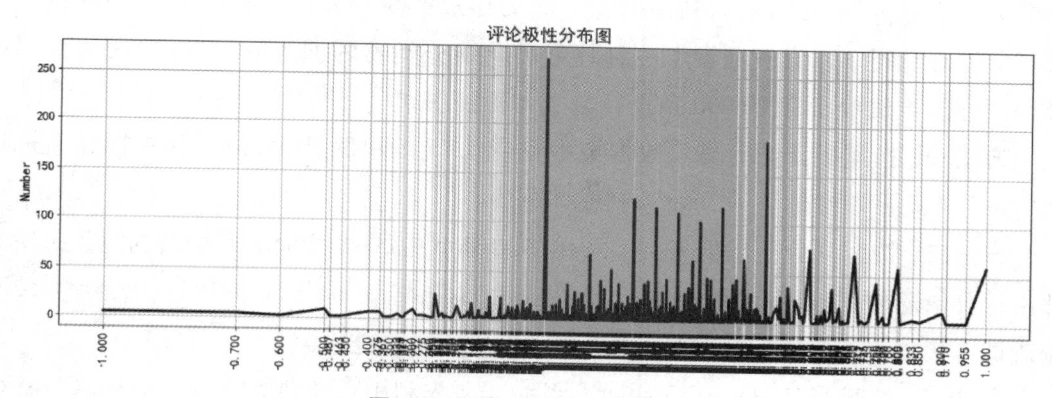

图 6.4　极性-数量折线分布图

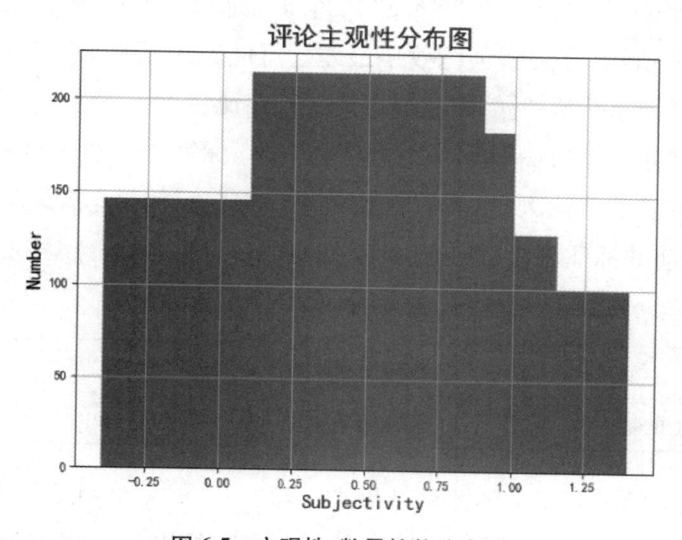

图 6.5　主观性-数量柱状分布图

所有文本的情感主观性平均值为0.534，说明美食评论总体略微偏主观态度。主观评价和客观评价数量相差无几。由图6.5可知，主观性评价和客观性评价分布相对均匀，但两极评价非常多，且极度主观评价数量少于极度客观评价。这项统计主要反映了人们的网评习惯：人们在购物评价时态度比较中肯，但具有个性的评价数量也不容小觑。此外，本案例选出helpfulness指数高于25（高信息价值）的评论共计63条，其平均情感计算值为0.176，主观性为0.511。可见，有价值的评论情感积极性比所有评价低，而客观性比所有评价高。这些评论平均句长为134.38个单词，属于比较长的评论。因而，有价值的评论由于其丰富的信息和客观的态度而为其他购买者所信赖。

3）朴素贝叶斯分类器训练

从评论总集中挑选538条作为训练集。先按照不同方法分类训练集，再投入朴素贝叶斯分类器进行训练，最后利用训练完成的朴素贝叶斯分类器对所有10 000条数据进行标注和分类。本案例测评了三种朴素贝叶斯分类器的训练方式，并比较选择训练效果最好的方法给所有10 000条进行分类和标注。

方法一：按星级评论分类。数据集中自带1~5的星级评论，将1、2星标评论标注为“pos”，4、5星评论标注为“neg”，制成训练集。

方法二：按情感分析数值分类。利用TextBlob中的sentiment模块给训练集中所有评论计算情感值，将polarity>0的评论标注为“pos”，将polarity<0的评论标注为“neg”，制成训练集。

方法三：按照NaiveBayesClassifier标注分类。先利用未经训练的NaiveBayesClassifier给训练集中的评论标注（“pos”或者“neg”），再将训练集投入模型进行训练。

结果如表6.8所示，方法一训练效果最差。可能原因是星级评论带有明显的主观性，每位用户的打分标准不一样，因此训练集可行性比较差。方法二训练效果最好。但是方法二标注时偏向标注positive，训练集中有“pos”标签的评论被预测为positive的可能性比有“neg”标签的评论大，二者有对比效果。方法三效果不佳。实验表明，方法三训练是在重复之前的标注流程，而预测结果发生的变化比较大，未达到训练效果。

表6.8 模型在测试集上的精确度

模　　型	方法一	方法二	方法三
模型在测试集上的精确度(0~1)	0.202	0.866	0.600

将测试结果与简单测试集的测试结果进行对比，发现简单测试集训练效果比较好。对比发现，训练集和测试集的评论一般比较长；而简单测试集和测试集中的评论比较

短,模型在测试集上的精确度为 0.833。NaiveBayesClassifier 是基于贝叶斯公式的概率模型,适用的情形比较简单,因此使用 NaiveBayesClassifier 对此类评论集而言不是最好的选择。本案例最后采取方法二对所有评论集进行分类。结果显示,积极评论 9 684 条,占 96.84%,消极评论 316 条,占 3.16%。实际上,TextBlob 的 sentiment 模块是对句子加工后利用 NaiveBayesClassifier 计算得出的值,加工时进行了分句处理和综合评分,因此计算结果更加科学。

4）分类句子处理和评估

根据实验结果显示,统一利用 sentiment 模块和 NaiveBayesClassifier 进行大规模情感分析的结果并不是最理想的,因此对不同类型的语句进行情感分析测试。测试开始前先检查文本数据清洗是否对测试结果产生影响。选取'B003VXFK44'产品的句长为 169 的负面评论(打分为 2 星)进行测试。结果显示,无论是否进行清洗,去除非字母字符,情感计算结果不变,都为 0.038 636,测试正确。

首先是长句评论。从 train 数据集中选取句长 100~150 个单词的句子。基于这些句子制作积极(评分>3 星)、消极(评分<3 星)两个数据集。通过预先标注的 tag 和测试结果 tag 进行对比来评估测试方法的可行性。结果发现,积极长句共 6 句,用 NaiveBayesClassifier 标记错误率为 0.667,用 sentiment 模块标注错误率为 0.167。因此积极长句用 sentiment 标注比较好。消极长句共 65 句,用 NaiveBayesClassifier 标记错误率为 0.138,用 sentiment 模块标注错误率为 0.785。因此消极长句用 NaiveBayesClassifier 标注比较好。

其次是短句评论、中性评论、主观评论、客观评论,评论结果如表 6.9 所示。

表 6.9　不同类型语句情感分析模块测评结果

句子类别	特　征	句数	方法 1: NaiveBayesClassifier 分类错误率	方法 2: Sentiment 分类错误率	方案选择
积极长句	100~150 个词 评分>3 星	6	0.667	0.167	2
消极长句	100~150 个词 评分<3 星	65	0.138	0.785	1
积极短句	0~30 个词 评分>3 星	27	0.519	0.037	2
消极短句	0~30 个词 评分<3 星	69	0.290	0.797	1

续 表

句子类别	特　征	句数	方法 1：NaiveBayesClassifier 分类错误率	方法 2：Sentiment 分类错误率	方案选择
中性长句	0~50 个词 评分=3 星	14	/	0.429	2
中性短句	>70 个词 评分=3 星	10	/	0.600	2
主观积极句	subjectivity>0.5 评分>3 星	75	0.707	0.027	2
主观消极句	subjectivity>0.5 评分<3 星	288	0.211	0.680	1
客观积极句	subjectivity<0.5 评分>3 星	23	0.696	0.027	2
客观消极句	subjectivity<0.5 评分<3 星	174	0.155	0.736	1

从数据对比可以发现购买者评论的一些习惯：

- 积极评论一般比消极评论短。客户对产品不满意时会用较长的评论来抒发自己内心的不满。
- 中性评论比较少。大部分客户都会明确自己的态度，不模棱两可。
- 主观性评论往往是消极的。当客户对产品不满时，往往会冲动地发表自己的看法，发泄情绪，而对产品满意时会冷静地发表观点。
- 中性句分析效果较差。中性句只能使用 sentiment 模块进行实验。中性长句标注错误率为 0.4，中性短句标注错误率为 0.6，相比与其他语句可能达到小数点后两位的错误率，标注错误率非常高。原因可能是中性句样本量小、误差高、句子长而较难判断等。

5）结语

经实验可见使用 TextBlob 进行情感分析的优点。TextBlob 是基于 NLTK 建立的，所谓“站在巨人的肩膀上”，性能比 NLTK 更胜一筹。首先，TextBlob 是专门用于英语情感分析的模块，且自带的句子切分、去除停用词、词形还原、纠正拼写等功能十分强大。其次，TextBlob 具备两种情感分析模块：一是 NaiveBayesClassifier，基于贝叶斯公式建立的比较简单的深度学习模型，应用于短句、消极句、客观句功能强大；二是 sentiment 模块，基于 NaiveBayesClassifier 建立的更加完善的情感分析模块，内置了诸如段落分句计算再汇总的处理模式,为使用者提供了更加便利和科学的情感分析工具。Sentiment 模块对大容量数据集的处理效果出色,同时对长句、积极句、主观句等更为复杂的语句有不错的处理效果。

通过本次实验的数据集选择可以看出材料选择对自然语言处理的重要性。本实验选取了亚马逊开源数据集,共包含 56 万条美食购物评论,最终选取 10 000 条进行分析。该数据集的特点是维度多,信息广泛,特征明确,是不可多得的训练材料。笔者最终从数据集自带的 10 个字段中选择了 5 个字段进行提取,其中有 4 个字段发挥了重要的作用。尤其是用户的星级评论标签,明确标注评论文本的感情倾向,形成了天然标注完备的数据集。这省去了研究人员自行标注的麻烦和误差。此外,由于数据集非常庞大,包含的评论真实、实用、多种多样、各具特色,可谓是一个“包罗万象”的多功能数据库。除了美食数据库,Kaggle 平台上还有数十个优质数据库,为将来的研究提供了非常好的资源。

然而,关于使用 TextBlob 进行情感分析的实验,仍有不少有待解决的问题。首先,中性句子处理困难。无论是使用 sentiment 模块还是 NaiveBayesClassifier 模型进行分类,中性句子都存在相当大的误差,其原因可能是中性句子长、语义转折多、样本数量少等。态度模棱两可的句子积极和消极的特征太多,整合计算并不容易。未来可以尝试将转折词的位置、否定词的数量、矛盾句子的长短比较等因素加入模型中。

其次,数据集存在一定问题。一方面,评论用户差异性较大。实验中多次使用数据集自带的“score”字段即用户在网站上的直接打分来制作训练集。但是不同用户对星级的感受是不同的,语言表达习惯也不同。例如,有的用户的三星程度相当于其他用户的五星;有的用户态度积极,但是评论会先列举许多缺点,干扰模型判断;有的用户主观性过强,因一个缺点而对整个产品全盘否定,打出极低分。另一方面,评论真实性存疑。在读取评论过程中,发现 B003VXFK44 号产品和 B006N3IG4K 产品有很多评论一模一样。

再次,数据处理不够客观全面。数据取值往往是平均值,过于简单。今后的研究如果加入方差、数学期望、概率模型等因素,可以变得更合理一些。此外,数据集的积极、消极和中性文本的数量差异较大,如果要达到一致的训练效果,须平衡数据。

6.3.4　择校行为影响因素与情感分类

1）论文描述

该文(Troisi *et al*. 2018)旨在分析对学生择校行为(高校)和决策过程产生影响的主要因素。所用方法为情感分析加词云图;所用工具 TalkWalker 为一款在线使用的社交媒体数据分析软件,可识别出涉及特定主题的群体的情感;分析所用语料为世界范围内不同个体或机构发布的有关大学招生的信息。其研究结果罗列出下述影响因素:课程内容、学校设施、工作机会、学校知名度、经济可承受性、沟通(情况介绍和辅导活动)、组织(课程和考试等安排)、环境可持续性(绿地面积和再生能源利用等)。

其技术应用步骤:

- 采集数据——选择"University"一词作为过滤无关内容的关键词,共采集数据1 200万条;
- 数据清洗——提取所有词汇,使用停用词如冠词、连词、介词等进行文本处理;
- 可视化——以词云图表示,即词形大小说明其使用频率,用于表征相关概念的重要性;
- 情感分析——采用 wikification 机器学习方式。

下述研究结果与所用方法相一致:

- 词云图所呈现的是与顶尖大学相关的信息文本中的最常用词;
- 考虑到因模糊词的存在或者与某一确定概念无法明确关联而导致的不准确,该文采用 wikification 技术进行情感分析,即把具体概念与维基百科网页上的相关描述内容实现链接并识别出可能会产生较大影响的因素(见图 6.6)。


```
</wikifiedDocument>
▼<detectedTopics>
REJECTED <detectedTopic id="15602770" title="Outside (magazine)" weight="0.8175926306945925"/>
REJECTED <detectedTopic id="29252" title="Sexual orientation" weight="0.7071794167494663"/>
<detectedTopic id="12460" title="Green" weight="0.7046340267619913"/>
<detectedTopic id="5177" title="Communication" weight="0.7025558387170281"/>
<detectedTopic id="314993" title="Employment" weight="0.7025558387170281"/>
<detectedTopic id="1866009" title="Environmentalism" weight="0.7025558387170281"/>
<detectedTopic id="18413531" title="Sustainability" weight="0.7025558387170281"/>
<detectedTopic id="18580879" title="Transport" weight="0.7025558387170281"/>
<detectedTopic id="36674345" title="Information technology" weight="0.7025558387170281"/>
<detectedTopic id="30297" title="Tax" weight="0.6897050352533458"/>
REJECTED <detectedTopic id="4764461" title="World War I" weight="0.654772999637167"/>
<detectedTopic id="249429" title="Home" weight="0.654772999637167"/>
<detectedTopic id="33898" title="Website" weight="0.6413472397140537"/>
<detectedTopic id="105070" title="Organization" weight="0.6413472397140537"/>
<detectedTopic id="156423" title="Training" weight="0.6413472397140537"/>
<detectedTopic id="167316" title="Graduation" weight="0.6413472397140537"/>
<detectedTopic id="180337" title="Scholarship" weight="0.6413472397140537"/>
<detectedTopic id="298221" title="Internship" weight="0.6413472397140537"/>
<detectedTopic id="29174" title="Social class" weight="0.6096124426607531"/>
<detectedTopic id="237495" title="Information systems" weight="0.6096124426607531"/>
```


图 6.6 wikification 方式提取概念与权重(Troisi *et al*. 2018)

2)分析与讨论

该文所用 TalkWalker 软件的情感分析功能独显特色,其特点在于能够关联到维基网页大数据,以实现关键概念的权重分析,借以识别关键影响因素(Troisi *et al*. 2018)。

文中所称的八个影响因素即为八个特定主题，与之对应的群体就是发布信息的使用者。该情感分析功能通过技术组合识别出主要影响因素，这一技术组合可能是聚类法（或分类法）加上情感极性分析。由于 TalkWalker 网站未透露其真实算法（仅为“可将情绪描绘成可理解的指标”），而该文也未能说明白真实的技术情况，本节仅根据可行的相关技术功能就此作出猜测。

与该文相关的一些问题如下：

- 尽管采用 wikification 技术可去除模糊词所产生的不利影响，但该技术也不适用于讽刺类表述的情感分析。对比 6.3.1 节，定型类工具几乎均有此类问题，均为无法个性化处理文本内容所致，因此有必要对正话反说、讽刺类表述等进行技术适用性探索。
- 该文的词云图系去除冠词、连词和介词等停用词后按词频大小所得。从严格意义上，服务于词云图的关键词还有其他更为有效的选择，如根据关键性或信息贡献度等进行设定。
- 该文对数据分类构成有描述，但未交待相关信息原始发布者的身份是否完全准确这一要素。
- 该文提出样本大小和所用技术的分析深度是否会对分析结果产生影响的问题，并建议采用不同技术和不同大小样本进行分析。以不同技术分析相同大小的样本，其前提是对技术的实际算法有所了解，否则只能描述相关技术的表面现象，无从知晓多种技术之间是否具有真实可比性。以同一技术分析不同大小的样本，则可检视具体技术所能适用的最佳样本大小。

该文将相关技术应用于择校行为分析的结合点在于：① 以词云图确定信息发布者所关心的概念，即词云图中的关键词；② 以 wikification 情感分析技术识别出主要的影响因素（变量），为后续分析提供分类基础。

参考文献

Agarwal, B. & N. Mittal. 2014. Semantic Feature Clustering for Sentiment Analysis of English Reviews [J]. *IETE Journal of Research* 60(6): 414 - 422.

Benedetto, F. & A. Tedeschi. 2016. Big data sentiment analysis for brand monitoring in social media streams by cloud computing [A]. In W. Pedrycz & S.-M. Chen (Eds.). *Sentiment Analysis and Ontology Engineering — An Environment of Computational Intelligence*[C]. 341 - 377.

Fernández-Delgado, M., E. Cernadas, S. Barro & D. Amorim. 2014. Do we need hundreds of classifiers to solve real world classification problems? [J]. *Journal of Machine Learning Research* 15: 3133 - 3181.

Hajiali, M. 2020. Big data and sentiment analysis: A comprehensive andsystematic literature review[J]. *Concurrency Computattion Practice and Experience* 32: e5671.

Han, ZM., JY. Wu, CQ. Huang, QH. Huang & MH. Zhao. 2020. A review on sentiment discovery and analysis of eduction big-data[J]. *WIREs Data Mining and Knowledge Discovery* 10: e1328. https://doi.org/10.1002/widm.1328.

Jena, R.K. 2019. Sentiment mining in a collaborative learning environment: capitalizing on big data[J]. *Behaviour & Information Technology* 38(9): 986-1001.

Kocich, D. 2018. Multilingual sentiment mapping using twitter, open source tools, and dictionary based machine translation approach[A]. In I. Ivan, J. Horák & T. Inspektor (Eds.). *Dynamics in GIscience*[C]. Cham: Springer. 223-238. DOI 10.1007/978-3-319-61297-3_16.

Miller, D.A., E.R. Smith & D.M. Mackie. 2004. Effects of Intergroup Contact and Political predispositions on prejudice: Role of intergroup emotions[J]. *Group Processes & Intergroup Relations* 7(3): 221-237.

Mite-Baidal, K., Delgado-Vera, C., Solís-Avilés, E., Espinoza, A. H., Ortiz-Zambrano, J., & Varela-Tapia, E. 2018. Sentiment analysis in education domain: A systematic literature review. In R. Valencia-García, G. Alcaraz-Mármol, J. Del Cioppo-Morstadt, N. Vera-Lucio, & M. Bucaram-Leverone (Eds.). Technologies and innovation (Vol. 883, pp. 285-297). Springer International Publishing. https://doi.org/10.1007/978-3-030-00940-3_21.

Naar, H. 2018. Sentiments[A]. In H. Naar & F. Teroni (Eds.). *The Ontology of Emotions*[C]. Cambridge: Cambridge University Press. 149-168.

Oliveira, D.J.S., P.H. de Souza Bermejo & P.A. dos Santos. 2017. Can social media reveal the preferences of voters A comparison between sentiment analysis and traditional opinion polls[J]. *Journal of Information Technology & Politics* 14(1): 34-45.

Pong-inwong, C. & W. Songpan. 2019. Sentiment analysis in teaching evaluations using sentiment phrase pattern matching (SPPM) based on association mining[J]. *International Journal of Machine Learning and Cybernetics* (10): 2177-2186.

Rani, S. & P. Kumar. 2017. A sentiment analysis system to improve teaching and learning[J]. *Computer* 50(5): 36-43.

Ross, A.S. & D. Caldwell. 2019. 'Going negative': An APPRAISAL analysis of the rhetoric of Donald Trump on Twitter[J]. *Language & Communication* 70: 13-27.

Sabatovych, I. 2019. Use of Sentiment Analysis for Predicting Public Opinion on Referendum A Feasibility Study[J] *The Reference Librarian* 60(3): 202-211.

Sarkar, D. 2016. *Text Analytics with Python — A Practical Real-World Approach to Gaining Actionable Insights from Your Data* [M]. New York: APRESS.

Soni, J., K. Mathur & Y.S. Patsariya. 2020. Performance improvement of Naïve Bayes classifier for sentiment estimation in ambiguous tweets of US Airlines [A]. In K.S. Raju, R. Senkerik, S.P. Lanka & V. Rajagopal (Eds.). *Data Engineering and Communication Technology — Proceedings of 3rd ICDECT-2K19* [C]. Singapore: Springer Nature. 195-204.

Torijano, J.A. & M.Á. Recio. 2019. Translating Emotional Phraseology: A Case Study [A]. In G.C. Pastor & R. Mitkov (Eds.). *Computational and Corpus-Based Phraseology — Third International Conference, Europhras 2019, Malaga, Spain, September 25-27, 2019, Proceedings*[C]. Cham: Springer Nature. 391-403.

Troisi, O., M. Grimaldi, F. Loia & G. Maione. 2018. Big data and sentiment analysis to highlight decision behaviours: A case study for student population[J]. *Behaviour & Information Technology*. DOI: https://doi.org/10.1080/0144929X.2018.1502355.

Yu, H. & V. Hatzivassiloglou. 2003. Towards answering opinion questions: Separating facts from opinions and identifying the polarity of opinion sentences. *Proceedings of the 2003 Conference on Empirical Methods in Natural Language Processing*. Association for Computational Linguistics.

Zhou, J. & J. M. Ye. 2020. Sentiment analysis in education research a review of journal publications[J]. *Interactive Learning Environments*. DOI: 10.1080/10494820.2020.1826985.

刘兵(著),刘康,赵军(译).2018.情感分析——挖掘观点、情感和情绪[M].北京：机械工业出版社.

刘晓娟,王晨琳.2020.基于政务微博的信息公开与舆情演化研究——以新冠肺炎病例信息为例[M].情报理论与实践[EB/OL].[2020-11-18].https://kns.cnki.net/kcms/detail/11.1762.G3.20201117.1810.016.html.

罗天,吴彤.2020.基于语料库的译文显性情感变化研究——以《扬子前线》翻译为例[J].重庆交通大学学报(1)：82-88.

王云璇,董青岭.2020.大数据情感分析——数字时代理解国际关系的一种非理性范式[J].国际论坛(6)：64-85.

徐琳宏,林鸿飞,潘宇,任惠,陈建美.2008.情感词汇本体的构造[J].情报学报(2)：180-184.

许文涛.2015.唐宋元诗歌韵律式情感意义的态度系统分析[M].外文研究(4)：34-40+105.

张璐.2019.从Python情感分析看海外读者对中国译介文学的接受和评价：以《三体》英译本为例[J].外语研究(4)：80-86.

第 7 章　相似性度量理论与应用

相似性是人类感知世界的一个度量方式，不同视角的感知其方式方法会有所区别，甚至千差万别，如可触摸的形状或结构相似性，不可触摸但可意会的文字内容或语义相似性。数学中的余弦相似性正属于后者，它是指使用两个向量空间夹角的余弦值来度量彼此之间的相似性，即余弦值越接近 1 的相似性越大。这一方法亦可应用于其他实体的相似性比较，如语篇分析中词汇之间乃至文本之间的相似性（Dakar 2019：471－472）。又如基于词向量的相似性，不仅用于表示句子，也可表示语篇，其可应用性显而易见。本章所述相似性是指文本分析中所涉及的词汇、句子、段落、篇章等之间的相似性。与此相关的相似性度量是指通过一定的技术手段得出可用于表示对比实体的数值并以此来测定彼此之间的相似程度，由此可推导出对比实体的语言文化效应并加以分析描述。

7.1　相似性度量与文本分析

7.1.1　基于语义信息的相似性

常见的相似性度量就是信息检索——根据检索项从数据库中检索所需信息，如使用图书馆的数据库检索相关文献。度量文献与所需信息的关联性，可有多种实现方式，如使用指定关键词与待搜索文本进行匹配，或者使用相似性度量法检索文献，即把检索文献与检索项匹配后的相似性数值进行排序，以此判断检索文献是否符合需要（Dakar 2019：455）。前者为无语义信息即字符串匹配的相似性度量方法，后者是有语义信息如内容、语法、上下文语境等多种层面信息的度量方法（黄文彬，车尚锟 2019）。相似性度量可有效助力于识别相似实体或区分不同实体，但如何选择一种合适的度量方式也显重要，因为不同的方法会直接影响对比实体之间的相似性结果。

有语义信息的相似性度量方法又可分为基于浅层语义信息和基于深层语义信息的

算法。浅层语义信息是指构成文本的词语及其顺序、上下文搭配、形态变化等基本信息，相应的相似性度量方法不引入外部知识库，仅使用文本本身信息度量相似性；基于深层语义信息的方法是使用已构建的语义信息如引入外部知识库或复杂算法来关联文本中的语义关系；二者主要区别在于语义信息的来源和获取难度（黄文彬，车尚锟 2019；陈二静，姜恩波 2017）。前文提及的余弦相似性即是基于浅层信息的，而基于词向量的相似性度量则是基于深层语义信息的。本书 1.4.2 节“矩阵结构的转换”和 3.2.1 节“词汇相似性及其相关矩阵可视化”利用了知识库 WordNet 计算八个英文单词的语义相似性，也是一种基于深层语义信息的相似性度量方法。

7.1.2　三个层级的度量路径

相似性度量可分为词汇级、句子级、语篇级三种方法，其中的词汇级相似性度量是自然语言处理的基础。基于此，可拓展至句子级和语篇级相似性度量方法。词汇级相似性度量方法可分为三类（徐戈等 2020）：

- 基于知识库的方法——以词典如 WordNet 和知网等以及百科类知识如 Wikipedia 和百度等作为知识库；
- 基于语料库的方法——通过计数词汇共现频率、统计上下文语境、求解向量嵌入的向量距离计算出词汇的语义相似性；
- 基于融合的方法——将上述两种方法实现融合应用。

以词汇知识库 WordNet 的应用为例，巴拉托雷等（Ballatore *et al.* 2013）基于词条释意是采用相似词汇进行的认知，运用知识库方法即通过释义技术和 WordNet，将词汇定义的语义相似性实现量化处理，其结果与人工判断非常吻合，具有极高的认知合理性。以大规模汉语语料库为例，石静等（2013）选用网络语言语料，基于窗口选取上下文特征，使用互信息 PMI 计算权值并通过 cosine 方法计算相似性，取得了很好的词义相似性结果。而将基于知识库的方法（WordNet-based word similarity）和基于语料库的方法（Word2Vec-based cosine distance）进行融合，其计算结果明显优于单独使用其中之一种方法的结果（Guo *et al.* 2018）。

句子级相似性度量亦可依托 WordNet 之类的自然语言资源进行，且已证实结果可信（Mihalcea *et al.* 2006；Achananuparp *et al.* 2009）。若要进一步提升数据处理的计算效率，阿切南努帕普等（Achananuparp *et al.* 2009）建议可采用动词论元结构层次的句子相似性计算方法，即通过标注句子的语义角色来计算语义关联成分之间的相似性，这一结构度量方法明显优于纯语言学的度量方法。阿布扎尔等（Abujar *et al.* 2019）提出，文本摘要时可采用识别句子关联程度的方法来减少纳入摘要文本中的无关联性句子，即通过使用词汇与语义相似性方法来度量句子相似性，进而达成以中心句改进摘要文本后续处理的效果。阿利安和阿瓦赞（Alian & Awajan 2020）指出影响句子相似性度量的因素有三即句子向量表征、单词权重、相似性程度，并以聚类方式进行词嵌入、权重设置、句子标记测试，结果显示具有较好的准确性。

与上述两种可聚焦于自身相似性度量的方法有所不同，语篇级相似性度量更多取决于具体的应用场景。如基于语义相似性度量和嵌入表示的情感分类方法（马晓慧等 2020），其计算了待分类文本与情感词典之间的语义相似性，将语义距离和基于嵌入的特征相结合进行情感分类。这一结合语义相似性的情感分类方法使提取后的情感语义特征增加，有效提升文本情感分类效果。文本情感分析的效果如何，关键是文本的精准分类。在情感词表或多重极性的基础上，加入文本相似性，或者再加入其他特征如句长等，可为文本情感分析实现多特征分类。语篇级相似性度量方法还可应用于解决机器翻译译文的某些术语或表达的不一致问题，即通过句子相似性比对，实现后续句子的术语或表达与前置句子保持一致。但由此可能会产生新的问题：若前置句子的术语或表达出错，会导致整个文本的相应术语或表达均出错。因此，先行确认文本中的某些关键术语或表达是解决这一问题的关键。

7.1.3 文本数据和知识库

文本分析的难点在于文本数据的非结构化，在于如何将非结构化数据转换成结构化数据，并从中获取可供具体分析应用的高质量语言信息。常用的文本分析技术有文本分类、文本聚类、文本摘要、情感分析、实体提取和识别、相似性分析、关系建模、语义主题词识别等。由此可见，文本分析的复杂性会体现为如何将具体的文本数据与相关技术实现恰如其分的组合。在应用机器学习技术或算法之前，必须将非结构化文本数据转换成所用技术或算法可接受的数据格式，如 4.3.3 节“朴素贝叶斯分类法”所述的借助情感极性实现评价语句的分类。正如本节前文所述的文献检索、文本摘要、文本情感分类等相似性度量应用一样，不同层级的相似性度量方法在文本分析中还有各自不同的作用和意义：

- 词汇级：使用语义相似性标度可衡量并区分人类的心理表现如沮丧和担忧等，即利用相似心理表现下的不同关键词来实现区分（Kjell *et al.* 2020）；
- 句子级：使用 gensim 将待检索文本语料库转换成以句子为单位的向量语料库，以词条或短语与向量语料库进行相似性匹配，将检索出的句子按相似性高低排序，完成词典词条或短语的例句选择；
- 语篇级：专利数量的剧增使得专利尽职调查的难度加大，而采用基于自然语言处理的专利相似性度量分析法可使不同专利之间的相似性一目了然，为是否授予专利和解决专利侵权等问题给出技术解决方案（Park & Yoon 2014; Wang *et al*. 2019）;

在本节前文描述中，WordNet 以其特色尽显知识库在相似性度量中的优势。WordNet 的特点在于其设置了近 12 万个同义词集和 20 多万个词汇语义对，即具有同义关系的两个或两个以上词汇均构成词集，每个词集表示不同的概念；不同词集之间借助概念-语义关系和词汇关系相互关联（https://wordnet.princeton.edu/）。这一概念语义关系的设置使其在相似性度量中发挥了极大的作用。其深层次作用的显现还与具体的应用场景相关：建议将 WordNet 作为"具体词网驱动"范式的资源应用于学术英语教材的词表研制之中（金檀等 2019）；利用 WordNet 词与词之间的语义关系对学生作文中的名词、动词、形容词和副词进行标注，以实现学习者作文的局部连贯自动评价（刘国兵 2016）；等等。

相似性度量方法应该有更多的应用场景。在语言学或翻译学领域，如何为不同层级的度量方法匹配新的应用场景，既取决于如何理解和运用相似性度量技术，也取决于对语言学或翻译学概念的创新解读。技术与概念的真正融合，才能助力理论的深化。

7.2　相似性度量工具

本节将相似性度量工具划分为词汇类、句子类、语篇类三种，旨在区分不同应用类型下的具体特征。词汇相似性度量与句子类、语篇类区别较大，但也是后两者的基础。本节不仅涉及知识库方法如 WordNet 方法，也列举了时下多有应用的词向量方法如 spaCy 方法，同时也描述了传统的互信息方法。句子类与语篇类相似性度量颇为相似如 gensim 方法或 spaCy 方法，涉及度量部分的代码是相同的，区别仅在于语料文本的加载方法。

7.2.1　词汇相似性度量

1）WordNet 方法

直接应用 WordNet 计算英文单词相似性的代码可参见 1.4.2 节"矩阵结构的转换"，其相似性结果的可视化可参见 3.2.1 节"词汇相似性及其相关矩阵可视化"。

中文 WordNet 应用代码如下：

```
from nltk.corpus import wordnet as wn
import pandas as pd
```

```
terms = ['大学', '学院', '学校', '汽车', '树', '建筑', '桥', '人们']
entity_names = []
for term in terms:
    entity_names.append([entity.name() for entity in wn.synsets(term, lang='cmn')][0])
terms2 = []
for term in entity_names:
    terms2.append(wn.synset(term))
similarities = []
for entity in terms2:
    similarities.append([round(entity.path_similarity(compared_entity), 2)
                        for compared_entity in terms2])
similarity_frame = pd.DataFrame(similarities, index=terms, columns=terms)
writer = pd.ExcelWriter('D:\中文词组相似性对比.xlsx')
similarity_frame.to_excel(writer)
writer.save()
```

【计算结果】

	A	B	C	D	E	F	G	H	I
1		大学	学院	学校	汽车	树	建筑	桥	人们
2	大学	1	0.07	0.07	0.06	0.06	0.07	0.07	0.14
3	学院	0.07	1	0.2	0.1	0.09	0.25	0.25	0.09
4	学校	0.07	0.2	1	0.1	0.09	0.5	0.25	0.09
5	汽车	0.06	0.1	0.1	1	0.07	0.11	0.11	0.07
6	树	0.06	0.09	0.09	0.07	1	0.1	0.1	0.08
7	建筑	0.07	0.25	0.5	0.11	0.1	1	0.33	0.1
8	桥	0.07	0.25	0.25	0.11	0.1	0.33	1	0.1
9	人们	0.14	0.09	0.09	0.07	0.08	0.1	0.1	1

【分析与讨论】

本小节代码类似于 1.4.2 节代码,区别仅在于:以 lang='cmn'实现中文词组与英文单词的对接,即由此转换为英文单词再计算相似性。这一算法存在一定问题:一是有些中文词组未能收入中文 WordNet,无法计算相似性;二是以 wn.synsets(term, lang='cmn')[0]选择对应的首个英文单词,其准确性有待商榷。上述计算结果并非尽如人意,但也不妨碍将 WordNet 作为汉英对照词典使用。

2)spaCy 方法

本小节方法计算中文词组相似性的代码如下:

```
import spacy
import pandas as pd
```

```
nlp = spacy.load('zh_core_web_lg')
terms = nlp('大学 学院 学校 汽车 树 建筑 桥 人们')
similarities = []
for entity in terms:
    similarities.append([round(entity.similarity(compared_entity), 2)
                    for compared_entity in terms])
similarity_frame = pd.DataFrame(similarities, index=terms, columns=terms)
writer = pd.ExcelWriter('D:\中文词组相似性对比 2.xlsx')
similarity_frame.to_excel(writer)
writer.save()
```

【计算结果】

	A	B	C	D	E	F	G	H	I
1		大学	学院	学校	汽车	树	建筑	桥	人们
2	大学	1	0.74	0.6	0.06	0.08	0.23	0.14	0.08
3	学院	0.74	1	0.64	0.02	0.07	0.29	0.14	0
4	学校	0.6	0.64	1	0.07	0.1	0.29	0.18	0.17
5	汽车	0.06	0.02	0.07	1	-0.03	0.19	0.07	0.06
6	树	0.08	0.07	0.1	-0.03	1	0.15	0.37	0.22
7	建筑	0.23	0.29	0.29	0.19	0.15	1	0.31	0.2
8	桥	0.14	0.14	0.18	0.07	0.37	0.31	1	0.13
9	人们	0.08	0	0.17	0.06	0.22	0.2	0.13	1

【分析与讨论】

SpaCy包最为适用的文本体裁为博客、新闻、评论等书面语。上述代码选用了spaCy的中文语言大模型(zh_core_web_lg),计算结果相较于WordNet的似乎更能反映我们的直观感受。但在应用中有时也会发现个别汉字之间无法进行相似性对比。此时可选用小模型(zh_core_web_sm),只是计算结果与选用大模型时会有所区别。因此,相似性度量时所计算的相似性值是否具有可比性显得至关重要,这取决于如何选用相似性度量工具。考察研究分析对象时,选择一款学理意义上可行的工具乃是上策。选用小模型的计算结果如下:

	A	B	C	D	E	F	G	H	I
1		大学	学院	学校	汽车	树	建筑	桥	人们
2	大学	1	0.68	0.53	0.52	0.38	0.41	0.27	0.38
3	学院	0.68	1	0.79	0.74	0.67	0.68	0.53	0.47
4	学校	0.53	0.79	1	0.83	0.63	0.67	0.6	0.55
5	汽车	0.52	0.74	0.83	1	0.56	0.71	0.61	0.6
6	树	0.38	0.67	0.63	0.56	1	0.65	0.45	0.39
7	建筑	0.41	0.68	0.67	0.71	0.65	1	0.55	0.4
8	桥	0.27	0.53	0.6	0.61	0.45	0.55	1	0.45
9	人们	0.38	0.47	0.55	0.6	0.39	0.4	0.45	1

3）互信息方法

本方法可用于判断整个语篇或语料库内词汇之间的相互关联程度，其以具体的互信息值呈现。具体操作可参见 5.2.2 节“分类提取方法”中的“1）NLTK 的 BigramCollocationFinder 和 TrigramCollocationFinder”，其中的两形符互信息方法更能呈现英语单词两两之间的关联性。此法可作为相似性度量方法使用。

计算汉语词组之间的互信息方法应用代码如下：

（1）调用停用词

```
path1 = r"D: \python_coding\171101_哈工大停用词表_中文.txt"
text1 = open(path1, encoding = "UTF-8-sig").read()
stopwordList = text1.split('\n')
```

（2）读取待处理文本

```
import jieba
path2 = r"D: \python test\14_wordcloud\ChineseCopyrightLaw_chn.txt"
text2 = open(path2, encoding = "utf-8").read()
cutText = jieba.cut(text2)
cutText2 = [w for w in cutText if not w.isdigit()]
```

（3）计算互信息值

```
import nltk
bigram_measures = nltk.BigramAssocMeasures()
finder = nltk.BigramCollocationFinder.from_words(cutText2)
finder.apply_word_filter(lambda w: w in stopwordList)
for word_pair, value in finder.score_ngrams(bigram_measures.pmi):
    if value > 10:
        print(word_pair, value)
```

【计算结果】

```
('本馆', '收藏') 12.425478187645329
('正式', '译文') 12.425478187645329
('民事', '诉讼法') 12.425478187645329
('物质文明', '建设') 12.425478187645329
('收取', '费用') 11.425478187645329
('政策', '处理') 11.425478187645329
('故意', '删除') 11.425478187645329
('故意', '避开') 11.425478187645329
```

```
('专有', '出版权') 10.425478187645329
('中华人民共和国', '合同法') 10.425478187645329
('中华人民共和国', '著作权法') 10.425478187645329
('产品', '设计图') 10.425478187645329
```

【分析与讨论】

本案例以《中华人民共和国著作权法》为语料，其计算结果仅分别选用四对不同互信息值的词组对。计算中文互信息值之前须对文本做分词处理，限于分词效果，可能会出现非正常的词组对。因此，数据清洗是一个获取精确信息的重要环节。由于所选文本字数仅为 8 553，过多词组对的互信息值相同，影响互信息值的分布，这可能与文本字数过少有关。依托 BigramCollocationFinder 的互信息法是一种基于语料库的相似性度量方法，其可信度与语料库的代表性、权威性、平衡性相关。

7.2.2 句子相似性度量

1）spaCy 方法

本小节方法计算句子相似性的代码如下：

```
corpus = ['this camera is perfect for an enthusiastic amateur photographer.',
          'it is light enough to carry around all day without bother.',
          'i love photography.',
          'the speed is noticeably slower than canon , especially so with flashes on.',
          'be very careful when the battery is low and make sure to carry extra batteries.',
          'i enthusiastically recommend this camera.',
          'you have to manually take the cap off in order to use it.']
import spacy
nlp = spacy.load('en_core_web_lg')
l1 = []
l2 = []
l3 = []
for line1 in corpus:
    sent1 = nlp(line1)
    for line2 in corpus:
        sent2 = nlp(line2)
        if line1 != line2:
            l1.append(line1)
            l2.append(line2)
            l3.append(sent1.similarity(sent2))
pair_list = zip(l3, l1, l2)
```

```
sorted_data = sorted(pair_list, key = lambda result: result[0], reverse = True)
dataList = []
for n in range(0, len(sorted_data), 2):
    dataList.append(sorted_data[n])
```

【计算结果】

```
[(0.9267362174267751,
  'it is light enough to carry around all day without bother.',
  'be very careful when the battery is low and make sure to carry extra batteries.'),
 (0.9200718855570952,
  'it is light enough to carry around all day without bother.',
  'you have to manually take the cap off in order to use it.'),
 (0.9023535967511738,
  'be very careful when the battery is low and make sure to carry extra batteries.',
  'you have to manually take the cap off in order to use it.'),
 (0.8688200688189804,
  'it is light enough to carry around all day without bother.',
  'the speed is noticeably slower than canon , especially so with flashes on.'),
…
 (0.8034631116336197,
  'it is light enough to carry around all day without bother.',
  'i enthusiastically recommend this camera.'),
 (0.8031810121219375,
  'i love photography.',
  'i enthusiastically recommend this camera.'),
 (0.7996221513620698,
  'this camera is perfect for an enthusiastic amateur photographer.',
  'i enthusiastically recommend this camera.'),
…
(0.6301444022016781,
  'i love photography.',
  'you have to manually take the cap off in order to use it.')]
```

【分析与讨论】

本小节选用与 3.2.3 节相同的语料文本。上述计算结果为所有句子两两对比的相似性数值,共计为 21 个,以相似性数值(列为元组列表数据结构中元组的第一个元素)从大到小排序。7 乘以 7 为 49 个相似性数值,减去 7 个两两自身对比的 1 数值后剩下 42 个数值,这其中还包含两个句子相互对比两次的相同数值。句子索引号为 1 和 4(下同)的最为相似,其次是 1 和 6,这一结果虽然与 3.2.3 节(先是 1 和 6,再是 1 和 4)的稍有差异，但也提供了可聚为一类的佐证。0 与 5 的相似性相对较低，正如 3.2.3 节一样，可独自聚为一类。最不相似的两个句子为 2 和 6。这一计算结果不能说与 3.2.3 节的完全一样，是不同度量工具所致，因此使用度量工具时必须注意相互之间的可比性。本小节系采用 spaCy 方法的大模型（en_core_web_lg），其为训练后所构建的词向量语言模型。

2）Gensim 方法

本小节方法计算句子相似性的代码如下：

（1）加载语料文本

```
texts = ['this camera is perfect for an enthusiastic amateur photographer.',
         'it is light enough to carry around all day without bother.',
         'i love photography.',
         'the speed is noticeably slower than canon , especially so with flashes on.',
         'be very careful when the battery is low and make sure to carry extra batteries.',
         'i enthusiastically recommend this camera.',
         'you have to manually take the cap off in order to use it.']
import nltk
allList = []
for line in texts:
    lineList = [word for word in nltk.word_tokenize(line)]
    allList.append(lineList)
sentTest = 'this camera is perfect for an enthusiastic amateur photographer.'
testList = [word for word in nltk.word_tokenize(sentTest)]
```

（2）制作向量语料库

```
from gensim import corpora, models, similarities
dictionary = corpora.Dictionary(allList) ①
corpus = [dictionary.doc2bow(line) for line in allList] ②
testVec = dictionary.doc2bow(testList)
tfidf = models.TfidfModel(corpus) ③
```

（3）相似性度量

```
index = similarities.SparseMatrixSimilarity(tfidf[corpus],
                                            num_features=len(dictionary.keys())) ④
simValue = index[tfidf[testVec]] ⑤
sorted(enumerate(simValue), key = lambda item: -item[1])
```

【计算结果】

```
[(0, 0.99999994),
 (5, 0.17507769),
 (1, 0.0110526895),
 (3, 0.009369953),
 (4, 0.009128553),
 (2, 0.0),
 (6, 0.0)]
```

【上述代码的关键代码行】

① dictionary = corpora.Dictionary(allList)——获取内含单词及其对应索引值的词袋,其字典形式的数据结构可通过 dictionary.token2id 呈现;

② corpus = [dictionary.doc2bow(line) for line in allList]——使用 doc2bow 将文档转换为词袋语料库,数据结构为元组嵌套列表结构;

③ tfidf = models.TfidfModel(corpus)——使用上述转换后的语料库训练 TF-IDF 表,即获取七句评价语句中所有单词的 TF-IDF 值;

④ similarities.SparseMatrixSimilarity(tfidf[corpus], num_features = len(dictionary.keys()))——使用 SparseMatrixSimilarity(稀疏矩阵相似性方法)度量待测试句子相对于每一句评价语的相似性数值;

⑤ simValue = index[tfidf[testVec]]——呈现所有的相似性数值。

【分析与讨论】

所谓稀疏矩阵是指矩阵中非零元素相对于所有元素的个数占比不大于某个数值时的矩阵,否则称之为稠密矩阵。数据量的剧增使得超级计算机的存储和计算能力受限,将数据存储成稠密矩阵进行计算一般是不现实的。保存矩阵中的非零元素,并以稀疏矩阵方式进行计算可避免使用稠密矩阵所带来的存储空间大、计算时间长等诸多缺点(刘伟峰 2020)。Gensim 的 SparseMatrixSimilarity 方法即为一例。

本小节选用与上一节相同的语料文本,并以 0 句为待测试句子。从计算结果看,若将 0 和 5 聚为一类,似乎可验证 3.2.3 节的结果,也与上一节相呼应。而本度量方法所呈现的相似性数值却将 1 和 3、1 和 4 列为更相似一类,与 3.2.3 节和上一节的结果均有些差异。亦采用 spaCy 方法计算 0 句与其他句子的相似性(见下),结果显示 3 和 4 句的相似性数值互换位置,而 2 和 6 句与 gensim 方法为 0 相似性的计算结果不同,呈现为较高的相似性。

```
import spacy
nlp = spacy.load('en_core_web_lg')
```

```
noList = []
simValue = []
for no, line in list(enumerate(corpus)):
    sentN = nlp(line)
    noList.append(no)
    simValue.append(sent0.similarity(sentN))
pair_list = zip(noList, simValue)
sorted_data = sorted(pair_list, key = lambda result: result[1], reverse = True)
```

【计算结果】

```
[(0, 1.0),
 (5, 0.7996221513620698),
 (1, 0.7768950095599495),
 (4, 0.7651900359472551),
 (3, 0.7582791580224075),
 (2, 0.7374400091165058),
 (6, 0.7212857932602807)]
```

3）sklearn 方法

计算句子相似性时，加载 from sklearn.metrics.pairwise import cosine_similarity。可参见本书 3.2.3 节“评价语句的相似性及其聚类可视化”，该案例已将句子相似性度量方法应用于评价语句的聚类。这一相似性度量方法是为每两个最为相似的句子计算出一个相似性数值，进而通过数值间比较以确定哪些句子更适宜于聚类处理。所用相似性度量方法为 TF－IDF 向量模型。与 spaCy 方法借助既有语言模型的原理不同，本法是通过自身对比得出结果，相似性数值的对比仅限于所提供的语料范围之内。

7.2.3　语篇相似性度量

语篇相似性度量基本类似于句子相似性度量，把列表内的评价语句替换为篇章级文本即可。本节以 gensim 方法为例，具体代码如下[类似于 7.2.2 节 2)]：

（1）加载语料文本

```
import os
path = r"D:\python test\94_Python 语言数据分析\7.2.3_国外报纸与 China 关联性"
filenameList = os.listdir(path)
filesList = []
for filename in filenameList:
```

```
    file = open(path + '/' + filename, encoding='utf-8').read()
    filesList.append(file)
```

（2）选取含 China 一词最多的文本

```
import nltk
allList = []
for line in filesList:
    lineList = [word for word in nltk.word_tokenize(line)]
    allList.append(lineList)
sentTest = filesList[1]
testList = [word for word in nltk.word_tokenize(sentTest)]
```

（3）其他代码

与 7.2.2 节第 2 小节的(2)和(3)相同。

【计算结果】

```
[(1, 0.9999983),
 (2, 0.12063078),
 (7, 0.10486776),
 (3, 0.07749176),
 (8, 0.06230884),
 (5, 0.057390835),
 (9, 0.056888074),
 (6, 0.040790513),
 (4, 0.0071016857),
 (0, 0.002758045)]
['10_0+China.txt---The Australian_20091116.txt 文件 AUSTLN0020091115e5bg00042.txt',
 '1_34+China.txt---The Australian_20090718.txt 文件 AUSTLN0020090717e57i0003v.txt',
 '2_30+China.txt---The Australian_20090117.txt 文件 AUSTLN0020090116e51h0001x.txt',
 '3_16+China.txt---The Australian_20090319.txt 文件 AUSTLN0020090318e53j0003t.txt',
 '4_14+China.txt---The Australian_20090702.txt 文件 AUSTLN0020090701e57200050.txt',
 '5_12+China.txt---The Australian_20090511.txt 文件 AUSTLN0020090510e55b0003m.txt',
 '6_10+China.txt---The Australian_20090327.txt 文件 AUSTLN0020090326e53r0001h.txt',
 '7_9+China.txt---The Australian_20091124.txt 文件 AUSTLN0020091123e5bo0004j.txt',
 '8_2+China.txt---The Australian_20090925.txt 文件 AUSTLN0020090924e59p00031.txt',
 '9_1+China.txt---The Australian_20090101.txt 文件 AUSTLN0020081231e5110000h.txt']
```

【分析与讨论】

话语分析时，往往会通过某个语篇报道中有多少个 China 或 Chinese 等词来判断相应新闻报道与中国的关联程度。本案例以含有 34 个 China 一词的文本作为测试文本，用于度量与其他9个文本的相似性。计算结果显示,34词文本与30词文本最为相似,与0词文本最不相似,这一结果与人工判断基本吻合。但文本内含一词China及以上的,相似性度量结果却并没有按照China一词多寡排序。其中7词文本排序第2位,而16词文本次之;14词文本仅位列倒数第2位。据此,在以单个词为标准判断文本关联程度时,还须辅以其他特征值,可能会更具说服力。究其原因,可能是文本中虽含有若干China,但其主题却并非主要涉及中国,仅举例名称而已。所得数据同时也表明,一定数量China以上的文本是可以判定为相关联的。因此,文本关联性的判断可组合不同特征值进行,如关键词词数+相似性数值。

7.3　文本相似性分析路径

相似性度量方法的应用旨在发现文本所特有的规律性,即译本是具有偏向机器翻译的特征还是人工翻译的特点,或者同一词汇在不同文本语境下其搭配概念是否一致,或者文本相似性聚类方法是否可以判断语料库构成的平衡性。这一方法的应用可能性应该是多种多样的,既可进行纯粹的相似性度量,也可结合其他技术,主要在于应用场景是否适宜于相关技术。

7.3.1　多译本相似性度量

多译本对比历来是语料库翻译学研究的首选,由此可探索不同译本之间的语言特征、译者风格、翻译文体等对比要素。如莎士比亚戏剧朱生豪译本和梁实秋译本的对比研究,旨在探索不同译本使用“被”字句所能体现的译本语言特征(胡开宝 2011: 116－121)。又如《骆驼祥子》三个英译本的比对,用于考察不同译本话语表达的转换方式(黄立波 2014: 68－76)。多译本对比的路径各有不同,但出发点都是为了探究译本可比性所能立足的不同对照维度。

本案例拟采用下述英语原文的图书译文与2021年1月17日百度、搜狗、谷歌引擎给出的译文进行相似性度量对比,可为语料库翻译学研究平添一个相似性维度。所用相似性度量工具为7.2.2节的spaCy方法(代码基本相同,须加载中文语言模型zh_core_web_lg),旨在给出不同机器翻译引擎之间的可比相似性数值以及图书与不同引擎之间的相似性数值。

【原文】

Rivers empty into harbors, around which man has built his great cities. The harbors are ports of refuge for ships from the storms of the oceans, and they are the locale of transshipment from oceangoing vessels to land and river transport. As cities have grown, clustered mainly at the junctures where great rivers meet the ocean, so have the problems of waste disposal grown, whether it be sewage, effluent from industrial processes, runoff of waste oil from urban lands and of nutrients from farmlands, or warm-water discharges from power plants. The sea has been a compliant receiver, quick to disperse and dilute all but the most toxic wastes. The oils have been consumed by bacteria, and most of the excess minerals have precipitated to the seafloor. Waste discharges continue, but now there is a global awareness of the need for at least primary treatment and mechanical dispersal to avoid over-concentration along the vulnerable coasts.

【图书译文】

河流汇入港口,围绕着港口人类建立起城市。港口是船舶躲避海洋风暴的避风港,也是货物从远洋船舶转运到陆地及河流运输的地方。随着城市在河流入海处不断发展扩大,废弃物处理问题也随之而来,不管是污水、工业处理产生的废水、市区排出的废油及农场产生的营养物,还是发电厂排放的温水。海洋默默地接受了这一切,除了毒性最强的废物,其他都能被海洋迅速分散和稀释。细菌分解了油污,大部分多余物质都沉淀到了海底。废物排放还在持续,但现在全球都意识到至少必须对废物进行初步处理及物理分散以避免在脆弱的海岸过于聚集。

【对比结果】

```
[(0.9976882933700678,
  '(百度)',
  '(搜狗)'),
 (0.993638147550376,
  '(百度)',
  '(谷歌)'),
 (0.9936249282311406,
  '(搜狗)',
  '(谷歌)'),
 (0.9889364504210371,
  '(图书)',
  '(搜狗)'),
 (0.9887254855388758,
  '(图书)',
  '(百度)'),
 (0.987143380249018,
  '(图书)',
  '(谷歌)')]
```

【分析与讨论】

由对比结果可见：

- 机器译文之间的相似性高于人工译文与机器译文之间的相似性。其可说明，目前的机器翻译译文实由非生命体的机器生成，不管机器翻译引擎各有不同，但毕竟是机器所为，留有机器翻译的痕迹。也即，机器翻译在人工翻译赋予文字的天性特征方面尚需努力。这也是造成机器翻译译文彼此之间更为相似的一个关键原因。
- 人工译文与搜狗译文最为相似，这与时下翻译教学译文质量的测试结果颇为相似。
- 百度译文与搜狗译文最为相似，这可能与两个引擎均为汉语母语者为主开发有关，因为谷歌的中文译文水平似乎总是有所欠缺。
- 图书译文与谷歌译文的相似性最低，因图书译文是正式出版级别的译文，在质量方面已有保障，而谷歌译文最为欠缺的就是中文质量。

上述四点均与人工判断（上海交通大学科技翻译课程教学对比分析结果）相吻合。这一分析进一步确认了 spaCy 方法语篇级应用的可靠性，这是语篇宏观层面的度量方法。为求精准性，不妨采用句子或词汇相似性度量方法，从句子或词汇层面度量整个文本的相似性。或者，以信息贡献度主题词（见 3.2.4 节“语篇语义分析及其语义网络可视化”）提取为方法，结合词汇相似性度量，求得多译本在主题性方面的相似性。

多译本相似性度量方法的应用不仅限于此，亦可拓展至作品是否抄袭、翻译作业是否机翻、译后编辑工作量等应用场景。尤其是 MTI 学生培养过程中 10 万字翻译量的质量认定问题，至今仍无较优的解决方案，相似性度量方法应该有其用武之地。真实的译文质量涉及多方面，如文笔表述质量、术语统一性、机器翻译结果等。文笔表述质量恐怕迄今为止的技术还是无法解决的，后两者则可完全依托于技术。术语统一性的技术已较为成熟，借助标准术语词表能顺利加以解决。检测所交翻译作业是不是机翻结果可借助于相似性度量方法，本节案例即为一实证。当然为确保判断的准确性，可组合其他技术以识别更多相关特征。

7.3.2　著作权法/版权法概念 copyright 及其搭配的相似性

英文 copyright 一词的对应中文有两个概念即著作权和版权，实为两大法系英美法系和大陆法系的影响所致，因我国的法律体系借鉴了两大法系的制度。《中华人民共和国著作权法》已明确规定“本法所称的著作权即版权”，这意味着法理上的著作权和版权是等价的。但现实中，我国的国家和地方层面均设有版权局而不是著作权局；图书作为文化产品可进行交易，所交易的实质是版权而非著作权；我国的《著作权法》规定著作权是人身权和财产权组合，所能交易的是财产权。因此，若将财产权等同于版权，版权的内涵则小于著作权。鉴于著作权和版权分别代表着大陆法系的著作权制度和英美法系的版权制度，在描述大陆法系的国家立法时应使用著作权，而描述英美法系国家立法时应使用版权（王迁 2015：3）。也就是说，我们最好将德国的相关律法称为《德国著作权法》，美国的则为《美国版权法》。

鉴于 copyright 一词的复杂性，本案例拟采用相似性度量方法探究 copyright 一词在不同国家相关法律中的相似性体现。但必须明确的是，不同国家的著作权法/版权法因立法需要所包含的内容会有所侧重，仅就著作权法/版权法条文的字词数而言也存在极大的差别。因此，提出下述三个问题：

（1）概念词 copyright 的相似性会随着版本不同而发生变化吗？

（2）法律条文的词数规模对相似性是否会产生影响？若有，如何解决？

（3）相似性度量技术的适用性如何？

四部法律条文经数据清洗后（去除标点符号）得出的文本词数规模为：

```
[(2, 99305), (0, 96399), (3, 33208), (1, 5966)]
```

其中的 0 表示美国版权法，1 表示我国著作权法，2 表示英国版权法，3 表示德国著作权法。从词数规模看美国和英国极为接近，德国的仅为前两者的三分之一，我国的词数没有过万。这也是提出问题（2）的原因所在。实际上，我国的著作权法本身仅规定了核心内容，相对于美国版权的词数规模，我国的著作权法还应加上其他法律条文：

（1）中华人民共和国著作权法实施条例；

（2）出版管理条例；

（3）音像制品管理条例；

（4）著作权集体管理条例；

（5）计算机软件保护条例；

（6）信息网络传播权保护条例；

（7）互联网信息服务管理办法；

（8）集成电路布图设计保护条例。

尽管如此，本案例还是以著作权法/版权法本身作为考察对象，就相似性展开度量分析。设想相似性度量的算法，先将 copyright 一词或其搭配分别与整个文本进行对比，再以得出的相似性数值进行关联性解读。尝试 gensim 方法和 spaCy 方法后发现，前者的相似性均为 0 值，而后者可以得出具体数值。究其原因，可能是 gensim 方法仅将文本自身转换为向量语料库，规模太小，无法得出具体数值。而 spaCy 方法是依托经大规模语料库训练而得的语言模型，其可靠性更胜一筹。

参见本书 3.2.4 节“语篇语义分析及其语义网络可视化”，本案例拟使用 copyright 一词加上其他词汇如 work、author、right、owner 或搭配进行相似性度量。

【计算结果】

copyright	copyright owner	property right	personal right	author	work
[(1, 0.4194), (0, 0.3959), (2, 0.3857), (3, 0.3781)]	[(1, 0.5441), (0, 0.5192), (2, 0.5077), (3, 0.5009)]	[(1, 0.7043), (3, 0.6882), (0, 0.6866), (2, 0.684)]	[(1, 0.7646), (3, 0.7416), (0, 0.7395), (2, 0.7378)]	[(1, 0.4191), (2, 0.3856), (3, 0.3843), (0, 0.3753)]	[(1, 0.6827), (3, 0.6564), (2, 0.6461), (0, 0.64)]

由上述计算结果可知：

- 我国著作权法的相似性数值始终位列第 1，其他版本的位置顺序前后波动，由此可回答第一个问题：尽管词汇及其搭配相同，但不同文本条件下关键词及其搭配的相似性是不同的。考虑到 spaCy 方法的语义分析特点，可以说同样的词汇在不同法律条文中其概念意义有所区别。
- 相似性数值始终位列第 1 的我国著作权法其原因是文本词数过少之故吗？根据中文版词数规模（5 966 词），将美国版按 6 000 词等分计算 copyright 一词的平均相似性，结果为 0.395，与整体计算值（0.395 9）无显著差别；计算德国版平均值为 3.77 7，（整体版为 0.378 1），也是无显著差别。这一点似乎可证明词数规模对相似性无甚影响即第二个问题。
- 统计每个版本的 copyright 占比，其结果为美国版 0.61%、中国版 1.46%、英国版 0.81%、德国版 0.17%。通过考察文本发现，中国版仅以著作权为核心内容，而其他版本设置有更多与 copyright 相关的其他内容。联想到 spaCy 方法的特点是经词频+分布的词向量训练模式得出语言模型的，可以说中国版聚焦于 copyright 本身的原因导致相似性始终第 1，因此文本语义内容的集中度决定了相似性数值的大小。这一点进步证明了第二个问题即相似性与文本规模几无关系。
- 概念 author 一词在其他三个版本中（该词词频[175, 34, 204, 251]）的相似性位置顺序也是词频+分布原因的结果。其他关键词和搭配亦如此。
- 考察美国版和英国版的相似性数值，发现这两个版本的相似性几乎更为接近。其原因在于：一是文本词数规模几乎相同；二是美国版权法参照了英国版权法。这两点导致相关词汇的语义关系更为相似。

由上述分析可见,spaCy 方法的词向量训练模式为语义相似性关系分析创造了技术前提条件,即以技术方式可实现语义关系的分析,其原因在于一个词的词频及其分布决定了文本中该词的语义关系。但分析文本的内容设置还应为此类语义分析创造尽可能的相似性条件。尽管是在了解四个版本内容的前提下进行的相似性度量分析,但这验证了技术的可行性,已为其后续应用打下基础。这是第三个问题的答案。

本案例是将关键词及其搭配与整个文本对比,进而得到相似性数值。这一方法的不足之处在于:一是 spaCy 语言模型的训练语料是博客、新闻、评论等书面语,尽管也会涉及法律问题,但不知其中的关联性究竟有多强;二是未从词汇或句子层面进行相似性判断。

7.3.3 语料库的平衡性问题

无论是单语语料库还是双语平行语料库,都会涉及语料库的语料构成是否平衡这样的问题。语料库的平衡性是语料库建设中的一个全局性问题,平衡性追求不可能有一个完美的状态,囿于理论和现实多方面的制约因素,总会有这样或那样的缺憾,总会在某方面满足了一部分的需要而没有满足另一部分的(李桂梅 2017)。利用现有同质翻译资源建立的英汉平行语料库常常不能较好地代表广泛意义上的源语-译语关系,依此生成的语言模型常常无法有效地解释翻译语言,这已成为提高机器翻译译文质量的瓶颈(王克非 2012)。语料库的平衡性通常是指语料库(语言样本)对语言总体的语料类别及其比例结构所反映的准确程度,这是狭义的平衡性,而广义平衡性必须结合更多的要素:语料库中语言项目的频率分布;语言数据点的数量分布;语言数据点数量跨语言项目的分布平衡性;语言项目的跨文本频率分布(孙仕光 2020)。

以 Brown 和 LOB 语料库为代表的平衡性做法是考虑到语料库代表的总体、语料库的规模和语料库的内容三要素,所有的文本只收 2 000 词或稍多即第 2 000 个词所在句子为止(杨惠中 2002: 132 - 136)。汉语中介语语料库的平衡性是在合理选择参数(质量参数、程度参数和数量参数)的前提下,语料规模做到可能大量和相对足量的结合,在语料库结构安排上适用于不同的研究理念和研究方法(施春宏,张瑞朋 2013)。荷兰平行语料库有别于其他平行语料库的特点是在文本类型和翻译方向两方面通过版权许可纳入更多优质语料来构成语料库的平衡性(Paulussen *et al*. 2013)。英汉医学平行语料库的平衡性考虑是在临床医学框架下根据国家学科设置门类纳入相应的图书、期刊、报告等各类语料文本。

由此可知,对语料库平衡性可能产生影响的因素过于繁杂,构建语料库时恐怕难以在平衡性方面求全求美。根据学界和业界创建语料库的实践信息,业界的主流语言对机器翻译用语料库都在追求数量上的绝对超越，即自动化获取的句对数量越多越好；学界的教学科研用语料库不求数量上的领先，这为语料库制作过程中的人工介入创造了条件。其实，这里所反映的是语料库的建设特点——自动化和人工化的对立。业界的过于自动化导致语料库无法代表广泛意义上的源语-译语关系。学界的语料库建设求精求细，导致对平衡性的判断几乎都是在人工条件下完成的。那么，现代智能技术条件下是否可以将分类聚类技术、相似性度量技术、词向量技术等应用于语料库平衡性的判断和保障呢？本案例拟尝试探索相似性度量技术是否适用于语料库平衡性的判断。

本书 3.2.3 节“评价语句的相似性及其聚类可视化”方法，可为本案例的尝试提供代码基础。其算法为通过 sklearn 的 cosine_similarity 计算文本之间的余弦相似性，再通过 scipy.cluster.hierarchy 进行相似性聚类，可以更为直观地判断不同文本的聚合效果，即哪些更为相似的文本被聚为一类，且不同的类别其文本数量是否平衡。本案例以 185 篇有关中国的新闻报道为语料文本，以可视化方式观察其平衡性。

【聚类效果】

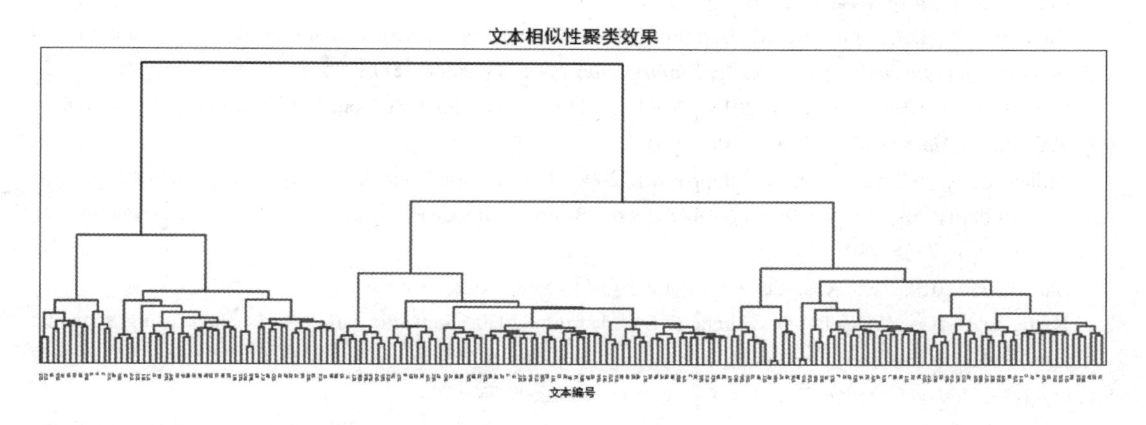

观察聚类效果可视化，发现 185 篇文本大致可分为三类：右侧、中间、左侧各一类。不同聚类之间的编号所占位置长度显示，右侧长度与中间长度基本一致，左侧长度稍短。稍短的左侧长度意味着聚为左侧一类的文本数量少于中间和右侧两类的文本数量。深入观察各类内部的聚类效果，发现长度各不相同，也即文本数量各有所长。若以数量为判断标准，这一语料库的平衡性是有所欠缺的。当然，真实的语料库建设可能不会仅收入篇幅短小（1 000 词左右）的 185 篇新闻报道，其库容仅仅约为 18 万词。随着库容的增加，从概率视角看，平衡性会自然加强。若设想强制实现平衡性，可参见 3.2.3 节的后续代码，即根据编号数来判断各类的数量并增减文本数量，进而实现数量平衡性。

本案例选择相似性度量聚类法，旨在探索技术应用的可行性。Python 第三方库可为此提供很多选择,有时这种选择是非常之艰难,问题主要在于相关技术的有效描述很少,能够与语言学或翻译学结合的描述就更少,甚至是没有。另一方面,这种探索也非常有意义,一旦发现技术是可行的,它会猛然助力于从语言数据中提取出更多有效信息。本案例的相似性度量仅仅是一次尝试,权当抛砖引玉。

参考文献

Abujar, S., M. Hasan & S.A. Hossain. 2019. Sentence similarity estimation for text summarization using deep learning [A]. In A.J. Kulkarni, S.C. Satapathy, T. Kang & A.H. Kashan (Eds.). *Proceedings of the 2nd International Conference on Data Engineering and Communication Technology — ICDECT 2017* [C]. 155 - 164.

Achananuparp, P., X.H. Hu & C.C. Yang. 2009. Addressing the variability of natural language expression in sentence similarity with semantic structure of the sentences [A]. In T. Theeramunkong, B.K.N. Cercone & T.-B. Ho (Eds.). *Advances in Knowledge Discovery and Data Mining — 13th Pacific-Asia Conference, PAKDD 2009 Bangkok, Thailand, April 27 - 30, 2009 Proceedings*[C]. Berlin: Springer. 548 - 555.

Alian, M. & A. Awajan. 2020. Factors affecting sentence similarity and paraphrasing identification[J]. *International Journal of Speech Technology* 23: 851 - 859.

Ballatore, A, D.C. Wilson & M. Bertolotto. 2013. Computing the semantic similarity of geographic terms [J]. *International Journal of Geographical Information* 27(10): 2099 - 2118.

Guo, C.J., F. Pan & Y. Zuo. 2018. Word similarity algorithm based on multi-features[J]. *Journal of Interdisciplinary Mathematics* 21(5): 1067 - 1072.

Mihalcea, R., C. Corley & C. Strapparava. 2006. Corpus-based and knowledge-based measures of text semantic similarity. In: *Proceedings of AAAI 2006*, Boston: American Association for Artificial Intelligence (www.aaai.org). 775 - 780.

Sarkar, D. 2019. Text Analytics with Python [M]. New York: Apress.

Kjell, O.N.E., K. Kjell, D. Garcia & S. Sikström. 2020. Semantic similarity scales: using semantic similarity scales to measure depression and worry [J]. In S. Sikström & D. Garcia (Eds.). *Statistical Semantics — Methods and Applications*[C]. Cham: Springer. 53 - 72.

Wang, X.F. H.C. Ren, Y. Chen, Y.Q. Liu, Y.L. Qiao & Y. Huang. 2019. Measuring patent similarity with SAO semantic analysis[J]. *Scientometrics* 121: 1 - 23.

Park, I. & B. Yoon. 2014. A semantic analysis approach for identifying patent infringement based on a product-patent map[J]. *Technology Analysis & Strategic Management* 26(8): 855 - 874.

Paulussen, H., L. Macken, W. Vandeweghe & P. Desmet. 2013. Dutch Parallel Corpus: A balanced parallel corpus for Dutch-English and Dutch-French [A]. In P. Spyns & J. Odijk (Eds.). *Essential Speech and Language Technology for Dutch*[C]. Heidelberg: Springer. 185 - 199.

陈二静,姜恩波.2017.文本相似度计算方法研究综述[J].数据分析与知识发现(6): 1 - 11.

胡开宝.2011.语料库翻译学[M].上海: 上海交通大学出版社.

黄立波.2014.基于语料库的翻译文体研究[M].上海: 上海交通大学出版社.

黄文彬,车尚锟.2019.计算文本相似度的方法体系与应用分析[J].情报理论与实践(11): 128 - 134.

金檀,刘康龙,吴金城.2019.学术英语教材词表的研制范式与实践应用[J].外语界(5): 21 - 29.

李桂梅.2017."全球汉语中介语语料库"的平衡性考虑[J].华文教学与研究(2): 46 - 51.

刘国兵.2016.基于 WordNet 语义知识库的英语学习者作文局部连贯自动评价[J].河南师范大学学报

（自然科学版）（6）：149－158.

刘伟峰.2020.高可扩展、高性能和高实用的稀疏矩阵计算研究进展与挑战［J］.数值计算与计算机应用（4）：259－281.

马晓慧，贾君枝，周湘贞，闫俊伢.2020.一种基于语义相似性的情感分类方法［J］.计算机科学（11）：275－279.

施春宏，张瑞朋.2013.论中介语语料库的平衡性问题［J］.语言文字应用（2）：117－126.

石静，吴云芳，立坤，学强.2013.基于大规模语料库的汉语词义相似度计算方法［J］.中文信息学报（1）：1－6+80.

孙仕光.2020.语料库数据性质面面观［J］.语料库语言学（1）：44－56，114.

王克非.2012.中国英汉平行语料库的设计与研制［J］.中国外语（6）：23－27.

王迁.2015.著作权法［M］.北京：中国人民大学出版社.

徐戈，杨晓燕，汪涛.2020.单词语义相似性计算综述［J］.计算机工程与应用（4）：9－15.

杨惠中.2002.语料库语言学导论［M］.上海：上海外语教育出版社.

第 8 章　语义分析与文本探究

本书前述章节已或多或少涉及语义分析内容，如 3.1.4 节所述的信息贡献度是在语义关系下强调主题词的分布对比，其主题词语义关系又通过 3.2.4 节的语义网络图得到了验证；3.2.1 节以词义网 WordNet 计算呈现主题词彼此之间的语义关联性；5.3.3 节采用树库形式正则表达式提取短语，可实现多词术语的结构语义消歧；尤其是第 7 章的相似性度量方法主要基于不同层次的语义信息，是在语义层面展开的相似性度量。无论是局部描述，还是系统呈现，均已证明语义分析工具在文本挖掘分析中的巨大潜力和各种应用可能性。本章将以多样性、系统性、针对性为视角展开文本的语义分析，旨在研究语义分析工具与语言学或翻译学之间的可融合性，为提取更多有效的语言信息探索一条可行之路。

8.1　语义分析与相关模型

8.1.1　语义迁移与分布式词向量

语义迁移涉及横向和纵向两方面，即横向的语义变化和纵向的语义演变（胡加圣，管新潮 2020）。语义迁移大致可分为三方面：一是语义层面的，即词汇语义的变化；二是命题语义层面的，因语言和思维的关系所导致的语言变化问题；三是概念层面的（姜孟，邬德平 2013）。不同层面的语义迁移有其不同的研究范式。词汇语义层面的语义迁移通常会以观测词频变化的方式来分析语义迁移现象。这有其不足之处，即无法考虑到词汇的语义关系，而分布式词向量模型的出现弥补了词频统计方法的不足。米科罗夫等（Mikolov *et al.* 2013）开发出可用于计算连续词向量（词嵌入）表征的 Word2Vec 模型，所用训练语料多达 16 亿词，训练精度高、计算成本低，可用于度量句法和语义方面的词相似性。这样的模型系基于海量语料的监督学习，充分利用语料库中词汇的上下文相关信息，通过神经网络优化训练语言模型，由此获得词汇的向量化表征形式并可应用于语义分析(陆晓蕾,王凡柯 2020)。

刘知远等(2016)利用词向量模型,将词汇的多个词义用不同的低维向量表示,使用《人民日报(1950~2003)》历时文本数据集进行模型训练,并通过观测词汇的相邻词语分布随时间变化情况分析词汇语义变化和社会变迁。孙琦鑫等(2020)基于《人民日报(1946~2015)》《贵州日报(1949~2007)》《申报(1872~1949)》历时报刊语料提出了"锚点词"的概念,并通过统计分析方法和分布式表征方法证明两者在一定程度上都能发现词义变化的时间、变化的趋势,并能明确变化前后的词语含义,其中分布式词向量表征方法在明确词语含义的变迁方面有更为出色的表现。汉密尔顿等(Hamilton *et al.* 2016)通过词向量方法揭示了语义变迁的两条统计定律:一是相符性定律——高频词的语义缓慢发生变化;二是创新定律——多义词的语义变化较快(与词频无关)。

词向量(词嵌入)方法已拓展了语义分析的新视野,但也有其不足之处,因训练模型的质量取决于语料库的规模且规模越大质量越好(Nielsen & Hansen 2017)。由此导致技术的应用受限于语料库规模,已训练模型因语料文本体裁原因可能并非完全适用于非同类文本体裁的教学科研目的。

8.1.2 语义主题词与信息贡献度

信息贡献度是一个基于信息论而实现的语义概念(Montemurro & Zanette 2010),是指文本中的词汇因其对文本特定部分贡献最大信息量而被赋予的权重比例,可通过加载 gensim 工具包实现。书面语是一种以特定词序传递信息的交际符号。在受到语法约束的同时,文本的语义与话题结构也会对用词模式产生影响。文本中的任何一个词(英文为单词;中文为字或词组)都会为文本的特定部分或主题贡献其最大的信息量。对于一个给定词频的词或词组,其在随机文本中随机共现的非均质分布越显著,对整体信息的贡献也越大(Montemurro & Zanette 2010)。

信息贡献度也是一种语义贡献度,后者用于度量具体词汇或特征项对整体语篇或语料库在语义上的贡献呈现。语篇中的小品词尽管其语义贡献微弱且是作为一种语法标记而存在,但借助互信息方法亦可度量其语义贡献度(Cancho & Reina 2002)。由于向量空间模型的 TF-IDF 方法计算特征项权重时缺乏语义关系和类别区分度,王勇等(2018)提出一种结合类别信息熵和语义贡献度的特征权重计算方法,可在计算特征项权重时不仅计入统计信息,也考虑到特征项之间的语义关系,进而改进了传统的 TF-IDF 方法。互信息是信息论中度量两两变量之间相互依赖性的指标,是一种整体度量方法,而结合了信息熵的语义贡献度计算方法更是如此。因此,语义贡献度是一种就具体词汇和特征项在作为一个整体的语篇或语料库中的具体表现进行度量的方式。

信息贡献度方法是对长距离语义结构进行信息论量化处理的方法，即信息本身是由与具体词或词组相关的信息分布所构成，最优规模所表征的是文本划分之上的词或词组分布，与以同样的词频但又随整个文本而随机出现的词或词组分布有着本质区别（Montemurro & Zanette 2010）。

若将一个文本分割成具有最优规模大小的不同部分，其所包含的词或词组分布将在统计学上构成最大的多样性（Montemurro & Zanette 2010）。这是计算信息贡献度的统计学依据，即最优规模的确定将直接影响到根据信息贡献度提取主题词的结果。就此意义而言，这是一种基于语义的主题词提取方法。对达尔文《物种起源》、罗素《心的分析》和梅尔维尔《白鲸》等多种文本（皆为英文文本）的统计研究，适用于文学或学术文本的最优规模介于 1 000 至 3 000 词之间。由此可推断出适宜于确定信息贡献度的最小书面语文本长度应该是二三千个词或词组。根据词或词组的信息贡献度进行排序，最富信息的词或词组就是文本中那些具有明显的信息代表性的词或词组。此类最富信息的词或词组可运用本文的信息论方式加以识别，而无需任何有关语言或文本的先验知识（Montemurro & Zanette 2010）。

以此方式对金融类英汉文本进行测试，结果发现英文类的最小文本约需 2 000 词，中文类约为 4 000 字。对照《中华人民共和国著作权法》的中文文本及其英译本（分别为 8 553 字、5 966 词），汉英两种版本均可提取出高质量的几乎完全对等的主题词。采用信息贡献度方法提取中文文本的语义主题词，其效果受限于中文分词。若适当采用自定义分词方式（导入自定义词表），可有助于度量效果的改进。

独立考察或统计语篇或语料库中的具体词汇，是一种未涉及语义的度量方法，其重点在于统计词或词组的共现频率。以分布式方法度量语篇或语料库中词或词组的具体表现，其重点在于考虑不同词或词组之间的相互关系，因此使度量方法上升至语义层面。上一小节的分布式词向量法和本小节的语义主题词方法均为如此。信息贡献度方法的意义在于无参照语料库或参照语料库不具可比性情况下从语篇或语料库的内部整体视角出发提取主题词。

8.1.3 语义关系与语义网

作为语义网（词义网）的 WordNet 词典系由一整套词汇概念及其语义关系所构成，是传统的词典信息与现代计算机技术以及心理语言学的研究成果实现有效结合的产物（姚天顺 2001）。WordNet 架构按语义关系进行组织，其中呈双向的语义关系用于表示词汇概念之间的关系，而词汇概念又表示为同义词集，可应用于分析语义关系。WordNet 具有多数自组织系统的共通特性（Sigman & Cecchi 2002），其以紧凑式分类化表示呈现为多义性语义图，由此可解释不同语言均存在多义性这一现象。WordNet 可用于度量不同英文单词之间的语义相似性（见 1.4.2 节“矩阵结构的转换”和 3.2.1 节“词汇相似性及其相关矩阵可视化”）和中文词组的语义相似性（见 7.2.1 节“词汇相似性度量”）。由于并非所有的概念在英汉两种语言中都有对应的词汇，特别是最顶层或较高层次的词汇（张俐等 2003），依托于英文 WordNet 的中文 WordNet 语义相似性度量效果要比英文的稍逊一些。更多 WordNet 语义关系的应用可参见 7.1 节“相似性度量与文本分析”。

与 WordNet 一样，FrameNet 和 VerbNet 亦可应用于英语语义关系的分析。WordNet 是将词义相似或相近的词组织成为同义词集，并在各同义词集之间建立一种指针，以此表示各种语义关系如同义关系、反义关系、上下位关系、整体-部分关系、蕴含/推演关系等；FrameNet 的语义关系体现为框架与词汇之间、框架相互之间、框架元素相互之间的对应关系，语义关系较为丰富；VerbNet 的语义关系较为简单，仅体现为动词类与子类之间的层级关系，依靠句法结构来体现语义信息（贾君枝，董刚 2007）。这三种语义关系资源均已建立起相互映射关系，为语义关系分析提供了更多可能性。HowNet 是以汉英词语所代表的义项为描述对象，用于揭示义项相互之间以及义项所具有的属性之间的关系，蕴含着丰富的语义信息（朱靖雯等 2019），可用于中文语义依存分析（唐怡等 2010）等。

8.1.4 文本语义与语义网络分析

语义网络分析法以高频关键词为网络节点，以关键词共现频数构建节点之间的关系，以此构建语义网络图用于分析关键词在文本中的语义关系。这一方法可分析文本内部关键词之间的分层结构（Fitzgerald & Doerfel 2004），并通过语义关系解读相应领域的文本语义表现。

- 客户投诉信函的语义网络分析（Fitzgerald & Doerfel 2004）可达成三个目标：一是投诉事项比较可不受限于传统内容分析的预想类型；二是为不成功的客户服务管理提供量化指标；三是识别出客户群体所关心的主要问题。
- 就《人民日报》语料文本的语义网络分析（徐素田，汪凯 2020）表明，在科学家所处科学建制的语义呈现上，从学习外国经验转变为独立自主发展；科学家自身品格的语义从着力科学工作者的爱国主义情怀到突显个性化特征；有关科学家研究成果以及科学知识生产过程的语义呈现则逐步与世界接轨。
- 王钦等（2020）通过审计报告文本的分析指出国家审计署科技政策跟踪审计的重心，正在从传统的资金和项目审计转向对政策绩效的审计，重点关注的领域包括小微企业融资、成果转化与产业升级以及科技管理体制改革中的简政放权等。

- 有关基因编辑婴儿事件的推特文本数据分析(Calabrese *et al*. 2020)表明,从中可发现所涉议题的不同观点,为各种技术问题的说明提供了事实依据,同时还发现人们有着更多关注的三个议题——人类和农业应用、法律条例制定、科学研究进展。

上述研究所用的语义网络分析工具各不相同,所关注的度量维度主要为类别(聚类)、关键词权重、向量中心度、周围关系,但不同的研究所应用的维度也有所区别。其中的类别可以聚类或分类方式实现,并可见于语义网络图。关键词权重的设置在于所用关键词提取技术的不同,是语义类的还是非语义类的,但语义网络分析方法本身已说明选用技术的要求。关键词权重是选择关键词的标准,其数值越大表示作为关键词的重要性也越大。向量中心度用于表示语义网络图节点的关联程度,即一个节点与其他节点之间的语义关系越强,这个节点就越靠近中心位置。周围关系是指节点周边所围绕的次级节点数。总之,语义网络分析法为词频分析添加了词项之间原有的语义信息,使分析手段上升至语义层面。

8.2 语义分析工具

可供语义分析的工具有多种,如 Word2Vec 模型、FastText 模型、信息贡献度方法、语义网资源、语义网络分析等。除前述章节已涉及的如下语义分析工具外,本节将述及词向量(词嵌入)模型如 Word2Vec 模型和 FastText 模型、向量模型如 LSI 模型和 LDA 模型。

- 以信息贡献度方法提取主题词的代码可参见 3.2.4 节"语篇语义分析及其语义网络可视化"的"(2)提取主题词排序"。正如本章 8.1 节所述,这一方法是一种基于语义信息的提取主题词方法,可通过加载 from gensim. summarization. mz_entropy import mz_keywords 实现。信息贡献度方法的意义在于:一是呈现一种以语义方式提取语篇主题词的方法;二是参照语料库不具代表性或无参照语料库情况下可供选择的主题词提取方法;三是该方法不仅考虑词汇共现的词频,也考虑某词频下的词汇分布式出现情况;四是可使用多种语料,如单语语料、双语语料、历时语料等。
- 语义网络分析可参见本书 3.2.4 节"语篇语义分析及其语义网络可视化"。
- SpaCy 方法可参见 7.2.1 和 7.2.2 节的词汇和句子相似性度量方法,其语言模型 en_core_web_md 和 en_core_web_lg 均为训练而成的词向量模型。

8.2.1　词向量(词嵌入)模型

1) Word2Vec 模型

Word2Vec 模型应用代码如下：

(1) 读取数据

```
import nltk
from nltk.corpus import PlaintextCorpusReader
corpus_root = r"D: \python test\25_law_corpus_chn-eng"
corpora = PlaintextCorpusReader( corpus_root, '. *')
myfiles = corpora.raw( corpora.fileids( ) )
paraList = myfiles.split( '\n\n') ①
sentList = [ ]
for line in paraList:
    sentList += nltk.sent_tokenize( line)
sentwordList = [ nltk.word_tokenize( sent) for sent in sentList] ②
```

(2) 模型训练和应用

```
from gensim.models import Word2Vec
model = Word2Vec( sentwordList, window=5, size=200) ③
model.wv.most_similar( "responsibility", topn=20)
```

【提取结果】

```
[ ( 'investigated', 0.8227922916412354),
 ( 'liabilities', 0.7433521747589111),
 ( 'liability', 0.7275089621543884),
 ( 'criminal', 0.6672185659408569),
 ( 'punishments', 0.6599330306053162),
 ( 'punished', 0.6371724605560303),
 ( 'offences', 0.6303851008415222),
 ( 'capacity', 0.616904079914093),
 ( 'punishment', 0.5945469737052917),
 ( 'assume', 0.5926767587661743),
 ( 'suspect', 0.5909149646759033),
 ( 'convicted', 0.5857585668563843),
 ( 'offenders', 0.5847387909889221),
 ( 'unlimited', 0.5801928043365479),
 ( 'several', 0.5747348070144653),
```

```
('offence', 0.5683209896087646),
('suspects', 0.5622147917747498),
('defendants', 0.5516906380653381),
('prosecuted', 0.5501120090484619),
('civil', 0.5462269186973572)]
```

【上述代码的关键代码行】

① paraList = myfiles.split('\n\n')——先分段,为后续分句并转换成嵌套列表数据结构做准备;

② sentwordList = [nltk.word_tokenize(sent) for sent in sentList]——转换为嵌套列表结构,并实施句内分词;

③ model = Word2Vec(sentwordList, window=5, size=200)——window=5 表示当前词与预测词之间的最大间距为 5 个词距离,相当于语料库语言学中的左五右五搭配距离;size=200 表示输出的向量维度;未设置 min_count 表示所有词均参与训练。

【分析与讨论】

从 Word2Vec 模型加载到模型训练,再到列示指定词汇的关联词,仅为三行代码,足见这一方法的便捷性。当然,训练模型之前,必须将文本数据转换为 Word2Vec 模型所需格式即嵌套列表结构。本案例所加载文本数据为我国法律 274 部英译本,语料规模(未经数据清洗)为 1 573 352 词。从上述 20 个与 responsibility 关联性最强的词汇提取结果看,均为实词,免除了数据清洗去除虚词的过程。同时这也表明语义分析工具重在语义,即提取富有意义的实词。这一点与 Word2Vec 模型本身为连续分布式模型相吻合,是一种语义分析工具。提取结果含有 liability 和 punishment 的单复数形式以及 suspect 的第三人称或复数形式,可通过添加词形还原环节加以消解。为增强提取结果的可比性,本节又以传统的语料库语言学左五右五方式提取前 20 关联词如下:

清洗前的前 20 词	清洗后的前 20 词(加载 NLTK 停用词)
[('the', 208), ('for', 182), ('shall', 141), ('be', 129), ('criminal', 119), ('investigated', 108), ('in', 106), ('with', 84), ('accordance', 74), ('and', 73),	[('shall', 141), ('criminal', 119), ('investigated', 108), ('accordance', 74), ('provisions', 54), ('according', 26), ('persons', 24), ('relevant', 23), ('system', 21), ('law', 19),

续 表

清洗前的前 20 词	清洗后的前 20 词(加载 NLTK 停用词)
('to', 64), ('of', 63), ('provisions', 54), ('according', 26), ('persons', 24), ('relevant', 23), ('system', 21), ('by', 19), ('law', 19), ('or', 18)]	('bear', 17), ('legal', 16), ('article', 15), ('applying', 14), ('mutandis', 14), ('mutatis', 14), ('direct', 13), ('investigation', 13), ('assume', 12), ('charge', 10)]

与 Word2Vec 训练模型提取结果相比,传统方法仅有三个词相同即('criminal', 119)、('investigated', 108)、('assume', 12)。两种方法的对比结果真可谓相去甚远。那么,究竟哪一种方法更为科学合理呢?

- 传统方法仅计数单词在左五右五区间内出现的频率,而 Word2Vec 方法不仅考虑左五右五区间内出现的频率,还考虑到这一区间内单词的连续分布和上下文情境;
- 传统方法须后续加载停用词进行数据清洗,若加载不同的停用词其结果会有所不同,而 Word2Vec 方法直接去除了无意义的词汇;
- 以 responsibility 和 liability 为例说明提取词汇的合理性:传统方法没有出现与 responsibility 有着相似意义的 liability 一词,而 Word2Vec 方法直接列出 liability 的单复数形式,从语义分析角度看似乎更为合理。
- Word2Vec 方法的训练语料据说是越多越好,那么得出可靠结果的训练语料数据量的下限又是多少呢?

2) FastText 模型

FastText 模型应用代码如下(其中读取数据的代码参见本节“1) Word2Vec 模型”的“(1)读取数据”):

(1) 模型训练和应用

```
from gensim.models.fasttext import FastText
ft_model = FastText(sentwordList, size=200, window=5) ①
ft_model.wv.most_similar('responsibility', topn=20)
```

（2）模型保存和加载

```
ft_model.save('D: \FastText_law_model') ②
model = FastText.load('D: \FastText_law_model') ③
model.wv.most_similar('responsibility', topn=20)
```

【提取结果】

FastText 模型	Word2Vec 模型
[('responsibilities', 0.7477712631225586), ('Responsibility', 0.6608655452728271), ('investigated', 0.6063366532325745), ('liability', 0.5949940085411072), ('Responsibilities', 0.5618113279342651), ('possibility', 0.49495363235473633), ('constituted', 0.4674212634563446), ('reliability', 0.46066296100616455), ('responsible', 0.45474737882614136), ('liabilities', 0.44567352533340454), ('investigates', 0.43570414185523987), ('bear', 0.4130787253379822), ('constitutes', 0.4107067584991455), ('assume', 0.40958651900291443), ('liable', 0.4028759300708771), ('unlimited', 0.3882907032966614), ('prosecuted', 0.3843510150909424), ('accountable', 0.3753090798854828), ('pursued', 0.37435537576675415), ('sanctions', 0.37403398752212524)]	[('investigated', 0.8227922916412354), ('liabilities', 0.7433521747589111), ('liability', 0.7275089621543884), ('criminal', 0.6672185659408569), ('punishments', 0.6599330306053162), ('punished', 0.6371724605560303), ('offences', 0.6303851008415222), ('capacity', 0.616904079914093), ('punishment', 0.5945469737052917), ('assume', 0.5926767587661743), ('suspect', 0.5909149646759033), ('convicted', 0.5857585668563843), ('offenders', 0.5847387909889221), ('unlimited', 0.5801928043365479), ('several', 0.5747348070144653), ('offence', 0.5683209896087646), ('suspects', 0.5622147917747498), ('defendants', 0.5516906380653381), ('prosecuted', 0.5501120090484619), ('civil', 0.5462269186973572)]

【上述代码的关键代码行】

① ft_model = FastText(sentwordList, size=200, window=5)——训练模型设置与本节 1)的 Word2Vec 模型相同；

② ft_model.save('D: \FastText_law_model')——保存近 158 万词的训练模型，以备后续之用；

③ model = FastText.load('D: \FastText_law_model')——加载该模型后再次使用。

【分析与讨论】

FastText 模型的特点是可将未知单词或词汇量不足的单词表征为词向量，因其可考虑到单词的形态特征(Srinivasa-Desikan 2020：168)，即每个单词的字符袋 n-grams 特征即子词特征(将每个单词细分为由多个字母构成的部分)，而 Word2Vec 模型是不考虑词的形态特征的(Sarkar 2019：270)。因此，这一模型更能为形态特征变化较大的语言如德语等提供语义分析机会。

从提取结果看，FastText 模型含有 responsibility 和 liability 两词的单复数形式，而 Word2Vec 模型仅有 liability 一词的单复数；两模型提取结果较为接近的只有三个词 investigated、unlimited、prosecuted，其他 17 个均不相同；从直观的单词词义角度看，FastText 模型有 8 个与 responsibility 关联性密切的词：responsibilities、Responsibility、liability、Responsibilities、responsible、liabilities、liable、accountable，而 Word2Vec 模型仅为 2 个词：liabilities、liability。就中文“责任”一词在法律领域的英译而言，FastText 模型包含了通用型“责任”英译 responsibility、企业型“责任”英译 liability、追责型“责任”英译 accountable（accountability）。就此实例而言，FastText 模型似乎因其形态特征比 Word2Vec 模型的表现更为出色，更能说明问题。

从算法设计角度看，开始阶段的文本数据清洗相当重要，如大小写转换可统一词形，不会影响到语义；词形还原可避免出现单复数形式，但不知是否会影响到句子的语义（需更多文本的研究测试）；无论是大小写转换还是词形还原，都不能破坏原有的词序，否则对语义产生影响；诸多法律条款的句子开始处标有阿拉伯数字编号，去除可能是比较好的选择，因有利于语义分析。比较两个词向量模型后发现，应妥用或善用技术。对于一项或多项任务，应自始至终使用一个模型以增强可比性；对于具体模型，应比较模型的任务适用性以确保所得结果的可靠性。

8.2.2　语义网资源

可供选择使用的语义网资源相对较多，如 WordNet、VerbNet、FrameNet、HowNet 等，其特点在于资源的语义设置，如 WordNet 的同义词集；VerbNet 的语义与句法结合；FrameNet 使用框架和框架成分描述谓语的配价特征（李茜 2005）；HowNet 以短语中心词实现句法语义依存分析（唐怡等 2010）等。就语义网资源知识库的应用，本书前述章节已呈现了如下具体实例：

- 1.4.2 节“矩阵结构的转换”，确定词汇相似性的数据结构；
- 2.3.3 节“词形还原法”，作为数据清洗工具之一；
- 3.2.1 节“词汇相似性及其相关矩阵可视化”，实现词汇相似性可视化；
- 7.2.1 节“词汇相似性度量”的“1）WordNet 方法”，实现中文 WordNet 的映射相似性对比。

8.2.3　spaCy 方法

SpaCy 方法的语言模型“zh_core_web_lg”、“en_core_web_lg”、“zh_core_web_md”、 “en_core_web_md”等均为词向量(词嵌入)训练而得,具备与 FastText 模型一样的子词特征,训练所用语料是博客、新闻、评论等书面语。其应用可参见本书的如下前述章节:

- 2.3.3 节“词形还原法”,实现简化方法的目的;
- 4.1.4 节“过程 pandas 数据结构呈现”,辅以相似性计算方式;
- 5.2.2 节“分类提取方法”的“3) spaCy 的 noun_chunks 方法”,提取名词短语;
- 7.2.1 节“词汇相似性度量”的“2) spaCy 方法”,计算中文词组相似性;
- 7.2.2 节“句子相似性度量”的“1) spaCy 方法”,计算英文句子相似性;
- 7.3.1 节“多译本相似性度量”,给出不同机器翻译引擎之间的可比相似性数值;
- 7.3.2 节“著作权法/版权法概念 copyright 及其搭配的相似性”,给出 copyright 一词的相似性随版本不同所发生的变化。

8.2.4 向量模型

除了 8.2.1 节所述的词向量(词嵌入)模型外,还有一类称之为向量模型的工具,亦可用于语义分析。词向量模型与向量模型的区别在于:

- 前者是指在把词按词频及其分布情况转换为向量后,将原来稀疏的巨大维度压缩嵌入到一个更小维度的空间;
- 后者方法之一是指按词频逆文本频率(TF - IDF)将文本(句子或语篇)转换为向量,构成 TF - IDF 值向量;
- 后者方法之二是指为文本中的潜在语义关系构建一个语义空间,使得具有相似主题的句子或语篇在这一空间内所对应的点之间的距离最为接近。

1) TfidfModel 模型

具体实例可参见 7.2.2 节“句子相似性度量”的“2) Gensim 方法”,其通过 TfidfModel 模型将句子或语篇转换为 TF - IDF 值并进行相似性比较。与此相同,3.2.3 节“评价语句的相似性及其聚类可视化”系使用 sklearn 包的 TfidfVectorizer 模型将句子或语篇转换为 TF - IDF 值。

2) LSI 模型

LSI 模型(Latent Semantic Indexing 潜在语义索引)应用代码如下[其中读取数据的代码参见 8.2.1 节“1) Word2Vec 模型”的“(1) 读取数据”)]:

(1) 模型训练和应用

```
from gensim import corpora, models, similarities
dictionary = corpora.Dictionary(sentwordList)
```

```
corpus = [dictionary.doc2bow(text) for text in sentwordList]
lsi_model = models.LsiModel(corpus, id2word=dictionary) ①
```

（2）加载测试句子

```
sent = " The State Council shall be responsible for formulating policies regarding small and medium-sized enterprises"
sentVec = dictionary.doc2bow(sent.split()) ②
sentlsi = lsi_model[sentVec] ③
```

（3）检索结果

```
index = similarities.MatrixSimilarity(lsi_model[corpus]) ④
sims = index[sentlsi] ⑤
sim = sorted(enumerate(sims), key=lambda item: -item[1])
count = 0
valueList = []
sentsList = []
for i, value in sim:
    count += 1
    valueList.append(round(value, 6))
    sentsList.append(sentList[i])
    if count >= 10:
        break
list(zip(valueList, sentsList))
```

【提取结果】

```
[(0.804942,
  'Article 4 The State Council shall be responsible for formulating policies regarding small and medium-sized enterprises and make overall planning for their development.'),
 (0.781268,
  'The administrative measures for credit guaranty for small and medium-sized enterprises shall be formulated separately by the State Council.'),
 (0.7003,
  'The administrative measures for establishment and use of the development funds for small and medium-sized enterprises shall be formulated separately by the State Council.'),
 (0.689203,
  'The administrative department for industry and commerce under the State Council shall establish a Trademark Review and Adjudication Board to be responsible for handling trademark disputes.'),
```

```
(0.688348,
 'The specific proportion and measures for its implementation shall be prescribed by the State Council.'),
(0.683165,
 'The procedures for making and modifying precautionary plans in response to emergencies shall be formulated by the State Council.'),
(0.679828,
 'The department for seismic work under the State Council shall be responsible for examining and granting approval to such maps.'),
(0.678265,
 'The measures for publishing other treaties and agreements shall be made by the State Council.'),
(0.673601,
 'The specific measures for searching and rescuing civil aircraft shall be formulated by the State Council.'),
(0.668878,
 'The specific measures for establishment, use and management of the development funds for township enterprises shall be formulated by the State Council.')]
```

【上述代码的关键代码行】

① lsi_model = models.LsiModel(corpus, id2word=dictionary)——使用 LsiModel 将语料库转换成所需格式的向量模型;本行代码的前置两行与使用 TfidfModel 时的相同,两者的区别为模型本身和参数设置;

② sentVec = dictionary.doc2bow(sent.split())——转换测试句子的格式;

③ sentlsi = lsi_model[sentVec]——将测试句子与向量模型对比,构成测试句子的向量值;

④ index = similarities.MatrixSimilarity(lsi_model[corpus])——使用训练模型将语料库表征为具体向量值的数据结构;

⑤ sims = index[sentlsi]——测试句子与向量模型中相似性最为接近的句子构成一一对应关系。

【分析与讨论】

潜在语义索引(LSI)模型无需确定的语义编码,仅依赖于上下文词与词的联系,用语义结构表征词与文本以达到简化文本向量的目的;模型使用线性代数对文本进行分析统计,提取出词-文本矩阵中潜在的语义结构,从“字符匹配”向“概念匹配”转变(贾君枝,叶壮壮 2019)。由此构成的向量模型拓展了基于 TI-IDF 值的向量模型,使得句子或语篇中的具体词不再被独立对待。潜在语义索引模型亦可应用于文本聚类,因其可将高维数据映射到潜在的低维语义空间,起到简化计算的作用。这一模型将每个词语映射为多维空间中的一个点,可高效解决同义词问题,同时却也忽略了一词多义的情况(贾君枝,叶壮壮 2019)。使用潜在语义索引模型亦可计算出新发表论文和已发表论文之间的相似度,加之引用频率等信息可对新发表论文进行质量评价(王莉军等 2019)。

提取结果显示,测试句子的主要概念为三个"国务院(the State Council)+制定(formulate/prescribe/make)+企业政策(policy/measures/plan/approval/treaties/agreements)",其均已体现在所提取的排序为前10的句子中。这一示例已证明潜在语义索引模型对文本概念提取的有效性,正如贾君枝和叶壮壮(2019)所述。位居相似性第1的是含有"and make overall planning for their development."部分的测试句子,这一点丝毫不会引起疑虑。

3) LDA 模型

LDA模型(Latent Dirichlet Allocation 隐含狄利克雷分配)的应用代码基本等同于本节"2) LSI 模型"的代码,有所不同的是代码所用模型替换为本模型。

【提取结果】

```
[(0.95383,
 'Article 6 The institution of western development of the State Council is responsible for the overall coordination in conversion of farmland to forests, organizes relevant sectors for the study and formulation of policies and methods related to conversion of farmland to forests, and organizes and coordinates implementation of the overall planning of conversion of farmland to forests; the competent forestry administrative department of the State Council is responsible for compilation of the overall planning and the annual plan for conversion of farmland to forests, superintends the nationwide implementation of conversion of farmland to forests, and is responsible for guidance, supervision and inspection of conversion of farmland to forests; the development planning department of the State Council, jointly with other departments concerned, is responsible for examination of the overall planning for conversion of farmland to forests, collection of plans, compilation and aggregate balancing of the annual capital construction plan; the competent finance administrative department of the State Council is responsible for arrangement, supervision and management of subsidies provided by the Central Government for conversion of farmland to forests; the competent agriculture administrative department of the State Council is responsible for compilation of the related planning and plans of conversion of reclaimed grassland to grass and rehabilitation and development of natural grassland, and provides technical guidance and conducts inspection therefor; the competent water resources administrative department of the State Council is responsible for technical guidance and inspection of watershed management and soil and water conservation in the areas being converted to forests and grassland; the grain administrative department of the State Council is responsible for the coordination and redistribution of grain resources.'),
```

```
(0.951294,
 'Article 4 The State Council shall be responsible for formulating policies regarding small and medium-sized enterprises and make overall planning for their development.'),
(0.948198,
 'Article 6 The department designated by the State Council shall be responsible for demarcating cooperation blocks, determining the forms of cooperation, organizing for the formulation of relevant plans and policies, and examining and approving overall development programs for oil (gas) fields in cooperation with foreign enterprises in the areas of cooperation approved by the State Council.'),
(0.93838,
 'Article 17 The State shall formulate preferential policies to support the development of the coal industry and promote the construction of coal mines.'),
(0.935842,
 'The department under the State Council in charge of work in respect of enterprises shall arrange for the implementation of the State policies and plans concerning the small and medium-sized enterprises, making all-round coordination and providing guidance and services in the work regarding such enterprises throughout the country.'),
(0.929965,
 'Article 12 The department in charge of urban and rural planning under the State Council shall, in conjunction with the relevant departments under the State Council, take charge of the formulation of the national urban hierarchical plan, which shall serve as the guidance for the formulation of provincial urban hierarchical plan and the overall plan of cities.'),
(0.928799,
 'Article 5 The department under the State Council in charge of work in respect of enterprises shall, according to the industrial policies of the State and in light of the characteristics of the small and medium-sized enterprises and the conditions of their development, determine the key ones for support by formulating a catalogue of small and medium-sized enterprises to be provided with guidance for their industrial development or by other means, in order to encourage the development of all such enterprises.'),
(0.924437,
 'Article 23 The State protects the facilities for earthquake monitoring and the environment for seismicity observation in accordance with law.'),
(0.915394,
 ' Article 12Pesticide production shall follow the State industrial policies for the pesticide industry.'),
(0.914745,
 'Article 19 Prior to their wide use, the new strains of livestock and poultry, their synthetic strains and the newly discovered genetic resources of livestock and poultry shall undergo verification or identification by the national commission for genetic resources of livestock and poultry, and the administrative department for animal husbandry and veterinary medicine under the State Council shall announce the results thereof.')]
```

【分析与讨论】

相同的语料，相同的算法，仅把 models.LsiModel(corpus, id2word = dictionary) 替换为 models.LdaModel(corpus, id2word = dictionary)，设置也未更改，便得出了上述有着明显差异的结果。

- LsiModel 把截去“and make overall planning for their development.”部分的自身句子设置为最相似的，而 LdaModel 设置为第 2 句；
- 两种模型的相似性数值大小不同，LsiModel 的第一句为 0.804942，LdaModel 的第 2 句是 0.951294，可能与模型的相似性数值设置有关；
- 两模型除测试句子（自身句子）外，排序前 10 的无一例句相同；
- LsiModel 的句长与测试句子的较为接近，未出现明显过长或过短的句子，而 LdaModel 的句长波动非常明显，出现了超长句子；
- 分析 LdaModel 的其他 9 个句子发现，句子含义远不如 LsiModel 的那样更为接近测试句子的意义。

上述分析结果进一步证实，无论是应用于相似性度量还是文本聚类，基于潜在语义索引的方法明显优于隐含狄利克雷分配的方法（贾君枝，叶壮壮 2019）。有实验结果表明 LDA 模型在处理语义信息明确逻辑关系合理的长文本数据时，主题提取效果较好（王静茹，陈震 2018）。这一点与本小节提取的结果比较吻合。

8.3　文本语义分析路径

文本语义分析的方式多种多样，其关键在于如何组合不同的技术模型以实现特定的分析目的。本节列举三个案例：一是法律概念 copyright 一词的词向量关联性，旨在分析其语境构成；二是语义迁移的信息贡献度应用，目标是运用技术分析不同译本的翻译特点；三是法律语义检索词典的构建，意在拓展法律翻译一词多译问题的解决途径。

8.3.1　著作权法/版权法概念 copyright 词向量关联性

本书 7.3.2 节“著作权法/版权法概念 copyright 及其搭配的相似性”已就 copyright 一词的相似性展开研究，探讨该词及其搭配在不同法律条款下的相似性数值异同。本节作为延续将从词汇关联性视角考察 copyright 一词的语境关联性，试图分析不同国家著作权法/版权法的概念区别。因此，提出下述三个问题：

（1）对比 8.2.1 节 Word2Vec 模型和 FastText 模型的提取结果，过程数据清洗还有必要吗?

(2) 概念词 copyright 的语境关联性会随着版本不同而发生什么变化? 如何用关联词解读 copyright 一词的内涵?

(3) 词向量(词嵌入)技术的适用性如何?

根据 8.2.1 节就 Word2Vec 模型和 FastText 模型的对比说明即后者可将未知单词或词汇量不足的单词表征为词向量,同时考虑到四个文本的数据量不一且整体偏少的情形,本案例拟采用 FastText 模型提取 copyright 的语境关联词。

理解一个概念,首先应读懂这一概念的关键词所处的语境,无论是社会政治语境或法律文化语境,还是词汇语境或语义语境,皆无例外。

- “人民”是一个随着时代和场域的变化而内涵有所变化的概念,在不同的国度和不同的制度条件(即语境)下,其内涵有所不同。精准把握人民这一概念,须结合不同的语境去理解其深刻语义。理解人民一词既要把握人民概念的政治属性和社会属性,同时也要理解人民概念内涵的三个层次: 整体的人民、群体的人民、个体的人民(虞崇胜,余扬 2020)。
- 在我国,“制度”这一概念的语义学角度具有三项特征: 一是政治安全的根本制度;二是具有各项社会保障的基本制度;三是加强重要领域立法的重要制度(莫纪宏 2020)。这三者构成了制度的语境。
- 词汇语境的影响因素有三种情形: 一是关键词周围的词语对该词意义所产生的影响;二是对关键词所具有的心理意识影响其概念;三是关键词的周围事物对其产生的影响(郑安文 2017)。
- 通过对比医学文献摘要数据集,以 TF-IDF 值和 Z 值自动识别与“基因”概念相关联的出现在文献中的重要关键词(Dasigi1 *et al*. 2019)。这是识别围绕“基因”概念周围关键词的方法。

有鉴于此,不同国家的法律文本皆有其自身特定的成文语境,而文本中的关键词其语义受到文本关联词的影响,其因语境的不同导致概念内涵会发生变化。FastText 模型是一种可借以考察语篇关键词分布情况且考虑到词汇形态特征的工具,其在本案例的具体实现代码如下:

(1) 读取数据

```
path = r'D: \...\Chinese copyright law (2010)_chn_eng.txt'
text = open(path, encoding='UTF-8-sig').read()
paraList = text.split('\n')
paraList2 = [line.lower().strip() for line in paraList]
```

```
paraList3 = []
for line in paraList2:
    if len(line.split()) > 0:
        paraList3.append(line)
```

（2）数据结构转换

```
import nltk, spacy
nlp = spacy.load('en_core_web_sm')
sentList = []
for line in paraList3:
    sentList += nltk.sent_tokenize(line)
```

（3）数据清洗一

```
sentList2 = []
for line in sentList:
    doc = nlp(line)
    lemmaText = ''
    for token in doc:
        lemmaText += token.lemma_ + ' '
    sentList2.append(lemmaText)
sentwordList = [nltk.word_tokenize(sent.lower()) for sent in sentList2]
```

（4）数据清洗二

```
from nltk.corpus import stopwords
stop_words = stopwords.words('english')
sentwordList2 = []
for line in sentwordList:
    line2 = [word for word in line if word not in stop_words]
    line3 = [word for word in line2 if word.isalpha()]
    sentwordList2.append(line3)
```

（5）模型训练和应用

```
from gensim.models.fasttext import FastText
ft_model = FastText(sentwordList2, size=200, window=5)
ft_model.wv.most_similar('copyright', topn=20)
```

【提取结果】

中国著作权法	德国版权法
[('station', 0.9976863265037537), ('information', 0.9976739883422852), ('compensation', 0.9975879788398743), ('publication', 0.9975765943527222), ('arbitration', 0.9975481033325195), ('relation', 0.9975129961967468), ('adaptation', 0.9974585771560669), ('translation', 0.9974203109741211), ('annotation', 0.9974111318588257), ('regulation', 0.9973998665809631), ('compilation', 0.997337818145752), ('dissemination', 0.9973219633102417), ('administration', 0.9973119497299194), ('production', 0.9972882270812988), ('organization', 0.9972658157348633), ('action', 0.9972163438796997), ('preservation', 0.9971749782562256), ('protection', 0.9971630573272705), ('section', 0.9970905780792236), ('producer', 0.9968526363372803)]	[('right', 0.9999946355819702), ('content', 0.999993622303009), ('copy', 0.9999932050704956), ('rightholder', 0.9999929666519165), ('person', 0.9999923706054688), ('commencement', 0.9999923706054688), ('component', 0.9999923706054688), ('personal', 0.9999923706054688), ('commentary', 0.999992311000824), ('commerce', 0.999992311000824), ('contrary', 0.9999922513961792), ('commercial', 0.9999920129776001), ('enter', 0.9999920129776001), ('per', 0.9999918937683105), ('contractually', 0.9999918937683105), ('represent', 0.9999918341636658), ('commence', 0.999991774559021), ('consent', 0.999991774559021), ('computer', 0.999991774559021), ('present', 0.9999916553497314)]
英国版权法	**美国版权法**
[('weight', 0.9999032020568848), ('ought', 0.9998887777328491), ('right', 0.9998364448547363), ('chapter', 0.9998353719711304), ('rightholder', 0.9998268485069275), ('copying', 0.9998098611831665), ('arrangement', 0.9998071193695068), ('bring', 0.9997960329055786), ('anything', 0.999793291091919), ('would', 0.9997910857200623), ('ownership', 0.9997841119766235), ('treat', 0.9997754693031311), ('reading', 0.9997697472572327), ('change', 0.9997654557228088), ('rental', 0.9997643828392029), ('corresponding', 0.9997612237930298), ('reporting', 0.9997603893280029), ('qualifying', 0.9997589588165283), ('granting', 0.9997576475143433), ('subsisting', 0.9997572302818298)]	[('weight', 0.9998555183410645), ('right', 0.999845027923584), ('rights', 0.9997439384460449), ('register', 0.9987210035324097), ('payment', 0.9987054467201233), ('determine', 0.9986257553100586), ('royalty', 0.9986215829849243), ('judge', 0.9986079931259155), ('infringement', 0.9986057877540588), ('copy', 0.9985113143920898), ('judgment', 0.9984890222549438), ('agreement', 0.9984281063079834), ('requirement', 0.9983519315719604), ('document', 0.9982801675796509), ('enforcement', 0.9981234073638916), ('claim', 0.9980797171592712), ('effective', 0.9980640411376953), ('management', 0.9980593323707581), ('element', 0.9979594349861145), ('mask', 0.9979532957077026)]

【分析与讨论】

以 8.2.1 节应用于汉译英法律文本的提取代码提取英语原创法律文本，发现所提取的结果存在几个问题（以美国版权法为例）：一是提取出 the 和 of 等无意义词汇；二是某些数字出现在前 20 词表内。前者与原创文本虚词相对较多有关，而后者是文本特点所决定的。据此有必要对文本实施数据清洗。本案例设置了两次清洗代码即 spaCy 词形还原代码和 nltk 停用词+保留字母单词的代码。从提取结果看，清洗目的已达成，但受限于词形还原的效果，似乎总是无法百分之百地实现词形还原目标，如美国版权法的 right 和 rights。虽经数据清洗，但嵌套列表数据结构并未改变，这是 FastText 模型语料训练的必需。清洗过程是在嵌套列表数据结构下逐句实现的。

从提取结果看，四个版本排序前 20 的关联词多有不同：

- 中国著作权法的提取结果明显有别于其他三者，可能是文本内容仅限于著作权法关键内容而不包含具体实施条例和具体领域著作权实施条例所致。其关联词多为 arbitration、adaptation、regulation、administration、organization、protection 等，强调 copyright 一词所体现的涉及法律条例的著作权管辖职能。这与我国著作权法相关内容的设置是一致的。
- 其他三部法律的商业性规定均较为明显，如德国著作权法的“copy/commerce/commercial/contractually”、英国版权法的“copying/rental/qualifying/granting”、美国版权法的“payment/royalty/copy/agreement”，这不仅与法律条款规定较为细分有关，也与德国著作权法的财产权、其他两部的版权制度有关。这三部法律均含有 right 一词，亦是如此。
- 德国著作权法含有 right、person、personal、rightholder 等一类关键词，说明 copyright 一词涉及个体价值在法律条文中的具体体现。结合涉及商业性规定的关键词，则更能说明 copyright 一词意味着个体商业价值是否法律保护。
- 英国版权法含有 weight、right、rightholder、copying、ownership、granting 等，说明 copyright 一词涉及具体版权权利的处理与执行。结合涉及商业性规定的关键词，更能说英国版权所含有的个人权利。
- 美国版权法含有 weight、right、register、determine、judge、infringement、judgment、enforcement，management 等，说明 copyright 一词涉及法院体系在体现版权过程中的作用。结合涉及商业性规定的关键词，更能表明美国版权法实质的还是商业价值与法院权威。

上述因关键词所体现的 copyright 一词的词汇语义语境互有区别，这是因四部法律所处的法律文化语境不同，其立法意图也不同，具体则体现为 copyright 一词的语义差异性。本案例所得结果已证明,依托 FaxtText 模型可以较为有效地区分不同法律条文中相同词汇的语义区别,该技术的适用性也因此得到验证。本案例所示方法的最大意义在于运用相关技术可对未知文本进行语义探究,区分实际应用中的文本异同。

8.3.2 语义迁移描述与代码融合

"文学翻译中的语义迁移研究——以基于信息贡献度的主题词提取方法为例"(胡加圣、管新潮 2020)一文首次尝试提出信息贡献度这一概念,描述翻译文本中的词汇因其对译文特定部分或主题贡献最大的信息量而被赋予相应的权重。信息贡献度有其信息论、语料库语言学、翻译文学、文化传播以及翻译的文化研究等多重理论基础。与传统的语料库经典研究方法和大数据研究方法相比,信息贡献度研究方法具有独特作用,可应用于多种与语义相关的研究。用于获取数据信息的文本是林语堂的《京华烟云》张振玉译本(1977 年出版,字数为 527 717,以下称"张译本")和郁飞译本(1991 年出版,字数为 479 362,以下称"郁译本")以及英文版原文,两个版本时间相差 15 年。本案例拟对该文的算法设计进行全面解读,其中所涉加载工具包如 gensim、jieba、nltk、pandas、re、zhon、scipy 等。

第一步:文本加载、清洗,按信息贡献度分别提取不同版本的主题词

加载模块 from gensim.summarization import mz_keywords,其中的 mz_keywords 可直接用于提取按信息贡献度大小排序的主题词。但对主题词必须做数据清洗处理并模仿 WordSmith 主题词关键性的数值大小来设置信息贡献度的大小,以利于语料库从业人员的理解。数据清洗时须注意信息贡献度的数据结构是元组列表结构,设置相应的条件即可达成清洗目的。

```
valueList6 = []
for word, value in keywords:
    if word not in remove_words:
        valueList6.append(value * 100000)
```

第二步:提取不同译文共现主题词

提取不同版本中的共现主题词,意在考察两个时间跨度相差 15 年的版本在翻译用词方面是否存在显著区别。按信息贡献度提取主题词,张译本为 5 321 个、郁译本为 5 375 个,两者的数字差异绝对值并不大,但两译本共现主题词仅为 2 887 个,分别占各自译本的 54.26%和 53.71%,均为半数以上。也就是说,两个译本的主题词类符数差异不大,但所选用于表达原文的同译词存在显著的差异性。

```
bothList = []
for w in zhangList:
    if w in yuList:
        bothList.append(w)
```

第三步:从共现主题词词表中提取具有鲜明文化含义的主题词

为突出研究重点,该文聚焦于林语堂作品汉译文本中多以写"人"为主的词汇,这些称谓在中国文化里具有极强的文化色彩和社会、身份表征。将两个译本中描写"人"的词汇大致划分为七类:男人、女人、普通人、特殊人、老人、文人、外国人。该文具体选择"男人/女人"和"普通人/特殊人"这两个词对中的具体称谓作为案例进行说明。这一步须根据研究经验经人工介入方可实现。

(具体代码同第二步)

第四步:提取不同主题词的"左五右五"搭配

"左五右五"搭配是语料库语言学常用方法以及词向量模型训练中采用类似的窗口设置(见 8.2.1 节的 window=5)。方法各异,但对相邻搭配的观点是一致的,因此该文考虑到研究对象的数据量问题也采用"左五右五"搭配设置。但这两种方法存在明显的差异性:常用方法仅统计词频,务请注意左五右五之内位于第 1 和第 5 位置的搭配词其搭配含义可能因距离问题而产生偏差;词向量(词嵌入)方法很好地解决了这一问题,因其考虑到搭配词的具体分布情况。

```
list1 = []
list2 = []
list3 = []
for i in nList:
    list1.append(" ".join(text3[i-5:i]))
    list2.append(text3[i])
    list3.append(" ".join(text3[i+1:i+6]))
```

第五步:对"左五右五"搭配进行次级主题词确认

该文的次级主题词系按照左五右五内容的词频排序语义确定。正如上述第四步所述,若采用词向量法,其结果可能会有所不同。

```
L5R5List = list(Df[0]) + list(Df[2])
L5R5List2 = []
for w in L5R5List:
    w2 = w.split(' ')
```

```
    L5R5List2 += w2
from zhon.hanzi import punctuation
L5R5List3 = [w for w in L5R5List2 if w not in list(punctuation)]
```

第六步：按第三步主题词提取英汉对应句对

提取前提是从 Excel 表中读取双语句对并制作成英汉句子对应的元组列表数据结构。这是判断语句是否含有指定词的一种方法。

```
sentList = list(zip(list(Df[1]), list(Df[2])))
engList = []
chnList = []
for eng, chn in sentList:
    if 'pygmies' in str(eng):
        engList.append(eng)
        chnList.append(chn)
```

第七步：过程数值检验

过程数据检验是为了验证两个译文的用词是否存在显著差异,所用方法为卡方检验,检验对象是译本字数和非共现主题词。检验结果为文本的后续分析提供依据,即把两译本用于词汇语义迁移研究有其充分的理据。字符差异性和主题词差别不大这两个事实同时也说明,语义迁移研究与总字符数几无关系。

```
from scipy.stats import chi2_contingency
import numpy as np
kf_data = np.array([[527717, 2434], [479362, 2488]])
kf = chi2_contingency(kf_data)
```

第八步：结果可视化

可参见本书 3.1.4 节“信息贡献度分布对比及其散点图可视化”。

本案例说明技术的应用在于如何结合案例任务的实际需求,因为采用 Python 编程方式从文本中获取数据信息是一项相当个性化的工作,这一过程的意义在于对数据处理全过程的掌控。不同的知识和经验积累会使所编写的代码互有区别,能够有效实现任务目标的代码皆为正道。故特此声明案例代码仅供参考。

8.3.3 汉英法律语义检索词典构建

语义网知识库自诞生之日起就已显示出其所具有的强大生命力,在自然语言处理领域的应用更显其知识价值。知识库与词向量的结合可能是未来文本表征研究的重要方向之一，知识库可助力于获取更加强大的语义表达，两者的共同驱动可不断完善语义表征算法，又可扩充并优化语言专家的知识体系（陆晓蕾，王凡柯 2020）。VerbNet 是一个将语义与句法连接在一起的知识库，借助这一特性通过 LDA 方法可实现语义层面的语篇动词聚类（Peterson *et al*. 2016）。从近义词林、知识库 HowNet 义原标注信息等语义数据中抽取局部可扩展词分布，利用语义相关模型的深度挖掘能力将语料空间中每一个词语的局部可扩展词分布拟合成全局可扩展词分布，进而实现较好的查询扩展效率（刘高军等 2020）。

WordNet 知识库的应用描述可参见本书 7.1 节“相似性度量与文本分析”，其特别之处在于已建立的中英文转换对应机制。转换生成中文 WordNet 的核心问题是，如何将词义网中以英文同义词集合表示的概念结点准确地转换为中文同义词集合表示，并重新聚合中文词形与词义的映射关系（张俐等 2003）。反之，依托这种转换机制便可实现以中文概念去检索英文概念，也即实现汉英词典的自动检索，正如 7.2.1 节“词汇相似性度量”的“1）WordNet 方法”所述。那么，再加上词向量语义表征方式和自建的专门语料库如法律，便可构建成一种汉英法律语义自动检索词典。

“专业通用词”（General Words for Specific Purposes，缩略为 GWSP）是指在某个专门或垂直领域中所使用的词汇含义与日常普通含义有所区别的通用词汇（管新潮 2017）。专业通用词现象的发现源自英汉翻译实践，如法律领域的“责任”一词，其英译有多个对应词如 responsibility、liability、accountability、duty、obligation 等。汉译英时，若不能很好把握英语对应词的真实意义，那么翻译就可能会导致法律责任的不明晰。英译汉也存在类似现象。如 normal 一词是通用词汇，但在医学领域内其 normal saline 的组合使其转化为具有稳定性的术语“生理盐水”，而在 Respiratory examination gave <u>normal</u> findings（呼吸系统检查<u>未见异常</u>）示例中，normal 的用法则属于典型的专业通用词用法。这一现象表明专业通用词既可升级至术语，亦可保持其在专属领域内的特定使用，或者置于普通词汇的使用范围。将 normal 一词置于数学领域进行考察，发现其在特定搭配时被称为“法向”，如 normal tangent（法向切线）；而组合成 normal university 的搭配时则意为“师范大学”。检索法律和海洋工程领域语料库，并未发现 normal 有类似搭配。通过对比检索法律、医学和海洋工程专门语料库，可以发现不同领域之间专业通用词的重叠现象并不多见。

本案例拟对专业通用词的一词多译现象进行语义检索。设计依托英文 WordNet，利用 LSI 模型通过自建的英语法律语料库实现这一语义检索过程。具体应用代码如下：

（1）检索词及其注释

```
from nltk.corpus import wordnet as wn
searchTerm = "责任"
termTotal = wn.synsets(searchTerm, lang='cmn')
itemList = []
defList = []
for term in termTotal:
    itemList.append(term)
    defList.append(term.definition())
combine = sorted(zip(itemList, defList))
```

（2）构建语料库

```
import nltk
from nltk.corpus import PlaintextCorpusReader
corpus_root = r"D:\python test\25_law_corpus_chn-eng"
corpora = PlaintextCorpusReader(corpus_root, '.*')
myfiles = corpora.raw(corpora.fileids())
paraList = myfiles.split('\n\n')
sentList = []
for line in paraList:
    sentList += nltk.sent_tokenize(line)
sentwordList = [nltk.word_tokenize(sent) for sent in sentList]
```

（3）模型训练和应用

```
from gensim import corpora, models, similarities
dictionary = corpora.Dictionary(sentwordList)
corpus = [dictionary.doc2bow(text) for text in sentwordList]
lsi_model = models.LsiModel(corpus, id2word=dictionary)
```

（4）输出检索结果

```
for term, sent in combine:
    sentVec = dictionary.doc2bow(sent.split())
    sentlsi = lsi_model[sentVec]
    index = similarities.MatrixSimilarity(lsi_model[corpus])
    sims = index[sentlsi]
    sim = sorted(enumerate(sims), key=lambda item: -item[1])
    count = 0
    print("待检索词条: ", searchTerm)
```

```
print("英语对应词条: ", term.name())
print("词条释义\n", term.definition())
for i, value in sim:
    count += 1
    print("语义实例\n", sentList[i])
    print("实例与释义相似性: ", round(value, 6), '\n\n')
    if count >= 1:
        break
```

【检索结果】

```
待检索词条:   责任
英语对应词条:   duty.n.02
词条释义
 work that you are obliged to perform for moral or legal reasons
语义实例
 It is prohibited to arrange for women workers or staff members who have been pregnant for seven
months or more to work in extended working hours or to work night shifts.
实例与释义相似性:   0.650627
待检索词条:   责任
英语对应词条:   liability.n.01
词条释义
 the state of being legally obliged and responsible
语义实例
 Rights and Obligations of the Enterprise
实例与释义相似性:   0.947776
待检索词条:   责任
英语对应词条:   obligation.n.02
词条释义
 the state of being obligated to do or pay something
语义实例
 The Council of the Chairman shall decide whether to refer the questions to the organs concerned
for written replies or to request the heads of those agencies to give oral replies at meetings of the
Standing Committee or the relevant special committees.
实例与释义相似性:   0.850116
```

【分析与讨论】

本案例代码是 7.2.1 节"词汇相似性度量"的"1) WordNet 方法"代码和 8.2.4 节"向量模型"的"2) LSI 模型"代码的组合应用,旨在探索以语义匹配方式为相应的词条呈现语义解释示例。设计算法为:

• 以 WordNet 实现中文检索词条的英文同义词检索；
• 创建近 158 万词的英语法律语料库(汉译英)，转换成可供机器训练的嵌套列表数据结构；
• 使用 gensim 的 LsiModel 进行语料训练，以获取语料库向量空间模型；
• 逐一读取英文同义词的释义，并与语料库向量空间模型进行相似性匹配；
• 以待检索词条、英语对应词条、词条释义、语义实例、实例与释义相似性的顺序呈现检索结果。

从检索结果看，本案例在很大程度上已达成预期设想。由一词多译中文(专业通用词)实现不同英文义项及其释义的呈现，并配以从单语语料库中按相似性数值检索而得的实例。这一语义实例的呈现，使得对词条释义的解读多了一种语义选项，可加深对本案例待检索“责任”一词英文含义的理解。本案例编程对 LDA 模型和 LSI 模型分别进行了测试，发现 LDA 模型在相似性计算和实例提取阶段的运行速度较为缓慢，尤其是提取较多义项实例或检索多个待检索词的时候。这也是本案例代码呈现 LSI 模型的原因所在。本案例的一个明显之处是不再沿用传统词典编撰方式即实例中必须包含词条，而是采用实例的语义等同于词条的含义这一模式。若想实现两者的结合，建议添加 gensim 的 TfidfModel 即可。

本案例的不足之处有二：

• WordNet 的不足——由中文“责任”一词直接检索出的英文同义词词条仅为 [Synset('duty.n.02'), Synset('duty.n.01'), Synset('fault.n.06'), Synset('obligation.n.03'), Synset('obligation.n.02'), Synset('province.n.02'), Synset('liability.n.01')]，明显未把 responsibility 和 accountability 纳入其中，尤其是前者。不过可通过扩充检索义项加以克服。
• 近 148 万词的英语法律语料库似乎少了些，如 Rights and Obligations of the Enterprise 这样的语义实例并非最佳结果。从理论上说，语料库库容越大其检索结果应该更为可靠。

参考文献

Calabrese, C., J. Y. Ding, B. Millam & G. A. Barnett. 2020. The uproar over gene-edited babies: A semantic network analysis of CRISPR on Twitter[J]. *Environmental Communication* 14(7): 954 - 970.

Cancho, R. F. i. & F. Reina. 2002. Quantifying the Semantic contribution of particles[J]. *Journal of Quantitative Linguistics* (1): 35 - 47.

Dasigi1, V. G., O. Karam & S. Pydimarri. 2019. Impact of context on keyword identification and use in biomedical literature mining [A]. In K. Arai, R. Bhatia & S. Kapoor (Eds.). *Proceedings of the Future*

Technologies Conference (FTC) 2018 (Volume 1) [C]. Cham: Springer. 505 - 516.

Fitzgerald, F. A. & M. L. Doerfel. 2004. The use of semantic network analysis to manage customer complaints[J]. *Communication Research Reports* 21(3): 231 - 242.

Hamilton W.L., J. Leskovec & D. Jurafsky. 2016. Diachronic word embeddings reveal statistical laws of semantic change [EB/OL]. arXiv preprint arXiv1605.09096.

Mikolov, T., K. Chen, G. Corrado & J. Dean. 2013. Efficient estimation of word representations in vector space [EB/OL]. arXiv: 1301.3781v3 [cs.CL].

Montemurro, M. A. & D. Zanette. 2010. Towards the quantification of the semantic information encoded in written language[J]. *Advances in Complex Systems* (2). arXiv: 0907.1558v3 [physics.soc-ph].

Nielsen, F.Å. & L.K. Hansen. 2017. Creating Semantic Representations [A]. In S. Sikström & D. Garcia (Eds.), *Statistic Semantics*[C]. Cham: Springer. 11 - 31.

Sarkar, D. 2019. Text Analytics with Python — A Practitioner's Guide to Natural Language Processing (Second Edition) [M]. New York: Apress.

Sigman, M. & G.A. Cecchi. 2002. Global organization of the WordNet lexicon[J]. *Proc Natl Acad Sci USA* 99(3): 1742 - 1747.

Peterson, D.W., J. Boyd-Graber, M. Palmer & D. Kawhara. 2016. Leveraging VerbNet to build corpus-specific verb clusters [A]. In *Proceedings of the Fifth Joint Conference on Lexical and Computational Semantics (* SEM 2016)* [C]. Berlin. 102 - 107.

Srinivasa-Desikan, B. 2020.自然语言处理与计算语言学(何炜译)[M].北京:人民邮电出版社.

管新潮.2017.专业通用词与跨领域语言服务人才培养[J].外国语(5):106 - 108.

胡加圣,管新潮.2020.文学翻译中的语义迁移研究——以基于信息贡献度的主题词提取方法为例[J].外语电化教学(2):28 - 34.

贾君枝,董刚.2007. FrameNet、WordNet、VerbNet 比较研究[J].情报科学(11):1682 - 1686.

贾君枝,叶壮壮.2019.基于潜在语义索引的 Wikidata 机构实体聚类研究[J].数据分析与知识发现(10):56 - 65.

姜孟,邬德平.2013.语义迁移的六类证据及其解释[J].重庆工商大学学报(1):144 - 152.

李茜.2005.框架网(FrameNet)——一项基于框架语义学的词库工程[J].中国科技信息(16):38 - 39.

刘高军,方晓,段建勇.2020.基于深度语义信息的查询扩展[J].计算机应用.Doi:10.11772/j.issn.1001 - 9081.2020040473.

刘知远,刘扬,涂存超,孙茂松.2016.词汇语义变化与社会变迁定量观测与分析[M].语言战略研究(6):47 - 54.

陆晓蕾,王凡柯.2020.计算语言学中的重要术语——词向量[J].中国科技术语(3):24 - 32.

莫纪宏.2020.党的十九届四中全会决定中关于"制度"规定的语义学分析[J].中国特色社会主义研究(1):5 - 11+2.

孙琦鑫,饶高琦,荀恩东.2020.基于长时间跨度语料的词义演变计算研究[J].中文信息学报(8):10 - 22.

唐怡,周昌乐,练睿婷.2010.基于 HowNet 的中文语义依存分析[J].心智与计算(2):109 - 116.

王静茹,陈震.2018.基于隐含狄利克雷分布的文本主题提取对比研究[J].情报科学(1):102 - 107.

王莉军,姚长青,刘志辉.2019.一种文本挖掘和文献计量的科技论文评估方法[J].情报科学(5):66 - 70.

王钦,李凡,李乾文.2020.科技政策审计的语义网络分析[J].财会月刊(7):97 - 102.

王勇,王李福,邹辉,何养明.2018.结合类别与语义贡献度的特征权重计算方法[J].计算机工程与设计(6):1619 - 1622.

徐素田，汪凯.2020.社会语境变迁下的中国科学家媒介形象研究——基于《人民日报》(1949~2019)的语义网络分析[J].自然辩证法研究(11)：68-74.

姚天顺.2001. WordNet 综述[J].语言文字应用(1)：27-32.

余传明，王曼怡，安璐.2020.跨语言情境下基于对抗的实体关系抽取模型研究[J].图书情报工作(17)：131-144.

虞崇胜，余扬.2020."人民"概念的中国语境与语义[J].中国社会科学评价(2)：14-20.

张俐，李晶皎，胡明涵，姚天顺.2003.中文 WordNet 的研究及实现[J].东北大学学报(4)：327-329.

郑安文.2017.词汇语境与双语词典例证的设置[J].中国科技术语(5)：60-63.

朱靖雯，杨玉基，许斌，李涓子.2019.基于 HowNet 的语义表示学习[J].中文信息学报(3)：33-41.

第9章 主题建模与文本主题

每一篇文章(相当于一个文本)都会有自己的主题或主题思想。由许许多多文本构成的语料库也有其与应用目的相对应的主题,语料的采集因此也围绕这一主题而展开。“莎士比亚戏剧英汉平行语料库”是一种专门主题的语料库,其构建旨在进行相应的学术研究,语料采集是把相关英汉文本纳入其中并实现句对齐。此类语料库的创建在采集语料时无须过多关注语料本身。创建通用领域或垂直领域的语料库则须注意语料的平衡性,而涉及平衡性的因素是多方面的,其中最为关键的因素之一就是主题平衡性。通用类平衡语料库须在语料库主题的指引下平衡各子主题的语料构成,而某个垂直领域的平衡语料库也须注意该领域下不同方向的语料构成平衡性。语料库的平衡性看似简单,但无法确切统计有哪些语料库的平衡性是经过人工和机器同时验证的。以此平衡性机器验证为切入点,引入主题建模方法的讨论或描述,或许能够为这一方法的应用提出更多有效建议。这或许就是将更多技术引入语言学或翻译教学科研的意义所在。

9.1 主题建模中的主题挖掘

9.1.1 语料库主题概述

技术工具所能区分的主题一般与词汇的概率分布有关,即相同或相似概率分布的词汇可归于一个主题,也即一个主题就是一个关于词汇集合的概率分布(Srinivasa-Desikan 2020: 99 - 100)。尽管构建一个语料库会有明确的主题设想,但实际选取语料文本时因各种原因会导致语料文本主题多样化。在语料库中区分并集中不同概率分布的词汇集合,就是发现语料库所涉主题的归类过程——不同的概率分布构成了语料库的不同主题。语料库主题的多样性其成因如下:

- 一是语料来源——不同来源的语料文本尽管同属一个领域或子领域,但因文本用词差异或领域细分区别导致文本词汇构成有所差异;

- 二是文本风格——收入语料库的文本彼此之间允许有多大程度的风格差异存在，尤其对翻译应用语料库而言；
- 三是清洗程度——数据清洗可提升语料库的质量，但如何清洗却是一个必须联系创建语料库目的的问题；
- 四是语料质量——涉及文本的文笔表述水平、逻辑清晰度、文本编辑质量等因素。

由此可见，语料库主题的多样化有时候是无法人工判断并予验证的。因此，以特定的技术手段来验证语料库主题是本章的任务所在。本书 3.2.3 节“评价语句的相似性及其聚类可视化”所述的聚类法，可以说就是一种按主题分类评价语句的方法，这里的主题就是语句相似性。本书第 7 章以相似性度量为主题，可为这一方法提供更多选择。作为一种行之有效的技术手段，主题建模方法可助力于语料库的主题验证和主题挖掘。

9.1.2 主题建模方法论启示

主题建模是将语料库的文本内容以编码形式加以表达，构建起一系列具有实质含义的编码类别即主题，这使得主题建模方法相比于人文社科领域内传统的文本分析方法更具归纳性，其分析速度明显更具优势，分析结果更为客观有效（Editorial 2013）。所运用知识的质量高低以及有关某一现象的思考是否清晰，决定了文本内容分析的效果和丰富性，而与所用技术方法的复杂性无关（Editorial 2013）。借助主题建模方法，可以理解大规模文本的内含意义，更透彻地把握现象的本质。这一方法的重要性表现为：

- 实现大规模文本内容的自动编码，为传统方法无法完成的涉及大规模文本语料应用于社会现象分析引入定量手段；
- 主题模型使用概率分布方法表示文本，主题是单词表中词的随机分布概率，文本以不同的概率属于不同的主题，服从真实数据的概率分布；概率分布表达方法能够较好地表达和量化文本中存在的不确定性，减小噪声干扰（张培晶，宋蕾 2012）；
- 主题建模方法应用于大规模文本语料库的可行性已无悬念，其应用于相对较小规模文本语料库（如 50 万词）的分析方法已助力于阐释学领域的专家实现了传统“亲密阅读”的效果（Editorial 2013）；
- 主题建模方法促使人文社科领域研究方法发生根本性转变，即从文本内容分析的“预先计算”到“后计算”（Editorial 2013）。

作为内容分析技术之一的主题建模，其运用应强调人机互动分析或二元性分析。通过将文化和意义的形式化研究引领至社会结构和物质逻辑的量化平衡研究，以此实现社会科学的再平衡（Editorial 2013）。技术应用的关键在于对社会学科概念如语料库相关概念的真实理解,即这些概念的语言学或翻译学意义究竟是什么,而不仅仅是技术本身的科技含量有多高。正如传统的语料库应用软件一样,其输出了数据结果,但内容分析却在于知识的积累和现象的把握。我们所乐见的是,方法论的更新使得分析长达 60 年跨距的 41 720 篇学术论文成为可能(Gurcan *et al*. 2021)。

9.1.3　历时性文本主题

文献计量是以文献资料为研究对象,通过数学统计方法,归纳总结出学科的发展趋势,计量参数主要为文献数量、短语或词汇数、作者数、引文数量等。本章节框架下的数学统计方法即为主题建模的各种模型,用于表征主题的就是所提取的短语或词汇及其分布概率,其他计量参数可根据实际需要相应设定。

- 古尔干等(Gurcan *et al*. 2021)运用 LDA 模型就人机互动领域展开历时性文献计量研究,结果发现 21 个主题构成了这一研究方向的动态发展图景。按每十年一个阶段研究这些主题的演变历程,依据每一个主题的加速度值,发现最热门的研究主题为 Feature Recognition、Brain-Computer Interface、Online Social Communication、User Interface Design,其总体趋势体现为这一领域正从面向机器的系统转变为面向人的系统发展。这一发展趋势与时下我国某知名企业翻译中心正在展开人机翻译互动研究不谋而合。
- 何琳等(2020)将 LDA 模型先后用于处理《左传》特征词语料和选取的诸侯国语料,根据所得主题-词分布挖掘出春秋社会发展的主要方面和内容。最后结合时间信息,对得到的《左传》和各诸侯国的文档-主题分布进行主题强度计算,通过主题强度变化曲线反映出各方面的发展演变状况,总结春秋时期社会和各诸侯国的各方面的发展态势,最终展现春秋时期社会各方面的发展变迁。
- 曹树金和岳文玉(2020)运用 LDA 模型和共词分析相结合的方法,揭示学术论文在不同时期研究热点的内容发展和主题演变特征。该文以一定时间段内某一学术机构发表的论文为研究对象,抽取 14 个主题;分析不同时期主题强度排序前 4 的主题,绘制综合主题强度排名前 5 的主题演化趋势图,构建不同时期的关键词共现图。由此判断该机构的学术发展历程。

上述三项研究的共同点是均采用了 LDA 模型,不同点可参见表 9.1。关于 LDA 模型应用的库料库规模问题,各项研究所用字词数均不相同。有说较小规模文本语料库为 50 万英文单词的(Editorial 2013),但何琳等(2020)仅用 20 万中文字亦可得出令人信服的结论。从多数应用 LDA 模型的研究看,语料库的规模都是相对较大,这一点是否可以认为是多数人的趋同认知呢? 萨尔卡(Sarkar 2019: 226)认为主题建模方法经常会得出重叠的主题,相应的概念会在简单的事实陈述与态度观点之间来回出现。这一方法针对由文本组成的大型语料库极其有效,可从中提取和描述关键概念。第二个问题是主题数设置,这是 LDA 模型应用的关键,主题数设置过少可能会把语义不相关的内容合并到所谓的嵌合主题中,而设置过多可能会导致相关内容分裂成单独的主题(何琳等 2020),影响后续主题分析。因此,须在反复调试过程中确定最为合适的主题数。多数研究并未交待其他参数的设置情况,这会导致彼此之间的研究结论难以相互比较。

表 9.1 三项历时性研究的相应参数

	语料时间跨度	所属领域	语料字/词总数或篇数	主题数	主题迭代次数	参数设置
古尔干等(Gurcan *et al.* 2021)	60 年	人机互动	41 720 篇	21	无	$\alpha=0.1$ $\beta=0.01$
何琳等(2020)	225 年	左传	19.6 万字	6	1 500	无
曹树金和岳文玉(2020)	60 年	信息管理	10 179 篇	14	1 000	$\alpha=0.01$ $\beta=0.05$

备注:1) α 代表文档-主题密度,值越大,文档所含主题数越多;
2) β 代表主题-词汇密度,值越大,描述这一主题的词汇量越大(Srinivasa-Desikan 2020)。

9.1.4 共时性文本主题

有别于历时性研究,共时性的语料文本聚焦于某一时间段,如同历时性的某一个阶段一样。主题建模方法的应用主要在于挖掘指定阶段内特定领域所涉的主题内容,其分析结果仅限于指定阶段内所发生的事件,不具备对后续阶段的可预测性。共时性文本的主题建模其技术方法无异于历时性的,仅有的区别是后者须挖掘出可供历时对比的主题,而共时性的主题挖掘则相对容易一些。

- 刘文宇和胡颖(2020)将 LDA 主题建模和语义网络分析相结合,提出基于文本挖掘的非传统文本批评话语研究方法。为验证该方法的可操作性,以美国总统特朗普的涉华政治话语为例,分析非传统文本中的主题与隐藏的意识形态意义。分析结果显示,基于文本挖掘的集成方法能够有效克服传统批评话语研究文本规模较小和优先选择风险等不足,扩大了研究语料的选择,深化了意识形态意义分析,拓宽了批评话语研究的非传统文本研究路径。
- 丁国旗(2020)对英汉散文可比语料库进行主题建模。其研究结果显示两者的相似点:一是对自然景色和人文景观的描写;二是涉及婚姻和家庭、工作与休闲的主题,但休闲方式迥异。不同之处:一是英文子库谈论文学、艺术、科学、教育的主题占多数,中文子库的同类主题十分有限;二是英文子库关于精神世界和信仰的主题较多，中文子库很少；三是中文子库的一个常见主题是国内革命运动和社会变故，英文子库涉及较多的是社会公平与国家之间的关系。

- 丹图等（Dantu *et al.* 2021）运用主题建模和共引分析法探讨所涉语料文本的主题内容，指出卫生保健的主要研究领域（主题）为 security & privacy、data、wireless network technologies、cloud & smart health、applications，其所面临的挑战既有社会层面的，也有技术和组织层面的。这一研究方法为探索卫生保健领域物联网应用提供了有效的行路图。

上述三项研究的共同点是 LDA 模型与其他技术的结合。不同点体现为：一是语料库规模不同，少至不足 30 万字符，多至数百万不等；二是主题数均有交待，仍有语焉不详之嫌；三是其他参数多数情况下是不涉及的（见表 9.2）。

表 9.2　三项共时性研究的相应参数

	语料产生时间	所 属 领 域	语料字/词总数或篇数	主题数	主题迭代次数	参数设置
刘文宇和胡颖（2020）	2017 年 1 月 20 日至 2018 年 10 月 12 日	特朗普的推特、评论、每周演讲、新闻发布会和访谈	893 篇 299 740 字符	3	无	无
丁国旗（2020）	英文散文取材均以 18 和 19 世纪的作品为主；中文散文为自白话文运动以来各时期的代表作品	英汉散文可比语料库，含英文原创文本和中文原创文本两个子库	100 万词	分别为 50	无	无
丹图等（Dantu *et al.* 2021）	2010 至 2018 年	源自 Web of Science 数据库涉及卫生保健的论文	661 篇	27	无	无

9.1.5　讨论与总结

毫无疑问，主题模型这一技术性方法已在人文社科领域得到了认可，无论是诗歌散文，还是学术性论文，皆有其不少的应用实例。主题模型应用的一个关键是主题数的确定，这不是轻而易举可以实现的，须在过程中结合语料库类型、主题词等因素确定其最佳主题数的大小。遗憾的是，诸多研究仅仅简单列出主题数，这是无法充分说明其合理性的。其原因可能是对主题建模技术的了解不充分。有非常多的论文都在应用 LDA 模型，其好处是这一模型可资借鉴的应用实例容易发现，但缺点是没有足够的数据去比对不同主题模型技术的优劣。

历时性研究中的文本区间划分有时也会成为问题。因为是历时性研究，若以很短的历时性时间延续为基准,那就不利于历时性这一概念本身。合理的区间划分方法应该是多种多样的,如以发文量倍增的时间段进行划分(Gurcan *et al*. 2021);《左传》研究是以鲁国纪年为顺序,将主题建模所得的所有文档-主题分布划分成 12 个时间段(何琳等 2020);又如以机构成立或更名作为划分时间节点的依据(曹树金,岳文玉 2020)。

相较于历时性主题建模方法,提取主题词或主题短语应用于历时性主题分析也是研究中常见的方法之一(Lei & Liu 2018; Huan & Guan 2020)。主题词或短语提取方法是全额提取多连词再行数据清洗以获取具有表征意义的主题词或短语,或者是仅用技术手段提取名词短语。这与主题建模方法区别在于,后者是提取与特定主题相关联的词汇分布来表示这一主题,即以多个词汇概念归纳出一个主题;而主题词或短语提取方法是以某一个或某一类关键词或短语表示一个主题。

9.2 主题建模工具

本节选用 gensim 和 sklearn 工具包等的相关主题建模工具进行描述,旨在探究具体工具的应用效果。应用主题建模工具的关键是主题数的设置,但无任何其他信息可供参照的情况下,主题数的设置可能是一种盲从,必须付出极大的工作努力才会有所收获,或者颗粒无收。所以,了解并掌握具体工具的基本功能(无论是多主题数还是一维主题),才能有效结合其他技术手段,去实现语料文本的深层次主题挖掘。

9.2.1 Gensim 主题建模方法

1) 单个文件主题提取

(1) 读取段落后词形还原

```
import nltk, spacy
path = r'D: \python test\78_newCopyrightAct\Chinese copyright law (2010) _chn_eng.txt'
paraList = open(path, encoding = 'UTF-8-sig').readlines()
nlp = spacy.load('en_core_web_sm')
paraList1 = []
for line in paraList:
    doc = nlp(line)
    lemmaText = ''
    for token in doc:
        lemmaText += token.lemma_ + ' '
    paraList1.append(lemmaText)
```

（2）分句分词

```
sentList = []
for line in paraList1:
    lineClean = line.strip()
    sentList += nltk.sent_tokenize(lineClean)
sentwordList = [nltk.word_tokenize(sent) for sent in sentList]
```

（3）数据清洗

```
from nltk.corpus import stopwords
stopWords = stopwords.words('english') + ['shall', 'article', 'may', 'without']
sentList2 = []
for line in sentwordList:
    line2 = [word.lower() for word in line if word.isalpha()]
    line3 = [word for word in line2 if word not in stopWords]
    sentList2.append(line3)
```

（4－1）LSI 模型训练和应用

```
from gensim import corpora, models
dictionary = corpora.Dictionary(sentList2)
corpus = [dictionary.doc2bow(text) for text in sentList2]
lsi_model = models.LsiModel(corpus, id2word=dictionary, num_topics=3)
lsi_model.show_topics()
```

（4－2）LDA 模型训练和应用

```
from gensim import corpora, models
dictionary = corpora.Dictionary(sentList2)
corpus = [dictionary.doc2bow(text) for text in sentwordList]
lda_model = models.LdaModel(corpus, id2word=dictionary, num_topics=3,
                            alpha='auto', eta='auto')
lda_model.show_topics()
import pyLDAvis.gensim
data = pyLDAvis.gensim.prepare(lda_model, corpus, dictionary)
pyLDAvis.display(data)
pyLDAvis.show(data)
```

（4－3）HDP 模型训练和应用

```
from gensim import corpora, models
dictionary = corpora.Dictionary(sentList2)
corpus = [dictionary.doc2bow(text) for text in sentList2]
hdp_model = models.HdpModel(corpus, id2word=dictionary)
hdp_model.show_topics()
```

【(4－1)提取结果——LSI 模型】

```
[(0,
  '0.659 * "work" + 0.371 * "copyright" + 0.288 * "right" + 0.227 * "owner" + 0.162 * "law" + 0.126 * "license" + 0.119 * "compensation" + 0.107 * "year" + 0.104 * "author" + 0.096 * "sound"'),
 (1,
  '0.559 * "copyright" + -0.489 * "work" + 0.293 * "owner" + -0.195 * "year" + 0.154 * "relate" + 0.148 * "act" + 0.126 * "compensation" + 0.117 * "right" + 0.115 * "infringement" + -0.112 * "publication"'),
 (2,
  '-0.490 * "right" + -0.257 * "law" + -0.242 * "year" + -0.237 * "person" + 0.235 * "work" + -0.208 * "organization" + 0.165 * "license" + -0.158 * "term" + -0.152 * "protection" + -0.151 * "legal"')]
```

【(4－1)分析与讨论】

本段代码用于三种主题模型训练的行数其实并不多,倒是准备数据格式的代码明显多了不少。为表征具体主题的词分布更为集中,采用四种清洗方式:一是 spaCy 词形还原;二是 NLTK 加载英语停用词;三是 isalpha()保留纯字母单词;四是根据主题-词分布情况,自定义删除一些不具主题意义的词汇。从编程角度看,准备所需格式数据才是工作的关键。本次的单个文件为《中华人民共和国著作权法》英译文,其总词数不多(去除标点符号后为 5 966 词),数据清洗后更少。LsiModel 模型训练的主题数是经过反复数次设置并查看词分布的主题意义,最终确定为 3。这是一次对已知内容的主题数确认过程,那么对于未知内容,应该先有假设即所设想的研究主题有多少,都是何种主题。

从 LSI 模型提取结果看,每个主题均含有 work 和 right 两词,符合整部《中华人民共和国著作权法》的主题即以作品和权利为先的理念。第 0 个主题的其他词汇 copyright、owner、author、compensation、license 足以说明,这个主题涉及作者的版权许可并取得报酬的内容。第 1 个主题含有 infringement、act、publication,说明该主题涉及作品出版发表的侵权行为。第 2 个主题含有 person、legal、license、protection、organization，说明个人或机构的合法权利许可是受法律保护的。这三个主题均体现了《中华人民共和国著作权法》的三个重要的具体概念，但似乎还有其他重要概念未得体现，如人身权、财产权等。

【(4－2)提取结果——LDA 模型】

```
[(0,
  '0.064 * "work" + 0.041 * "right" + 0.026 * "copyright" + 0.012 * "person" + 0.011 * "organization" + 0.010 * "compensation" + 0.010 * "public" + 0.009 * "author" + 0.009 * "publish" + 0.009 * "accord"'),
 (1,
  '0.054 * "work" + 0.041 * "copyright" + 0.026 * "owner" + 0.019 * "license" + 0.018 * "right" + 0.016 * "author" + 0.015 * "compensation" + 0.013 * "person" + 0.011 * "publish" + 0.010 * "sound"'),
 (2,
  '0.039 * "right" + 0.034 * "copyright" + 0.033 * "work" + 0.020 * "owner" + 0.020 * "visual" + 0. 019 * " recording " + 0. 018 * " sound " + 0. 012 * " license " + 0. 011 * "compensation" + 0.011 * "station"')]
```

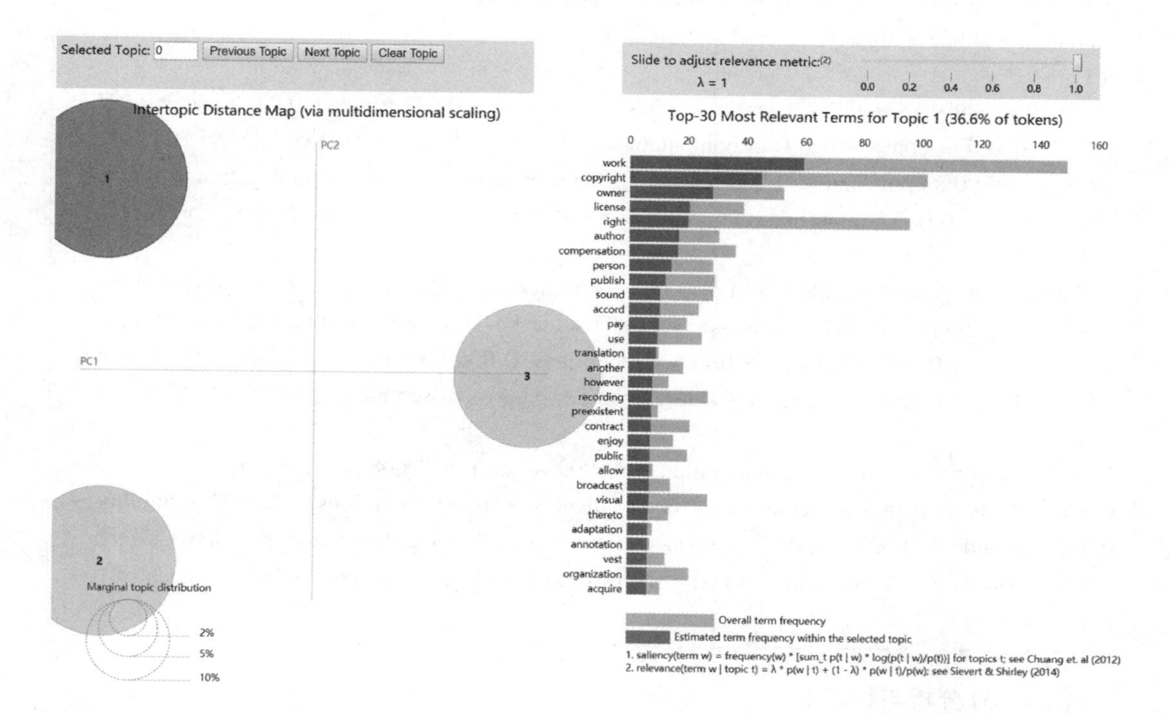

【(4－2)分析与讨论】

LDA 模型的主题数设置系采用 LSI 模型的数字 3。从提取结果看，每个主题除了含有 work 和 right 两词外,还含有 copyright 和 compensation 两词,也都符合整部《中华人民共和国著作权法》的主题理念。第 0 个主题含有 person、organization、public、publish,说明其主题涉及个人或机构的公开出版或发表作品事宜。第 1 个主题含有 license、author、publish,可理解为作者发表作品的权利许可,但第 2 个主题与前两个似乎重叠,较难概述其主题。究其原因,可能主题数设置过少之故,因为设置过少可能会把语义不相关的内容合并到所谓的嵌合主题之中。这似乎说明不同模型的主题数设置应予区别对待,调节出最佳主题数才是关键。对于不甚熟悉的内容的主题建模,是个挑战。与 LSI 模型一样,LDA 模型也未能列出涉及人身权或财产权的主题。这可能与文本词数过少有关。

LDA 模型提取结果的上述可视化图形更为直观地呈现了三个主题的词分布情况。

【(4-3)提取结果——HDP 模型】

```
[(0,
  '0.009 * cinematographic + 0.009 * throughout + 0.008 * iii + 0.008 * science + 0.007 * period + 0.007 * safeguard + 0.006 * calendar + 0.006 * authorize + 0.006 * obtain + 0.006 * fiftieth + 0.006 * station + 0.006 * project + 0.005 * depend + 0.005 * protect + 0.005 * provision + 0.005 * computation + 0.005 * government + 0.005 * stipulation + 0.005 * guarantee + 0.005 * must'),
 (1,
  '0.009 * publishers + 0.008 * action + 0.007 * possession + 0.007 * june + 0.007 * use + 0.007 * apply + 0.007 * copy + 0.007 * computation + 0.007 * datum + 0.006 * latter + 0.006 * separate + 0.006 * pursuant + 0.006 * set + 0.006 * organizer + 0.006 * propagation + 0.006 * municipality + 0.006 * relate + 0.006 * copying + 0.005 * concrete + 0.005 * provision'),
 (2,
  '0.009 * ascertain + 0.008 * lend + 0.008 * photograph + 0.007 * person + 0.007 * study + 0.007 * remediless + 0.007 * annotator + 0.007 * teacher + 0.007 * rights + 0.007 * follow + 0.006 * radio + 0.006 * transfer + 0.006 * mention + 0.006 * indicate + 0.006 * registration + 0.006 * short + 0.006 * promote + 0.006 * owner + 0.006 * disseminate + 0.006 * fulfil'),
 (3,
  '0.013 * copy + 0.011 * dissemination + 0.009 * point + 0.008 * subject + 0.008 * die + 0.008 * create + 0.008 * formula + 0.008 * display + 0.007 * serious + 0.007 * liability + 0.007 * include + 0.007 * restrict + 0.007 * license + 0.006 * performance + 0.006 * sketch + 0.006 * priority + 0.006 * vest + 0.006 * responsibility + 0.006 * delivery + 0.006 * penalty'),
…]
```

【(4-3)分析与讨论】

HDP 模型是非参数的主题模型,建模时无须设置主题数(Srinivasa-Desikan 2020:105)。这一模型每次呈现的主题数为 20,但经下述代码验证,每个主题几乎都不包含

《中华人民共和国著作权法》的关键词如 work、copyright、author、right 等。这明显有别于 LSI 模型和 LDA 模型的词分布。换一个角度看,每一个主题同等含有的词汇的确可不纳入其中,这对熟悉文本的操作是可行的。对于不熟悉的文本,恐怕会误导主题分析。再看 HDP 模型提取结果,也是较难进行归纳总结。(此处分析仅限于本小节个案,有待更多尝试才能解决技术应用问题。)

```
itemList = []
for no, item in hdp_model.show_topics():
    for word in ['work', 'copyright', 'author', 'owner', 'right']:
        if word in item:
            itemList.append(item)
```

2)语料库文件主题提取

本小节代码基本与上一小节的相同,稍有不同的是语料库文件数量多,使得本小节采用纯文本语料库阅读器方式(from nltk.corpus import PlaintextCorpusReader)读取文件。同时增加了过程保存和读取环节(Excel 格式数据),因语料库为 148 万词,使用 spaCy 词形还原功能须耗费较长时间,存取操作仅出于后续操作可节省时间的考虑。

(1-2)保存数据

```
import pandas as pd
df1 = pd.DataFrame(data = paraList1)
writer = pd.ExcelWriter(r'D:\Python_model\274部经sapcy词形还原_段落列表.xlsx')
df1.to_excel(writer, header = None, index = None)#
writer.save()
```

(1-3)读取数据

```
import pandas as pd
Location = r'D:\Python_model\274部经sapcy词形还原_段落列表.xlsx'
df = pd.read_excel(Location, header = None)
paraList1 = list(df[0])
```

【(4-1)提取结果——LSI 模型】

```
0    0.400*"people" + 0.329*"law" + 0.311*"department" + 0.270*"state" + 0.265*
     "government" + 0.240*"administrative" + 0.160*"level" + 0.152*"council" +
     0.133*"accordance" + 0.125*"provision"
```

```
1 -0.532 * "people" + 0.380 * "law" + -0.291 * "government" + -0.172 * "level" + 0.156 * "criminal" + 0.151 * "person" + 0.151 * "provision" + -0.132 * "congress" + 0.123 * "year" + 0.118 * "fine"

2 0.457 * "state" + 0.396 * "department" + -0.382 * "people" + -0.333 * "law" + 0.318 * "council" + -0.127 * "china" + -0.117 * "congress" + -0.114 * "republic" + -0.111 * "court" + -0.108 * "criminal"

3 -0.399 * "law" + 0.394 * "year" + 0.307 * "imprisonment" + 0.302 * "sentence" + 0.289 * "term" + 0.271 * "fix" + 0.200 * "fine" + 0.167 * "yuan" + 0.144 * "three" + 0.143 * "serious"

4 -0.554 * "state" + 0.340 * "government" + 0.284 * "administrative" + -0.244 * "council" + 0.230 * "department" + -0.201 * "china" + -0.184 * "people" + 0.170 * "level" + -0.159 * "republic" + 0.141 * "directly"

5 -0.289 * "law" + -0.254 * "region" + 0.223 * "time" + 0.193 * "level" + -0.190 * "administrative" + 0.185 * "yuan" + -0.179 * "autonomous" + 0.173 * "unit" + -0.172 * "government" + -0.172 * "central"

6 0.436 * "administrative" + 0.329 * "department" + -0.299 * "government" + -0.255 * "right" + -0.208 * "person" + -0.176 * "directly" + -0.167 * "land" + -0.154 * "contract" + -0.152 * "unit" + -0.151 * "autonomous"
```

【分析与讨论】

所用语料库由 274 部中国法律英译本构成,为操作方便,将主题数设置为 274,因每一法律均有自身的主题。从上一小节看,实际可设置的主题数也可定为 274 * 3 = 822,因每一部法律的平均词数近 6 000(274 部共计 158 万词)。但从上述 274 个主题看,主题-词分布较为显著,以第 3 个主题为例,含有 year、imprisonment、sentence、term、fine、serious 等词,说明这一主题涉及法院判决处以何种刑罚事宜。本小节语料主题建模证明,语料库数量较大所得出的主题-词分布,易于解读词分布所能呈现的主题现象。由此可以联想,语料库库容规模始终是一个问题,很少有相关研究涉及,这不利于库容规模的科学性设置。实际上,也有不少技术列出可适用的最低词数,如前述章节的信息贡献度主题词提取方法,最少词数要求是 2 000 多词,也有(Editorial 2013)设置了 LDA 模型应用的最少语料库库容为 50 万词的。

9.2.2 Sklearn 主题建模方法

1) 单个词主题提取

Sklearn 方法的文本读取、分句分词、数据清洗三阶段均与 9.2.1 节"Gensim 主题建模方法”中的“1)单个文件主题提取”的第(1)(2)(3)环节相同。本小节增加“(4)数据格式转换”环节,因为 sklearn 方法所需格式有别于 gensim 的。具体代码如下:

(1) 数据格式转换

```
sentList3 = []
for line in sentList2:
    lineString = " ".join(line)
    sentList3.append(lineString)
```

(2) 特征词设置

```
from sklearn.feature_extraction.text import CountVectorizer
cv = CountVectorizer()
cv_matrix = cv.fit_transform(sentList3)
vocabList = cv.get_feature_names() ①
```

(3) 主题数设置

```
import pandas as pd
from sklearn.decomposition import LatentDirichletAllocation
lda = LatentDirichletAllocation(n_components = 3) ②
lda_matrix = lda.fit_transform(cv_matrix)
```

(4) 输出主题-词分布

```
for weights in lda.components_:
    topic = [(token, round(weight, 4)) for token, weight in zip(vocabList, weights)] ③
    topic = sorted(topic, key=lambda x: -x[1]) ④
    topic = [(num, item) for num, item in enumerate(topic) if num < 10] ⑤
    topicList = []
    for num, line in topic:
        topicList.append(line)
    print(topicList, '\n')
```

【提取结果】

```
[('work', 93.2753), ('right', 86.5312), ('copyright', 55.727), ('law', 46.8975), ('owner', 40.4967), ('sound', 31.3082), ('license', 30.7123), ('recording', 29.3033), ('visual', 29.3033), ('compensation', 29.1236)]
[('copyright', 39.425), ('work', 29.8459), ('people', 16.3018), ('party', 15.3829), ('act', 15.2998), ('method', 15.0714), ('production', 14.2886), ('film', 14.2787), ('infringement', 13.8499), ('right', 13.7287)]
```

```
[('work', 51.8788), ('copyright', 23.848), ('use', 12.3444), ('arrangement', 11.3311),
('preexistent', 11.3311), ('translation', 11.3233), ('publish', 10.0618), ('license', 9.9304),
('right', 9.7401), ('adaptation', 9.3209)]
```

【上述代码的关键代码行】

① vocabList = cv.get_feature_names()——提取特征词,即所涉文本用于主题建模的类符;

② lda = LatentDirichletAllocation(n_components = 3)——设置主题数;

③ topic = [(token, round(weight, 4)) for token, weight in zip(vocabList, weights)]——将特征词与概率权重组合成元组列表结构;

④ topic = sorted(topic, key=lambda x: -x[1])——为每个主题按概率权重从大到小排序;

⑤ topic = [(num, item) for num, item in enumerate(topic) if num < 10]——每个主题选取概率权重排位前 10 的词。

【分析与讨论】

从提取结果看,每个主题均含有 work、copyright、right 三词,符合整部《中华人民共和国著作权法》的主题理念。第 1 个主题含有 sound、license、recording、visual,以音像制品版权许可作为标识。第 2 个主题含有 act、method、production、film、infringement,以电影设置侵权行为作为主题。第 3 个主题含有 use、arrangement、translation、publish、license,以翻译出版许可的安排与使用作为主题。将主题数设置为 4,得出下述主题仍然明晰的主题-词分布:

```
[('work', 95.0619), ('copyright', 70.4944), ('owner', 48.8156), ('license', 37.3189),
('right', 32.7885), ('compensation', 31.8032), ('author', 20.9186), ('pay', 20.5286),
('sound', 19.9604), ('use', 18.6366)]
[('work', 61.1333), ('right', 47.6567), ('publish', 23.2767), ('publication', 19.1631),
('year', 18.5525), ('television', 18.2393), ('publisher', 18.2387), ('radio', 17.2402),
('station', 17.2381), ('method', 15.2361)]
[('copyright', 38.274), ('right', 28.304), ('law', 26.1615), ('person', 25.9044),
('organization', 24.2444), ('legal', 18.2445), ('people', 16.2379), ('act', 14.251), ('work',
13.4421), ('infringement', 13.2536)]
[('copyright', 9.972), ('state', 8.0687), ('council', 7.2461), ('department', 6.1727),
('administration', 5.89), ('contract', 5.4226), ('work', 5.3628), ('party', 4.3935),
('standard', 4.2491), ('law', 4.2341)]
```

鉴于此,可以说 sklearn 方法 LDA 模型针对小文本的主题建模效果相较于 gensim 方法的 LSI 模型和 LDA 模型更优。所呈现的词分布具有更深层次的词汇共享,具有更强的解释力和说服力。

2）多连词主题提取

本小节代码与上一小节的相同，唯有多连词设置环节不同，即经过 CountVectorizer(ngram_range = (2, 2))设置，可以获取以二连词构成的主题-多连词分布。

【提取结果】

```
[('person organization', 10.2735), ('copyright owner', 9.2566), ('publish work', 7.2751), ('legal person', 7.2618), ('copyright administration', 7.2557), ('relate right', 6.2631), ('copyright relate', 6.2623), ('act infringement', 4.2655), ('owner copyright', 4.2519), ('right owner', 4.2501)]
[('work create', 14.6573), ('term protection', 13.1164), ('film production', 12.2334), ('analogous method', 11.2326), ('method film', 11.2326), ('protection right', 9.2435), ('work work', 9.2354), ('cinematographic work', 9.2283), ('create virtue', 9.2283), ('virtue analogous', 9.2283)]
[('copyright owner', 7.9528), ('legal person', 5.2614), ('person organization', 5.2574), ('enjoy copyright', 4.2632), ('computer software', 4.1011), ('copyright law', 3.2674), ('copyright work', 3.2564), ('course employment', 3.2563), ('produce course', 3.2563), ('work vest', 3.2553)]
[('copyright owner', 30.5374), ('sound visual', 21.0422), ('visual recording', 20.9413), ('license copyright', 19.2441), ('pay compensation', 15.1793), ('compensation thereto', 14.2481), ('acquire license', 12.2458), ('recording product', 11.2522), ('work another', 9.2385), ('owner pay', 8.2472)]
```

【分析与讨论】

从提取结果看，第 1 个主题为版权所有人及其权利义务；第 2 个为电影作品保护；第 3 个为个人享有的权利；第 4 个为音像制品许可。多连词分布显示具有很强的解释力，所构成的意义层次更明晰。但某些多连词显示无意义，这是数据清洗导致其搭配不完整的结果。简便的解决方案是选出更多的多连词，删除无效的。

将多连词设置为 ngram_range = (2, 3)的提取结果也非常有效，即同时提取二连词和三连词。其中的 legal person organization、copyright relate right、license copyright owner 等都是合理的提取结果。也有部分结果如纯粹的二连词那样是无意义的。由此发现多连词提取过程中的数据清洗时间安排问题，即提取主题-多连词分布的数据清洗应该在提取结果之后进行可能更好，但其中的词形还原例外。

```
[('person organization', 14.3305), ('copyright owner', 13.4692), ('legal person', 11.3147), ('legal person organization', 11.3147), ('preexistent work', 9.2598), ('adaptation translation',
```

```
8.3308), ('adaptation translation annotation', 8.3308), ('translation annotation', 8.3308),
('annotation arrangement', 7.3305), ('derive adaptation', 7.3305)]
[('copyright owner', 14.4449), ('copyright relate', 12.387), ('copyright relate right',
12.3715), ('relate right', 12.3715), ('copyright administration', 10.3338), ('right owner',
8.3485), ('radio television', 7.8326), ('people court', 7.3559), ('copyright owner
copyright', 6.3332), ('owner copyright', 6.3332)]
[('visual recording', 23.0457), ('copyright owner', 20.0858), ('sound visual recording',
18.1084), ('sound visual', 17.9164), ('compensation thereto', 14.3018), ('pay compensation
thereto', 14.3018), ('pay compensation', 13.7832), ('term protection', 11.8065), ('license
copyright', 11.7932), ('license copyright owner', 11.7932)]
```

9.2.3　中文主题模型方法

虽然 9.2.1 节和 9.2.2 节方法不受语言限制，亦可应用于中文主题建模，本节将介绍一种无须分词直接呈现文本主题词分布的方法即百度的 Familia（参见网页“https://github.com/baidu/Familia”）。

（1）加载模型

```
import paddlehub as hub
lda_model = hub.Module(name="lda_news")
```

（2）主题词提取

```
path = r'D:\...\Chinese copyright law (2010-04-26)_chn.txt'
text = open(path, encoding='UTF-8-sig').read()
result = lda_model.cal_doc_keywords_similarity(text, top_k = 20)
```

（3）数据格式转换

```
itemList = []
for item in result:
    for w_s, realItem in item.items():
        itemList.append(realItem)
wordList = []
valueList = []
for i in range(0, len(itemList), 2):
    wordList.append(itemList[i])
    valueList.append(itemList[i+1])
combine = list(zip(wordList, valueList))
```

【提取结果】

```
[('授权', 0.023378966705773996),
 ('作品', 0.022752033306624286),
 ('版权', 0.015694964548806263),
 ('摄影', 0.01508421618988417),
 ('权利', 0.014977847255749712),
 ('组织', 0.013926958281141667),
 ('合同', 0.013558751151384784),
 ('侵权', 0.012922954654364516),
 ('支付', 0.010304594096313164),
 ('义务', 0.009439519861132326),
 ('保护', 0.008994961515606099),
 ('法律', 0.00768982653588698),
 ('出版', 0.007681757941829945),
 ('删除', 0.007604261298220257),
 ('内容', 0.007124867972210151),
 ('网络', 0.006745120324056706),
 ('侵犯', 0.006605045801130548 5),
 ('作者', 0.006032024870603033),
 ('文章', 0.005786837394044304),
 ('电影', 0.005769254261052262)]
```

【分析与讨论】

提取结果显示,《中华人民共和国著作权法》的主要概念均已包含在前 20 之内,如作品、版权、权利、作者、法律、保护、出版等。唯一例外的是“著作权”一词位列第 39。分析《中华人民共和国著作权法》原文发现,著作权一词出现 108 次(涵盖著作权人在内),且较为均匀地分布在每一个章节内。正如一些在每一章节均有分布的常用词是很难提取为排序在前的关键主题词一样,著作权一词出现在 39 位也许就是这个原因。“版权”一词排序非常靠前,而且仅出现一次,其他两次为“出版权”,可能是分词有误,导致相距较远的不同段落出现三次“版权”。这也许就是“版权”一词排序第 3 的原因。

采用本法对《中华人民共和国著作权法》英译本进行主题词提取,结果发现效果不佳,这一点可说明这是一款适宜于处理中文的工具。又与信息贡献度方法比较(提取结果如下),两者的最大区别是著作权和版权。从《中华人民共和国著作权法》本身所设定的“著作权”概念意义看,信息贡献度方法更胜一筹。

```
作品        80.205 25
报酬        77.998 46
```

著作权	73.845 37
支付	69.877 84
人民法院	56.298 51
法人	53.929 61
应当	53.597 68
组织	50.306 25
图书	50.256 38
许可	50.189 6
使用	49.489 06
发表	47.306 47
著作权人	46.526 94
取得	43.572 21
制品	43.236 45
录音	40.256 1
权	38.643 73
作者	37.972 85
已经	36.308 07
录像	33.254 61

本小节所呈现的是一种主题词嵌入(topical word embeddings — TWE)技术(Liu *et al*. 2015),其利用潜在主题模型为文本语料库中的每一个词匹配主题。由此获得上下文词嵌入(contextual word embeddings),弥补了每一个词仅用单一向量表征的常规潜在主题模型的不足,因此可用于度量具有上下文语境的词汇相似性。

9.3 主题建模实现路径

本节以学术文本、新闻文本、法律法条文本为主体建模的语料,旨在探索主题建模方法对不同体裁的适用性。这种适用性不仅体现为语料的区别,也表现在不同主题建模技术的应用上。如何实现不同体裁语料和不同主题建模技术的有效结合,是主题建模应用的关键。本节将以三个案例说明这种结合的实际意义和作用。

9.3.1 话语分析中的主题建模适用性

郇昌鹏和管新潮(Huan & Guan 2020)运用文献计量分析方法对 1978 至 2018 年间话语分析领域的九种 SSCI 期刊(*Critical Discourse Studies*、*Discourse & Communication*、*Discourse Context & Media*、*Discourse Processes*、*Discourse & Society*、*Discourse Studies*、

Journal of Language and Politics、*Social Semiotics*、*Text & Talk*)所发表的话语分析学术论文摘要展开历时性主题演变研究(论文研究内容之一)。为揭示主题演变趋势,将语料文本分为两部分,即 1978 至 2008 年的 301 413 个形符和 2009 至 2018 年的 411 899 个形符。研究结果得出 corpus linguistics、digital conversation analysis、discursive news values approach、membership categorization analysis、multimodal analysis、social media 等主题目前正受到极大的关注,发表的论文主要集中于此。识别这些最频繁涉及主题的过程如下:

- 加载 NLTK 包的 pos_tag 和 WordNetLemmatizer 模块就摘要文本进行词性标注和词形还原处理;
- 加载 NLTK 的 ngrams 模块全额提取整 40 年语料文本的多连词(最大为四连词),同时加载 spaCy 的 noun_chunks 模块仅提取名词短语用于对比验证;
- 数据清洗,如剔除以冠词、介词、代词、情态动词或动词为结尾的多连词;
- 单个词和二连词的最低采用频率为 15,三四连词则为 5,提取结果为 2 039 个;
- 手工比对 2 039 个结果,最后保留 211 个;
- 以对数似然值和贝叶斯值确定主题变化是否显著,并结合话语分析具体语境展开主题演变讨论和分析。

这是一种最近发展的识别研究学术主题演变趋势的有效方法之一(如 Lei & Liu 2018),其应用前提之一是研究者对该领域(如本案例中的话语分析领域)非常熟悉,了解具体词汇所代表的话语分析概念。如话语分析的前沿研究焦点体现为 social media、online news、broadcast news、multimodal discourse analysis 这些概念的明显增加,从词汇搭配层面可以理解为话语分析研究焦点正从传统的印刷媒体和语言转变为新媒体话语和多模态资源。由此可见,词汇所表征的研究主题最终还须借助专家知识进行识别,那么本章所讲述的主题建模方式是否可助力于这一主题的确定呢?

基于 9.2 节主题建模工具的对比结果,本案例采用 sklearn 主题建模方法,具体代码参见 9.2.2 节“Sklearn 主题建模方法”。

【提取结果(单个词)】

```
[('analysis', 363.2404), ('discourse', 279.9339), ('study', 217.4285), ('linguistic',
214.3664), ('social', 172.6571), ('use', 151.5036), ('language', 125.2412), ('approach',
115.6243), ('critical', 114.0855), ('discursive', 99.4848)]
[('analysis', 128.1363), ('action', 103.9223), ('show', 103.9214), ('speaker', 85.7614),
('use', 81.4397), ('political', 75.1039), ('student', 71.7699), ('turn', 68.8216), ('work',
65.1315), ('participant', 64.5451)]
```

```
[('discourse', 247.2414), ('analysis', 168.0924), ('study', 150.5404), ('social', 129.9862), ('medium', 103.4883), ('practice', 86.4007), ('make', 85.1785), ('use', 73.4847), ('research', 70.7005), ('process', 69.8291)]
[('use', 168.5091), ('show', 132.1377), ('social', 116.0631), ('political', 91.8131), ('identity', 89.0256), ('public', 76.468), ('medium', 74.7475), ('response', 65.9378), ('way', 65.6214), ('people', 59.4765)]
[('discourse', 583.0273), ('analysis', 329.6847), ('use', 261.6344), ('examine', 195.7853), ('paper', 190.6049), ('language', 184.8707), ('approach', 161.6888), ('critical', 159.5215), ('political', 159.4699), ('practice', 156.996)]
[('use', 103.9647), ('present', 73.1055), ('research', 72.9097), ('medium', 65.2996), ('show', 64.5949), ('paper', 62.3278), ('finding', 62.1815), ('discourse', 60.5477), ('social', 57.7207), ('also', 52.9971)]
[('study', 180.6342), ('news', 178.0206), ('text', 140.3679), ('use', 138.6506), ('social', 114.0556), ('discourse', 113.8516), ('two', 101.2995), ('image', 88.0663), ('medium', 85.8534), ('type', 68.8473)]
[('knowledge', 117.9573), ('discourse', 113.4707), ('news', 82.5955), ('participant', 81.7157), ('value', 74.4428), ('also', 67.1586), ('report', 66.7386), ('claim', 61.7195), ('student', 61.1126), ('text', 59.9371)]
[('use', 133.5933), ('study', 132.2594), ('read', 122.7618), ('text', 120.1278), ('experiment', 89.5538), ('processing', 86.0896), ('task', 84.8178), ('comprehension', 83.2471), ('reading', 80.6019), ('reader', 79.2608)]
[('analysis', 149.264), ('study', 144.28), ('datum', 116.9817), ('draw', 78.4397), ('interaction', 75.292), ('discourse', 74.5172), ('use', 73.7268), ('identity', 69.9964), ('present', 65.5081), ('paper', 62.3584)]
```

【提取结果(多连词)】

```
[('social medium', 24.1001), ('discourse analysis', 21.1107), ('critical discourse', 17.0999), ('critical discourse analysis', 13.0999), ('analysis reveal', 11.1001), ('case study', 10.1), ('present study', 8.1), ('study examine', 8.1), ('discourse studies', 8.0999), ('analysis show', 7.1)]
[('discourse analysis', 30.1), ('critical discourse', 21.1), ('critical discourse analysis', 18.1), ('conversation analytic', 9.1), ('study examine', 9.1), ('case study', 8.1), ('paper examine', 8.1), ('result show', 8.1), ('conversation analysis', 8.0884), ('digital medium', 7.1)]
[('discourse analysis', 23.1), ('study examine', 13.1001), ('critical discourse', 12.6427), ('analysis show', 10.1), ('result show', 10.1), ('conversation analysis', 9.1), ('critical discourse analysis', 9.1), ('social medium', 9.1), ('discourse study', 7.1), ('united states', 7.1)]
[('discourse analysis', 29.0892), ('critical discourse', 24.1), ('social medium', 17.1), ('critical discourse analysis', 12.1), ('result show', 11.1), ('study examine', 10.1), ('paper examine', 9.1), ('one hand', 8.1), ('study contribute', 7.1001), ('discursive strategy', 7.1)]
```

```
[('discourse analysis', 47.1001), ('critical discourse', 33.1001), ('critical discourse analysis', 29.1001), ('social medium', 13.0694), ('analysis cda', 10.1), ('critical discourse analysis cda', 10.1), ('discourse analysis cda', 10.1), ('political discourse', 7.1), ('study examine', 7.1), ('conversation analytic', 6.1)]
[('discourse analysis', 32.1), ('critical discourse', 27.1), ('critical discourse analysis', 15.1), ('case study', 10.1), ('conversation analysis', 9.1), ('discourse study', 9.1), ('language use', 9.1), ('public sphere', 8.1001), ('discursive strategy', 8.1), ('analysis show', 7.1)]
[('discourse analysis', 22.1), ('conversation analysis', 13.1001), ('analysis show', 12.1), ('critical discourse', 12.1), ('social medium', 10.1), ('critical discourse analysis', 8.1), ('paper examine', 8.1), ('paper explore', 8.1), ('analysis reveal', 7.1), ('news value', 7.1)]
[('critical discourse', 30.1001), ('discourse analysis', 29.1), ('critical discourse analysis', 23.1001), ('social medium', 18.1), ('conversation analysis', 10.1), ('analysis show', 8.1), ('result show', 8.1), ('case study', 7.1), ('paper examine', 7.1), ('political economy', 7.1)]
[('discourse analysis', 20.1), ('social medium', 13.1), ('critical discourse', 11.1), ('analysis reveal', 9.1), ('case study', 7.1), ('news story', 7.1), ('study focus', 6.1001), ('analysis show', 6.1), ('climate change', 6.1), ('conversation analysis', 6.1)]
[('discourse analysis', 39.1001), ('critical discourse', 28.5573), ('critical discourse analysis', 24.1001), ('climate change', 11.1001), ('social medium', 10.1306), ('conversation analysis', 9.1), ('discourse historical', 9.1), ('result show', 9.1), ('social semiotic', 8.1825), ('discourse historical approach', 8.1)]
```

【分析与讨论】

借助 sklearn 主题建模方法进行了不同主题数的建模(主题数设定为 10 的两种提取结果见上),始终出现的问题是各个主题颇多类似,较难归纳出主题名称。即便归纳出相应的名称,也难以定义论文所呈现的相应主题。如单个词提取结果的第 3 和 4 个主题,其富有主题特色的词汇分别是 social、medium、practice 和 social、political、identity、public、medium、response、people。将第 3 个主题设置为 social medium,与论文相符,但第 4 个主题又该如何定义呢?其实还是可以归类为 social medium,只不过可进一步分类,但这是下一层次的分类,如 public response 等。因此可以断言这两个主题不在同一个层面上,或者说第 4 个主题从属于第 3 个主题。又以多连词提取结果为例,各个主题频繁出现 discourse analysis、critical discourse analysis、climate change、social medium、conversation analysis 等,同时有的主题也出现个性化搭配词如 political economy、news value、political discourse、digital medium。仅以个性化搭配词来确定主题内容,似乎缺少些研究的科学性,因为一个主题应该是以一类词或搭配构成的。从提取结果整体看,此类话语分析主题建模所出现的问题如下:

- 单一主题内的很多单个词不易构成一个主题；
- 构成主题的词汇在不同主题之间有过多重复；
- 多连词主题效果似乎优于单个词的；
- 主题数难以设定，以专家知识主导似乎也是如此；
- 一个多连词主题中的某一个搭配本身亦可构成一个研究主题，如上述的个性化搭配词组。

上述问题表明，主题建模方法的学术文本话语分析应用似乎还需要更多的磨合。或是比对不同主题建模模型的建模成效，或是结合其他技术体现主题建模的相应主题。由此可提出一个问题：主题建模方法有其最佳应用模式吗？为尝试回答这一问题，请参见下述新闻话语分析语料的主题建模结果。

【提取结果(新闻语料)】

```
[('say', 137.7277), ('coal', 91.5689), ('china', 73.0455), ('would', 60.4767), ('ore', 56.69), ('new', 53.6637), ('price', 53.5819), ('australian', 53.5277), ('year', 50.7055), ('iron', 50.0652)]
[('say', 138.6817), ('china', 86.9331), ('would', 69.5245), ('us', 62.4678), ('go', 49.4774), ('india', 47.2371), ('new', 46.4304), ('business', 39.9707), ('rudd', 36.8249), ('well', 36.5135)]
[('one', 77.9823), ('see', 71.1444), ('go', 57.897), ('tell', 38.5315), ('day', 36.8335), ('story', 33.439), ('time', 33.1319), ('phone', 27.4544), ('still', 26.3569), ('may', 26.3242)]
[('year', 53.5477), ('say', 52.2908), ('make', 51.3765), ('australia', 30.6805), ('work', 27.9915), ('australian', 27.1521), ('one', 26.3605), ('big', 23.9396), ('sports', 23.1), ('last', 21.4485)]
[('john', 268.0999), ('herald', 267.0999), ('sydney', 258.8601), ('first', 220.4711), ('fairfax', 199.1), ('morning', 196.1), ('limited', 192.1), ('copyright', 188.1), ('holdings', 188.1), ('smhh', 187.1)]
[('mr', 64.851), ('life', 55.7566), ('china', 50.1065), ('government', 45.0386), ('country', 30.5895), ('obama', 26.7242), ('us', 25.6872), ('well', 23.0563), ('make', 22.8467), ('global', 22.8446)]
[('per', 206.828), ('cent', 203.9014), ('china', 175.0234), ('million', 170.345), ('year', 150.3609), ('chinese', 148.5862), ('company', 147.032), ('say', 145.3747), ('australia', 140.4859), ('billion', 121.9134)]
[('north', 101.4401), ('australia', 87.5956), ('say', 83.5576), ('make', 71.8096), ('world', 71.4266), ('korea', 69.8326), ('china', 67.5872), ('year', 66.5693), ('pass', 63.7279), ('nuclear', 55.4455)]
[('say', 102.0164), ('mr', 88.5084), ('chinese', 65.5153), ('australia', 55.3766), ('bush', 54.974), ('australian', 51.2621), ('government', 49.9909), ('minister', 46.219), ('work', 45.3151), ('power', 44.2254)]
```

```
[('say', 142.9893), ('china', 115.4407), ('chinese', 93.0513), ('government', 73.8972), ('people', 58.9922), ('new', 58.5671), ('want', 40.9055), ('australia', 36.1451), ('turnbull', 31.8052), ('mr', 31.1535)]
```

【分析与讨论】

从提取结果看,相较于学术文本,新闻语料文本的主题建模名称定义似乎较为容易。如第 1 个主题可定义为中国澳大利亚之间的矿产价格;第 2 个主题为中国与印度之间的对比;第 4 个为澳大利亚体育,等等。但其中的第 3 个主题似乎难以概述。总体而言,对比显示新闻语料的主题建模应用似乎优于学术语料。从主题-词分布结构看,主题建模方法与语篇的词汇多样性有关。从表 9.3 可见,学术文本的词汇多样性低于新闻文本的,但要证明多少数值才是最适宜于哪一种主题建模模型的,则是另一个有待更多对比研究的主题。正如本章 9.1 节所述,主题建模应该是多种方法并存,对比之下方可把握哪一种模式最为适合。

表 9.3　不同语料文本的词汇多样性对比

	学 术 文 本	新 闻 文 本
词汇多样性（标准类符形符比）	0.462 462 601 190 019 86	0.488 719 334 938 944 6

表 9.4　已发表论文的部分主题

Keywords	Raw Freq. 1978–2008	Raw Freq. 2009–2018	LL（对数似然值和）	BIC（贝叶斯值）
Increase with positive evidence (BIC> 2)				
social media	0	126	138.38	124.91
critical discourse analysis/study/studies	85	327	86.14	72.67
multimodal discourse/multimodal discourse analysis	2	62	53.74	40.26
semiotic resource	2	44	35.32	21.84
discursive strategy	22	92	27.11	13.63
financial crisis	0	24	26.36	12.88
discourse-historical approach/discourse historical approach)	3	38	25.44	11.96
multimodal analysis	0	23	25.26	11.78

续 表

Keywords	Raw Freq. 1978-2008	Raw Freq. 2009-2018	LL（对数似然值和）	BIC（贝叶斯值）
epistemic stance	3	31	18.92	5.44
news value	3	29	17.11	3.63
political speech	3	29	17.11	3.63
climate change	6	38	17.02	3.54
semiotic approach	1	21	16.65	3.17
conceptual metaphor（theory）	10	48	16.62	3.14

9.3.2 文本主题差异性验证

本案例以中德两国著作权法作为比照对象，考察两部法律的文本主题构成差异性，同时用于验证主题建模方法的法律文本适用性。两部法律均以著作权为标题名称主要内容，而且德国是采取将精神权利和财产权利进行一体化保护的国家（王迁 2015：3），这一点与中国的著作权含有人身权和财产权相一致。因各自国家的历史发展差异，虽然中国法律采用的是大陆法系“著作权”这一名词，但其内涵明显有别于德国法律的“著作权”。这些差异也都体现为著作权的内涵与外延，如著作权赔偿问题（李秀芬，赵龙 2017）、电影作品著作权归属问题（欧阳君 2011）、公共图书馆著作权限制问题（贾小龙 2017）等。

两部法律去除标点符号后的形符数分别为[（德国，33 208），（中国，5 966）]；表征词汇多样性的标准类符形符比分别为[（德国，0.276 757 575 757 575 76），（中国，0.247 676 730 486 008 83）]；简单类符形符比分别为[（德国，0.057 111 631 537 861 04），（中国，0.116 921 993 308 681 11）]。对比两部法律的简单类符形符比，这是符合人工判断的，即文本越长这一数值越低。所用文本均为两部法律的英译文，与原文具有高度的对等性。由于中国著作权法仅包含著作权主体内容，其字数相对较少，而德国著作权法涵盖面较广，词数相对多一些，其所涉主题内容也更多，这一点已体现为标准类符形符的差异。

按信息贡献度提取前 25 个主题词，界定标准为中国著作权法的第 24 和 25 个分别为 copyright 和 china 两词，德国著作权法也按此词数标准列出，尽管德国的 copyright 一词位列第 39 位（信息贡献度为 14.402 66）。

【提取结果——信息贡献度】

中国著作权法		德国著作权法	
work	78.533 24	right	68.405 47
license	57.647 59	protection	49.787 49
compensation	56.708 79	public	48.122 98
people	42.294 5	author	44.397 58
organization	40.230 36	work	43.367 03
pay	39.955 43	national	41.854 27
vest	39.259 17	performer	38.733 6
court	39.143 96	database	37.514 35
right	39.009 54	party	37.401 74
infringement	38.895 65	medium	37.258 81
act	37.874 44	use	36.711 68
publisher	35.918 83	audio	32.083 38
sound	34.702 37	program	31.921 18
book	34.258 63	remuneration	31.672 56
owner	34.180 14	territory	27.042 18
visual	33.285 9	act	25.903 41
author	31.968 8	recording	25.141 15
publish	31.194 61	appliance	25.068 97
television	30.099 01	performance	24.959 03
person	29.821 4	agreement	23.930 66
public	29.438 33	apply	23.721 81
performance	28.329 1	injure	22.739 89
copyright	27.239 22	term	22.297 74
china	27.029 22	producer	21.705 39

【分析与讨论】

两个版本的前 25 个主题词仅有三个相同即 work、right、author，说明两部法律诚如法律名称所述其最重要的主题概念即作品、作者、权利三者是相通的，其他概念都是围绕此三者而发生（两个版本均有 act 一词，中国版为“行为”，德国版为“本法”和“行为”两个义项）。这一点也体现在著作权法的法律文本标题上，德国版的完整名称为《德国著作权与邻接权法》，中国版的为《中华人民共和国著作权法》。中国版以著作权主体内容为主，而德国版涵盖相关邻接权，这也是不同版本字词数差异的原因所在。德国版的 database（数据库）和 program（软件）两词所体现的是有别于纸质版的电子形式作品；中国版所用软件一词是 software，但也未进入前 25 排位，这与《计算机软件保护条例》单列有关。直接涉及法院内容的，中国版含有 license、court、infringement、copyright，德国版含有 protection、territory、agreement、injure、term，说明两者互有所侧重，重在法院的法律保护；中国版的 sound、visual 以及德国版的 audio、medium，都说明音像制品的主题重要性。所以,列入前25位的主题词比较说明,两部法律的主题差异性非常显著,体现为诸多不同子概念的区别。

两部法律按主题建模方式所呈现的主题如下,系采用 sklearn 模块设置主题数为 10 进行的。

【提取结果——中国版主题数】

```
1[('work', 15.0641), ('publish', 15.0246), ('publisher', 14.0055), ('book', 12.1), ('copyright', 10.8032), ('magazine', 9.1), ('owner', 8.8965), ('publication', 7.7637), ('license', 6.4739), ('newspaper', 6.1)]
2[('work', 41.345), ('license', 29.3655), ('sound', 26.0097), ('visual', 25.1), ('recording', 23.1), ('owner', 22.8837), ('compensation', 21.7478), ('copyright', 21.614), ('product', 14.9972), ('performance', 14.1001)]
3[('work', 24.3007), ('law', 17.5416), ('copyright', 14.5022), ('author', 13.9373), ('compensation', 10.0576), ('china', 8.1), ('person', 7.4609), ('enjoy', 6.887), ('contract', 6.8603), ('provision', 6.1)]
4[('work', 37.3991), ('right', 23.4109), ('year', 19.0627), ('person', 16.4683), ('law', 16.4557), ('organization', 14.8195), ('protection', 11.9175), ('term', 11.9008), ('legal', 11.5487), ('paragraph', 10.8051)]
5[('work', 6.8914), ('measure', 6.1), ('author', 5.7571), ('right', 5.4502), ('council', 4.1001), ('state', 4.1001), ('chapter', 4.1), ('court', 3.1), ('formulate', 3.1), ('separately', 3.1)]
6[('radio', 12.1), ('television', 11.8197), ('broadcast', 10.3478), ('station', 6.5884), ('work', 6.3203), ('publish', 5.9707), ('another', 4.1163), ('magazine', 4.1), ('newspaper', 4.1), ('allow', 3.9648)]
7[('right', 33.003), ('law', 10.5562), ('work', 8.2172), ('station', 8.1), ('recording', 6.1), ('member', 5.1), ('performer', 5.1), ('radio', 5.1), ('television', 5.1), ('authorship', 4.1)]
8[('copyright', 15.3557), ('right', 11.6962), ('work', 10.7965), ('owner', 8.573), ('infringe', 6.1), ('court', 5.1), ('however', 5.1), ('people', 5.1), ('infringement', 5.0417), ('make', 4.5298)]
9[('copyright', 41.5657), ('work', 22.4466), ('right', 17.1538), ('owner', 12.0538), ('method', 9.386), ('party', 9.1), ('virtue', 8.3766), ('film', 8.352), ('production', 8.352), ('administration', 8.1)]
10[('act', 10.7001), ('infringement', 9.1583), ('circumstance', 4.1), ('responsibility', 4.1), ('public', 3.1001), ('confiscate', 3.1), ('demand', 3.1), ('depend', 3.1), ('commit', 2.5896), ('compensation', 2.4011)]
```

【提取结果——德国版主题数】

```
1[('work', 261.8971), ('public', 113.3527), ('reproduction', 57.891), ('database', 57.8665), ('make', 51.824), ('protect', 51.505), ('reproduce', 40.9815), ('available', 39.864), ('copy', 39.5391), ('permissible', 39.0182)]
```

```
2[('audio', 130.1329), ('recording', 108.1), ('right', 72.7575), ('medium', 70.5191),
('video', 64.1), ('public', 61.4652), ('year', 48.0171), ('performance', 46.6788),
('information', 41.2398), ('release', 41.211)]
3[('apply', 125.4827), ('accordingly', 76.0828), ('provision', 47.0515), ('sentence',
38.1498), ('right', 33.7437), ('society', 33.1), ('collect', 26.1), ('assert', 25.8371),
('contract', 22.577), ('claim', 18.6294)]
4[('author', 91.5815), ('work', 85.0941), ('use', 66.5376), ('remuneration', 49.7033),
('entitle', 37.3339), ('equitable', 33.3492), ('subsection', 24.1106), ('institution', 23.9897),
('manner', 22.6163), ('purpose', 20.5322)]
5[('party', 56.9053), ('act', 42.6372), ('program', 32.6449), ('injure', 32.1), ('person',
25.2393), ('infringement', 24.7244), ('copy', 24.6709), ('european', 23.9716),
('broadcast', 20.9623), ('court', 20.8139)]
6[('agreement', 45.565), ('remuneration', 42.6536), ('provision', 31.7064), ('subsection',
27.1849), ('author', 25.4329), ('joint', 24.6055), ('act', 23.0328), ('office', 18.9883),
('accordance', 17.4644), ('division', 16.9627)]
7[('sentence', 35.8266), ('case', 31.0613), ('pursuant', 29.4449), ('refer', 26.7769),
('subsection', 24.709), ('party', 21.2098), ('arbitration', 17.9163), ('right', 15.6627),
('proceeding', 14.9201), ('obligation', 14.1998)]
8[('service', 24.9593), ('person', 20.9518), ('cost', 20.4178), ('protection', 19.1464),
('right', 16.2726), ('grant', 13.6729), ('copyright', 13.2635), ('use', 12.9816), ('work',
12.9803), ('act', 12.8472)]
9[('right', 185.5076), ('use', 101.8069), ('grant', 73.9985), ('author', 73.1384), ('apply',
55.1244), ('protection', 45.6221), ('national', 43.2959), ('exclusive', 40.6848), ('territory',
38.4468), ('work', 37.2982)]
10[('work', 74.3446), ('use', 62.9388), ('author', 45.9803), ('right', 45.0049), ('party',
29.6325), ('performer', 28.4076), ('consent', 26.3036), ('remuneration', 25.0024), ('type',
23.9606), ('appliance', 20.7431)]
```

【分析与讨论】

中国版的十个主题：① 图书报刊的出版许可和版权；② 音像制品的生产许可和版权；③ 作者出版相关事宜如著作权、合同等；④ 个人或机构作品受保护年限；⑤ 国家规定的作者权利；⑥ 电视广播报刊发表或出版作品；⑦ 电视广播作品的法律权利；⑧ 著作权侵权与法院；⑨ 电影作品著作权管理；⑩ 侵权行为与责任。

德国版的十个主题：① 作品/数据的许可生产和保护；② 音像制品的发布媒介和信息；③ 合同权利主张；④ 作者作品与报酬；⑤ 伤害或侵权与法院；⑥ 政府管理机构和作者所面对的协议和报酬；⑦ 仲裁程序和义务；⑧ 版权授权与保护以及个人服务；⑨ 作者专有权保护范围；⑩ 作者和艺术表演人的权利和报酬。

中国版的十个主题虽都能体现著作权法的真实内容，但十个主题数似乎不能涵盖全部，德国版的更加如此（德国版只有第⑦个主题所涉词汇较难概述）。由此疑问“主题数设置过少可能会把语义不相关的内容合并到所谓的嵌合主题,而设置过多可能会导致相关内容分裂成单独的主题”,这可能与文本体裁相关,但至少上述主题均已明确表征了著作权法的具体内容,而与主题数设置关系不大。法律法条文本的特点在于每一条款都有明确而又特殊的意义,基本上可单独成文,尤其在判决之时。由此可作为法律法条文本主题数设置的参照标准,即参照法律条款数做合理设置。中国版的①与德国版的①主题相同,⑧与⑤主题相同,⑤与)⑥主题相似;其他主题均为有所差异。两个版本前十主题的突显内容均为版权许可、作者权利、法院行为,但所体现的具体主题表述各不相同,尤其是德国版的作品报酬异常突出,相比之下中国版前十主题并未提及报酬事宜。

上述分析说明本案例所用各种方法包括 sklearn 主题建模适宜于法律法条文本的主题差异性验证。

9.3.3 新闻文本历时主题演变

运用主题建模方法,就某一领域的历时性语料文本展开主题挖掘,以揭示其潜在的主题结构演变过程,由此分析随主题变化而产生的各种可能的影响和作用。如经济领域内的主题建模研究表明,自 1980 至 2010 年止以法律和经济类关键词所定义的研究主题已演变成诸多学术论文所关注的首要主题(Ambrosino *et al*. 2018)。新闻领域也理应如此,通过新闻文本的历时性主题建模,可揭示一种或多种媒体在不同时期报道热点的内容发展和主题演变特征。本章 9.3.1 节的新闻语料主题建模,已部分证实 sklearn 方法在新闻语料主题建模方面的有效性。故本节将以 2009 至 2019 年的历时性语料验证澳大利亚报纸 *Sydney Morning Herald*(《悉尼先驱晨报》)所发表的有关中国话题的演变过程。

主题建模分别选取 2009 年、2014 年、2019 年的报纸语料(以 China 和 Chinese 为关键词获取语料)。三个年度的新闻语料字符数分别为 161 811、109 635、140 265,仅结合这三个年份及其前后时间所发生的事件,可说明年度报道数字也预示着某些意义。2008 年爆发金融危机,此时的中国已在经济上发挥出更大作用,这有益于澳大利亚的经济发展,因此报道词数较多;2019 年的中澳关系因澳方原因停滞不前甚至是后退,双边关系的反向发展也会有较多的报道词数;2014 年双方关系正常发展,这反而少了些编写报道的理由。因此,本案例旨在通过主题建模方式尝试是否可以挖掘更为深刻的主题,如有关 2019 年中澳关系的主题描述等。主题建模提取结果如下:

【提取结果——2009 年】

```
[('change', 73.6762), ('company', 46.1061), ('climate', 43.7555), ('phone', 34.2528),
('china', 31.6822), ('see', 28.3865), ('million', 26.7279), ('group', 25.3542), ('new',
25.0901), ('work', 24.0865)]
```

```
[('pass', 53.0019), ('australia', 41.529), ('could', 40.3798), ('help', 28.6425),
('government', 27.0845), ('chinese', 23.1372), ('find', 22.3309), ('deal', 21.1298),
('look', 21.0955), ('use', 20.9269)]
[('china', 81.1365), ('new', 60.4183), ('coal', 46.5418), ('long', 42.8759), ('time',
34.0439), ('australia', 33.1056), ('australian', 29.6938), ('world', 28.8008), ('since',
28.0863), ('us', 26.7751)]
[('global', 60.0771), ('us', 49.6286), ('australian', 47.2335), ('financial', 40.3313),
('country', 39.7231), ('government', 37.6702), ('world', 36.9432), ('week', 36.1527),
('call', 35.7865), ('crisis', 32.925)]
[('china', 128.8321), ('rio', 124.3628), ('government', 105.5823), ('billion', 96.2755),
('chinese', 95.469), ('investment', 87.0792), ('market', 85.6987), ('australia', 83.0898),
('company', 83.0414), ('australian', 71.8206)]
[('old', 34.6953), ('good', 26.0587), ('two', 23.9194), ('family', 21.98), ('day',
21.6193), ('xinjiang', 20.5889), ('life', 20.3316), ('party', 19.1853), ('well', 18.613),
('single', 18.5521)]
[('china', 118.9413), ('world', 74.3134), ('government', 63.4474), ('rudd', 62.9994),
('australia', 48.9487), ('need', 47.3955), ('price', 47.0756), ('time', 41.7194), ('iron',
39.4431), ('ore', 38.7078)]
[('john', 268.1), ('herald', 257.4525), ('sydney', 252.7305), ('first', 234.0809), ('fairfax',
199.1), ('morning', 196.1), ('limited', 192.1), ('copyright', 188.1), ('holdings', 188.1),
('news', 149.8279)]
[('chinese', 154.5124), ('china', 146.8859), ('australia', 116.8714), ('hu', 91.0588),
('nuclear', 78.5346), ('state', 67.5432), ('economic', 67.3418), ('official', 64.9948),
('australian', 63.6248), ('security', 60.9216)]
[('people', 84.9954), ('new', 51.6841), ('see', 50.4271), ('china', 46.9868), ('want',
38.7858), ('australia', 36.433), ('know', 34.9427), ('time', 32.8826), ('country',
32.6145), ('really', 31.8001)]
```

【提取结果——2014 年】

```
[('australia', 58.2615), ('asia', 24.8896), ('new', 22.1146), ('million', 21.6301), ('much',
20.5227), ('australian', 19.5538), ('could', 19.4862), ('work', 18.4239), ('air', 18.2008),
('business', 17.9962)]
[('come', 21.348), ('take', 19.5255), ('market', 17.063), ('keep', 15.347), ('mean',
14.0269), ('term', 13.4739), ('long', 13.4409), ('likely', 12.9733), ('business', 12.914),
('well', 12.5774)]
[('china', 106.7484), ('price', 100.7051), ('iron', 93.501), ('ore', 91.2355), ('new',
82.7964), ('fall', 54.8148), ('million', 53.6111), ('chinese', 51.1203), ('australia',
50.2615), ('month', 45.183)]
[('us', 51.0009), ('china', 48.6455), ('share', 40.6602), ('market', 33.013), ('could',
32.6803), ('week', 26.2259), ('need', 23.4042), ('take', 22.8892), ('big', 22.0288),
('see', 20.9274)]
```

```
[('see', 91.3054), ('china', 70.5838), ('australia', 67.3556), ('know', 49.8292), ('world', 45.4307), ('country', 43.1719), ('people', 34.7256), ('abbott', 28.6628), ('give', 28.6124), ('change', 26.933)]
[('sydney', 194.2334), ('first', 173.8055), ('john', 167.637), ('herald', 161.0965), ('fairfax', 159.1), ('morning', 155.1), ('limited', 146.1), ('holdings', 144.1), ('copyright', 143.1), ('news', 54.2698)]
[('australia', 32.5978), ('first', 31.3277), ('flight', 29.718), ('australian', 29.3988), ('china', 28.9027), ('company', 28.6163), ('bank', 26.6705), ('big', 25.671), ('economy', 23.7862), ('way', 23.7839)]
[('china', 60.5966), ('australia', 38.5918), ('chinese', 34.2956), ('us', 29.3837), ('power', 22.2488), ('buyer', 20.7524), ('high', 20.7158), ('deal', 19.9809), ('week', 18.7279), ('include', 17.9576)]
[('china', 60.6832), ('minister', 53.3958), ('emission', 52.1), ('prime', 45.5566), ('australia', 38.6083), ('australian', 38.2544), ('carbon', 31.0146), ('us', 30.7474), ('investor', 29.7991), ('abbott', 28.563)]
[('take', 34.2995), ('australian', 30.4936), ('china', 24.2967), ('world', 20.5314), ('time', 17.5076), ('international', 17.2248), ('right', 16.7284), ('government', 14.2812), ('could', 13.7622), ('country', 13.2208)]
```

【提取结果——2019 年】

```
[('china', 124.6658), ('us', 81.0198), ('australia', 76.5593), ('big', 55.4575), ('foreign', 54.1672), ('government', 46.4121), ('australian', 42.1555), ('company', 38.2383), ('global', 37.8524), ('change', 37.6501)]
[('australia', 64.8189), ('company', 26.5191), ('country', 26.4263), ('could', 26.2419), ('ms', 22.7442), ('start', 22.2661), ('work', 22.1494), ('chinese', 22.1246), ('nsw', 21.7385), ('take', 21.6831)]
[('china', 101.1867), ('see', 42.4794), ('australia', 36.4565), ('policy', 35.6695), ('good', 32.6401), ('country', 28.7223), ('well', 28.62), ('know', 26.1213), ('people', 25.6244), ('long', 24.2983)]
[('million', 103.1093), ('company', 59.9166), ('sale', 41.6241), ('australian', 35.0766), ('billion', 32.4807), ('day', 32.4352), ('university', 30.658), ('week', 30.4874), ('group', 26.9726), ('quarter', 26.7973)]
[('china', 84.3247), ('chinese', 73.7831), ('australia', 54.8651), ('business', 48.1711), ('new', 44.0231), ('global', 37.0923), ('party', 36.9554), ('first', 36.8706), ('north', 34.4318), ('national', 33.699)]
[('rate', 52.8269), ('government', 42.0707), ('end', 35.6981), ('china', 34.8395), ('australian', 34.1131), ('australia', 33.3389), ('high', 31.5129), ('world', 31.148), ('chinese', 30.0004), ('million', 28.7042)]
[('herald', 204.4689), ('sydney', 204.3333), ('first', 198.4695), ('john', 196.9604), ('morning', 182.1), ('limited', 171.1), ('fairfax', 168.1), ('holdings', 168.1), ('copyright', 167.1), ('china', 126.6606)]
```

```
[('australia', 80.0652), ('share', 64.7392), ('point', 59.0667), ('market', 49.5655),
('china', 47.4726), ('us', 44.2771), ('high', 40.5678), ('australian', 34.9499), ('close',
34.8746), ('growth', 33.5809)]
[('market', 62.5719), ('china', 54.3561), ('rate', 49.9869), ('us', 48.5478), ('bank',
42.0125), ('next', 37.867), ('australian', 37.1119), ('investor', 35.6144), ('capital',
35.0147), ('world', 31.8524)]
[('time', 70.0067), ('two', 51.1344), ('china', 41.7134), ('government', 33.7808),
('economy', 29.1247), ('call', 27.7037), ('ms', 24.1787), ('us', 21.7962), ('country',
21.5078), ('world', 20.1021)]
```

【分析与讨论】

2009 年的主题词汇有三类：一是表示富有澳大利亚经济资源特点的词汇如 coal、billion、investment、market、share、price、iron、ore、billion、million；二是国际气候问题词汇如 emission、climate、carbon；三是表示金融危机的如 crisis。这与本节开始所描述的中国参与世界经济所发挥的作用相一致，但焦点仍然是澳大利亚这一地区性经济展示。2014 年的主题词汇与 2009 年的颇多类似，表明中澳关系在正常发展。2019 年的主题词汇有三类：一是中国参与世界经济的词汇如 global、market、world、growth、investor、business、capital、sale；二是描写中国政府的词汇如 government、china、chinese、rate、policy；三是表示世界发生变化的词汇如 change、end、close。从 2009 年到 2019 年的词汇变化可以看出，中国在世界上所发挥的作用正从地区性的演变为全球性的，这与现实非常吻合。新闻语料的主题词汇所能反映的是中国角色的宏观变化，但微观层面的预示意义却并不显著，如仅凭 change、end、close 等词汇也无法说出其中缘由。又如近几年中澳关系的不正常发展也未能有所特别体现。

观察本案例主题建模方法所提取的词汇，可以获取某些事件的大概印象，而无法展开细致描述和说明。究其原因，主要是词汇的独立呈现所致，其虽能说明一定的问题，但关联性有所欠缺。若设想探究中澳关系的发展低谷，可能还须结合其他技术如情感分析、语义分析等，依据情感极性的变化或许能够获知语料文本所能体现的潜在主题含义。

参考文献

Ambrosino, A., M. Cedrini, J.B. Davis, S. Fiori, M. Guerzoni & M. Nuccio. 2018. What topic modeling could reveal about the evolution economics[J]. *Journal of Economic Methodology* 25(4): 329 – 348.

Dantu, R., I. Dissanayake & S. Nerur. 2021. Exploratory analysis of Internet of Things (IoT) in healthcare: A topic modeling & co-citation approaches[J]. *Information Systems Management* 38(1): 62 – 78.

Editorial. 2013. Introduction — Topic models: What they are and why they matter[J]. *Poetics* 41:

545 –569.

Gurcan, F., N.E. Cagiltay & K. Cagiltay. 2021. Mapping human-computer interaction research themes and trends from its existence to today: A topic modeling-based review of past 60 years[J]. *International Journal of Human-Computer Interaction* 37(3): 267 – 280.

Huan, C.P. & X.C. Guan. 2020. Sketching landscapes in discourse analysis (1978 – 2018): A bibliometric study[J]. *Discourse Studies* 22(6): 697 – 719.

Lei, L. & D.L. Liu. 2018. Research trends in applied linguistics from 2005 to 2016: A bibliometric analysis and its implications[J]. *Applied Linguistics*: 1 – 23. DOI: 10.1093/applin/amy003.

Liu, Y., Z.Y. Liu, T.-S. Chua & M.S. Sun. 2015. Topical word embeddings [A]. In *Proceedings of the Twenty-Ninth AAAI Conference on Artificial Intelligence* [C]. Association for the Advancement of Artificial Intelligence. 2418 – 2424.

Sarkar, D. 2019. Text Analytics with Python [M]. New York: Apress.

Srinivasa-Desikan, B. 2020.自然语言处理与计算语言学(何炜译)[M].北京：人民邮电出版社.

曹树金，岳文玉.2020.守正创新——近 60 年武汉大学信息管理学院学术论文研究主题的演变[J].图书馆论坛(11)：86 – 97.

丁国旗.2020.基于自然语言处理的文学文本主题分析[J].外国语言文学(5)：451 – 464.

何琳，乔粤，刘雪琪.2020.春秋时期社会发展的主题挖掘与演变分析——以《左传》为例[J].图书情报工作(7)：30 – 38.

贾小龙.2017.中德公共图书馆著作权限制制度比较研究[J].华北电力大学学报(社会科学版)(6)：56 – 61.

李秀芬，赵龙.2017.中德著作权损害赔偿之比较法研究[J].华南理工大学学报(社会科学版)(4)：78 – 87.

刘文宇，胡颖.2020.基于文本挖掘的非传统文本批评话语研究[J].天津外国语大学学报(4)：29 – 41+158 – 159.

欧阳君.2011.比较中德两国关于电影作品著作权的归属问题[J].经济视角(中旬)(3)：21.

王迁.2015.著作权法[M].北京：中国人民大学出版社.

张培晶，宋蕾.2012.基于 LDA 的微博文本主题建模方法研究述评[J].图书情报工作(24)：120 – 126.

第 10 章　语料库语言学变量设置

语料库语言学自创建之日起（Brown 语料库是 20 世纪 60 年代初世界上最早出现的计算机语料库；我国最早建成的语料库是创建于 20 世纪 80 年代初的上海交通大学科技英语语料库——JDEST）就与各种变量有着不解之缘，变量的设置旨在从语料库中求得更多的统计学语言信息，并以此解读语料文本的语言学意义。总词数、词汇数、频率、概率、分布率、频率分布率、覆盖率、最大词长、平均词长、句数、最大句数、平均句数等（杨惠中，黄人杰 1980；1982）变量所表征的是 JDEST 语料库的各种特征值。通过不同变量的组合计算如频率、分布率、覆盖率，已求出科学的科技英语常用词表（杨惠中，黄人杰 1982）。随着技术的进步与发展，尤其是智能语言技术的介入，设置变量有了更多可能性，有助于语料库语言学的技术创新。鉴于此，本章将在回顾语料库语言学已有变量的基础上展望新的变量。

10.1　变量设置的学理意义

10.1.1　概率及其分布变量概述

语料库语言学以真实语言数据为研究对象，凭借计算机技术，采用数据驱动的实证主义研究方法，从宏观视角对大数量的语言事实、对语言交际和语言学习的行为规律进行多层面或建模研究，尤其是提供有关语言使用的概率及其分布信息，这就为语言学研究提供了新途径、新方法，必将加深对语言本质的理解（桂诗春等 2010）。概率是指在特定条件下一个变量出现的可能性，而概率分布是指出现随机变量（诸多变量）的概率规律。从语料库视角看，概率是指一个语料库框架下一个指定单词/字或词组的出现频率，或是指定词长的单词数，或是指定句长的句子数；而概率分布是指这个语料库框架下所有单词/字或词组的频率分布，或是词长分布，或是句长分布，等等。

（1）以词长概率分布为例（参见 3.1.3 节“语篇词长分布及其折线图可视化”），一个语篇（或一个语料库）的词长呈泊松分布（刘胜奇 2015：67）而非正态分布，词汇构成合理的文本也应符合这样的科学分布规律；以句长概率分布为例（参见 3.1.5 节“语篇长句界定及其句长分布可视化”），可从中推导出一个语篇（或一个语料库）的长句分布范围，为语言学或翻译学定性分析长句提供概率依据。

（2）语篇词汇密度、语篇词汇复杂性、语篇词长分布（管新潮 2018：135－146）等都是语料库语言学研究中的单一变量，其中的词汇密度可表示语篇信息量或者区分语篇是否原创；词汇复杂性以低频词的概率分布为变量，用于表征写作能力的用词成熟度；词长分布用于表示特定体裁语篇内某些词汇的独特性，与词汇习得能力不无关系。

（3）词汇多样性可表示为标准类符形符比（STTR）的概率形式，用于表征学生的语言习得能力发展过程。其发展趋势的概率分布表明词汇多样性与学生英语水平密切相关，但呈非直线分布，在某些特定阶段会出现词汇高原现象（朱慧敏，王俊菊 2013）。不同的词汇多样性是译者风格的一种具体体现（黄立波 2014：52－58）。葛浩文英译的 17 部翻译作品历时 30 载，表征词汇多样性的 STTR 从 40.65（萧红《呼兰河传》）到 47.77（马波《血色黄昏》）不等，初期的词汇多样性并不十分稳定，后 15 年的具体作品 STTR 与 30 年 STTR 均值（44.99）十分接近。戴乃迭的 10 部英译作品则基本保持词汇多样性的稳定（均值 46.01）。一部作品一个 STTR 概率值，多部作品则呈现出译者风格所特有的 STTR 概率分布。

（4）按关键性概率大小分布的主题词，用于话题分析时可按照语义关系联结为词语网络，构成相关话题的心理词库和图式。学习者口语交际成功与否，很大程度上取决于能否通过图式迅速有效地触发心理词库并准确运用词语（王华，甄凤超 2007）。通过提取《纽约时报》100 个主题词并构成政治类、经济类、社会类、科技文化类、综合类词汇图景，表明以《纽约时报》为代表的西方媒体，在议题设置上有一种基于意识形态的制度性策划和安排，形成对涉华新闻报道在舆论导向上的偏差，在传播效果上对整个西方社会造成误导（张雪珍，苏坤 2019）。小说的主题词分布与情节发展、人物环境、人物心理细节密切相关，主题词不仅推动了情节的发展，还塑造了人物形象，部分词语还具有象征意义（姜晓艳 2016）。上述主题词概率分布均为主题词关键性的概率分布，即以具体词频作为对比参照获得关键性数值；以信息贡献度大小所构成的主题词权重概率分布（胡加圣，管新潮 2020），可在不预设参照语料库的前提下提取主题词，进一步简化主题词概率分布手段的实际应用。

（5）词汇关联性概率分布的作用：一是互信息——用于表示一个语料库中词汇之间的两两关联性，按大小排序则可构成词汇关联性概率分布；二是信息贡献度——用于表示具体词汇与语料库主题之间的关联性；三是词向量——可获取指定词的搭配词关联性概率分布。经文本语料库机器学习训练而得的词向量,可计算出词汇的相邻词语分布随时间变化情况,并由此分析词汇的语义变化和社会变迁(刘知远等 2016)。汉密尔顿等(Hamilton *et al.* 2016)通过词向量方法揭示了语义变迁的两条统计定律即相符性定律(高频词的语义缓慢发生变化)和创新定律(多义词的语义变化较快)。

10.1.2 多变量分析

变量的应用在通常情况下都会以变量组合方式或以多变量方式解读语料库的语言特征,仅以一个变量表征文本语言特征的情况相对较少。假定所创建的语料库具有代表性、多样性、系统性、平衡性,那么这样的语料库就可代表某一领域而自成一个语言系统,对其从各种变量着手展开研究,更能挖掘出语料库的语言内涵和特征。代表性例证就是将多维度/多特征(MD/MF)方法应用于语料库语言学研究,对语料库语言学界产生了重要影响(梁茂成 2012)。这一方法主要涉及六个维度即"交互性/信息生成""叙述性/非叙述性""所指明确/所指有赖情景""明显的劝诱""抽象/非抽象语体""即席信息详述",而且每一个维度都包含一组独特的语言特征(雷秀云,杨惠中 2001)。维度是文本中一组同现的语言特征,可决定语篇关系,即确定两个语篇之间有哪些相同或相似的语言特征。实现维度和语篇关系量化表示的多维度/多特征方法是一种宏观的、经验驱动的语言种类分析模式,注重语体之间系统性异同,而非某一具体特征的异同(雷秀云,杨惠中 2001)。

多维度/多特征方法的学生书面语体应用(潘璠 2012)发现,中国英语学习者书面语体特征表现为: 交互性和说服性较强,信息性、叙事性、指代明确性和抽象性都偏低,揭示出中国学习者的"写作口语化"倾向和整体信息整合能力的薄弱。其原因在于: 英语教学较多强调词汇语法的正确性,而忽视词汇语法的语体适用性以及语言形式与功能的关联。以其中的抽象性维度为例,其解释为: 该维度区分抽象和正式的信息性语篇;被动形式能弱化主语和强调动作的接受者;高频使用被动结构的语篇通常是内容抽象、专业性强的正式文体;连接副词和从属连词经常与被动形式共现以表述从句间复杂的逻辑关系(潘璠 2012)。该项研究的抽象性维度是以被动形式表征抽象性的,说明动词与书面语体之间的抽象性关系,之所以采用动词搭配表征抽象性关系可能是因其(包含搭配)更具解释力。

其实,可说明语体抽象性/具体性的除了动词之外,还有名词、形容词、副词等。近四万英语单词(Brysbaert *et al.* 2014)和近一万中文两字词组(Xu & Lin 2020)的抽象性/具体性分类,可为这一抽象性维度研究提供更大广度的知识库基础。其词表中的每一个单词和词组均设有抽象性/具体性均值，可用于统计文本的抽象性/具体性或者用于说明一个意象所表述的抽象性/具体性。

变量的组合取决于实际研究类别的需要，如翻译文体研究（黄立波 2014：44－62）所涉变量为标准类符形符比、平均句长、主题词分布（say 一词）；词汇与写作质量研究中有关词汇的变量（Olinghouse & Wilson 2013）为词汇多样性、词汇成熟度（词汇复杂性）、虚词和实词频率分布、短语修饰词、学术词汇；词汇丰富性一般会涵盖词汇多样性、词汇复杂性、词汇密度、词长分布、词汇独特性（朱慧敏，王俊菊 2013；鲍贵 2008）；就饮食失调卫生健康类语篇而展开的话语分析（Hunt & Harvey 2015），其变量有主题词及其关键性、主题词搭配、上下文语境；基于语料库的老年痴呆症研究（Berisha *et al*. 2015），相关变量设置有独特词、非特异性名词、填充词、低想象力动词。

10.1.3 变量设置的技术现实

语料库语言学所涉变量其实无法准确统计其数目，因为：一是难以统计迄今为止的各种工具所能提供的不同变量参数；二是新技术层出不穷，新变量的设置更易实现；三是通过技术组合亦可设置新的变量。在我国，语料库语言学科研教学活动中常用的变量均可通过常见工具获得，如 WordSmith、AntConc 等。由此也引出一个互为矛盾的新问题——教学科研需要创新即设置特定研究所需的新变量，但传统工具却无法给出更多变量设置。具体情形是用于翻译语言分析的检索和统计工具还不够丰富，尤其是缺少特别适合汉语语言分析的工具；有不少研究使用的统计方法老套，只是统计对象有些许差异，难以获得有真正意义的发现（秦洪武 2014）。技术创新和理论深化是语料库语言学必须同时把握的两个方面，两者不可偏废。若仅把语料库研究视作一门技术或研究方法，其学科地位必将难以稳固（许家金 2019）。

以"抽象性/具体性"变量设置为例，是仅以抽象性/具体性词表统计文本中具体词汇的抽象性/具体性权重总和，还是通过代表文本抽象性/具体性的词汇之间的语义关系网络来表征抽象性/具体性，或者采用其他技术形式。这是技术合理性应用的问题，需要诸多验证。但有一点是肯定的，已有更多可行的技术选项可供使用。"抽象性/具体性"变量有可能因此以知识库的形式实现变量设置的升级。

变量的创新设置是一方面，变量的合理组合又是另一方面。以句法复杂性为例，其表征是通过产出单位长度、从属句比率、复杂名词词组比率三者实现的。三个变量的合理组合使得句法复杂性构成了一个子系统，其与词汇复杂性时而达成动态平衡，时而竞争有限资源，均取决于个体学习者书面语发展所处的不同状态（郑咏滟，冯予力 2017）。由此提出的问题是如何实现语料库语言学不同变量之间的有机融合。以平衡语料库的创建为例，验证其是否具有真实的平衡性是语料库建设不可或缺的环节，也是增强语料库研究可解释力的基础（王克非 2012）。除了相似性验证外，语料库词长分布是否符合泊松分布，句长分布是否出现两个拐点，不同主题语料之间是否均衡，等等，都是验证语料库是否平衡的变量，可实现词句篇三个层面的平衡性验证。

10.2　变量设置工具

本节尝试以改进或创新方式从三个层面引入变量设置工具，即词汇层面、句子层面和语篇层面。变量设置工具以词汇层面的居多，这与词汇是句子和语篇的基本构成单位和基础不无关系。只有充分设置了词汇层面的工具，才有机会上升至其他层面。语料库研究常用的工具如 WordSmith 和 AntConc 等可以设置不少的词汇层面变量，本节将以此作为对照进行变量设置，以获得更多有关变量的应用知识。与情感分析、相似性度量、语义分析等所涉工具不同，语料库语言学的变量设置似乎很少有自身所独有的工具，均为借助其他编程手段来实现语料库语言学的变量设置。

10.2.1　词汇层面变量

词汇层面的变量设置工具，本书已在多个章节有所涉及，如词频排序、词汇密度、词长分布、词汇相似性、词汇关联性等变量。表 10.1 所示为本书相关章节所涉变量与 WordSmith 或 AntConc 相应功能的对比。本节还将对词汇多样性变量设置做适当改进，并设置词汇独特性变量。

表 10.1　本书章节所涉变量与 WordSmith 或 AntConc 相应功能对比

变　量	本书章节名称	WordSmith 或 AntConc 相应功能
词频排序	1.2.1　字典结构 1.2.2　元组列表结构	**WordSmith/WordList 或 AntConc/Word List**
词汇多样性	10.2.1 词汇层面变量	**WordSmith/WordList**
KWIC	4.1.2　上下文关键词呈现 4.2.3　案例 2——主题词 L5R5 搭配提取	**WordSmith/Concord 或 AntConc/Concordance**
搭配提取	5.2　短语数据处理工具	**WordSmith/多个功能 或 AntConc/Collocates 或 Clusters**
主题词提取	3.2.4　语篇语义分析及其语义网络可视化 (2)提取主题词排序	**WordSmith/KeyWords 或 AntConc/Keyword List**

续 表

变　量	本书章节名称	WordSmith 或 AntConc 相应功能
词形还原	多章节应用	**WordSmith/Lemmatising 或 AntConc/Lemmatizing**
词汇密度	3.1.1 语篇词汇密度分布及其柱状图可视化	
词长分布	3.1.3 语篇词长分布及其折线图可视化	
词汇相似性	3.2.1 词汇相似性及其相关矩阵可视化 7.2.1 词汇相似性度量 7.3.2 著作权法/版权法概念 copyright 及其搭配的相似性	
词汇关联性	8.3.1 著作权法/版权法概念 copyright 词向量关联性	

1）词汇多样性

词汇多样性应用代码如下：

（1）语料清洗

```
from nltk.corpus import PlaintextCorpusReader
corpus_root = r"D: \python test\1"
corpora = PlaintextCorpusReader(corpus_root, ['total book5.txt'])
myfiles = corpora.words('total book5.txt')
text = [word.lower() for word in myfiles if word.isalpha()]
```

（2）计算 STTR

```
cumulativeTTR = 0
TTR = 0
num_of_thousand = int(len(text)/1000)
count_sum = 0
temp_list = []
residual_list = text[num_of_thousand * 1000: len(text)]
residualTTR = len(set(residual_list))/len(residual_list)
for i in range(num_of_thousand):
    temp_list = text[i * 1000: (i+1) * 1000]
    TTR = len(set(temp_list))/len(temp_list)
    cumulativeTTR = cumulativeTTR + TTR
totalTTR = cumulativeTTR + residualTTR
STTR = totalTTR/(num_of_thousand + 1)
```

（3）表格形式输出

```
import prettytable as pt
tb = pt.PrettyTable()
tb.field_names = [ "items", "result"]
tb.add_row(["Tokens", len(text)])
tb.add_row(["Types", len(set(text))])
tb.add_row(["Types/Tokens", len(set(text))/len(text)])
tb.add_row(["STTR", STTR])
print(tb)
```

【计算结果】

```
+--------------+---------------------+
|    items     |       result        |
+--------------+---------------------+
|    Tokens    |        686918       |
|    Types     |        21607        |
| Types/Tokens | 0.03145499171662411 |
|     STTR     |  0.3875374762552605 |
+--------------+---------------------+
```

【分析与讨论】

有关上述代码(1)和(2)部分的相关说明可参见《语料库与 Python 应用》一书(管新潮 2018:59－62)。本小节将做合理改进,以优化所得结果。代码(1)部分已做 isalpha()和 lower()数据清洗,但尚未涉及词形还原。词形还原方法有多种,如经过词性标记后进行词形还原的 NLTK 方法,或者是直接呈现结果的 spaCy 方法。两者的词形还原效果只能从技术视角进行评价,直观视角下的词形还原难以说明哪一个更好,因为所选择的用于词形还原的文本可能已经决定了人的直观判断结果。以下为两种词形还原方法:

（1）nltk 方法

```
import nltk
def find_pos(text):
    pos = nltk.pos_tag(nltk.word_tokenize(text), tagset='universal')
    tags = []
    for i in pos:
        if i[1][0].lower() == 'a':
            tags.append('a')
        elif i[1][0].lower() == 'r':
            tags.append('r')
        elif i[1][0].lower() == 'v':
```

```
            tags.append('v')
        else:
            tags.append('n')
    return tags
from nltk.stem import WordNetLemmatizer
wnl = WordNetLemmatizer()
tokens = nltk.word_tokenize(text.lower())
tags = find_pos(text)
lemma_words = []
for i in range(0, len(tokens)):
    lemma_words.append(wnl.lemmatize(tokens[i], tags[i]))
```

（2）spaCy 方法

```
import spacy
nlp = spacy.load('en_core_web_sm')
def spacy_getLemma(wordList):
    sentList2 = []
    for line in wordList:
        doc = nlp(line)
        lemmaText = ''
        for token in doc:
            lemmaText += token.lemma_ + ' '
        sentList2.append(lemmaText)
    return sentList2
```

本小节采用 NLTK 方法的计算结果如下。其中的数字差别涉及启用数据清洗的时间,但两者的类符差别则是一目了然：20301 和 21607。

```
+--------------+---------------------+
|    items     |       result        |
+--------------+---------------------+
|    Tokens    |       646351        |
|    Types     |        20301        |
| Types/Tokens | 0.03140863091416274 |
|     STTR     |  0.3818135510376627 |
+--------------+---------------------+
```

2）词汇独特性

词汇独特性应用代码如下：

（1）自定义词性标记函数

```
path = r'D: \...\10.2.1  词汇层面变量_2) 词汇独特性'
import nltk
def find_pos(text):
    pos = nltk.pos_tag(nltk.word_tokenize(text), tagset='universal')
    tags = []
    for i in pos:
        if i[1][0].lower() == 'a':
            tags.append('a')
        elif i[1][0].lower() == 'r':
            tags.append('r')
        elif i[1][0].lower() == 'v':
            tags.append('v')
        else:
            tags.append('n')
    return tags
```

（2）词形还原和清洗

```
import os, nltk
from nltk.stem import WordNetLemmatizer
wnl = WordNetLemmatizer()
files = os.listdir(path)
filesList = []
for file in files:
    readFile = open(path + '/' + file, encoding="UTF-8-sig").read()
    tokens = nltk.word_tokenize(readFile.lower())
    tags = find_pos(readFile)
    lemma_words = []
    for i in range(0, len(tokens)):
        lemma_words.append(wnl.lemmatize(tokens[i], tags[i]))
    text2 = [word.lower() for word in lemma_words if word.isalpha()]
    filesList.append(text2)
```

（3）计算词汇独特性

```
originalList = []
for word in filesList[0]:
    if word not in filesList[2] + filesList[1]:
        originalList.append(word)
print(len(originalList) / len(filesList[0]))
```

【计算结果】

```
['200620_美国版权法_2016_eng1.txt',
 '200621_德国著作权法(2018)_de_eng.txt',
 'Chinese copyright law (2010)_chn_eng.txt']
0.10814621631363569
0.061782411717246945
0.03146303093864709
```

【分析与讨论】

文本的词汇独特性是指待比较文本之间一个文本自身所独有的词所占其总形符的比例,可用于表征文本所特有的用词风格,也是衡量词汇丰富性的参数之一(鲍贵 2008;胡加圣,管新潮 2020)。上述计算结果系使用《中华人民共和国著作权法》英译本、《德国著作权法》英译本、美国《版权法》原文本比较得出。由于美国版涵盖范围广,其词汇独特性相对较大,而中国版仅涉及著作权主体内容,其独特用词相对较少。中国版、德国版、美国版的独特词(特指类符)个数分别为 106、703、1 977。不同的法律条文彼此之间存在词汇独特性,也能说明不同国家法律条文之间的差异性,这与不同法系、不同国别等因素息息相关。本小节工具可能存在的疑问是所用词形还原工具是否已把所有词都实现了词形还原。

10.2.2　句子层面变量

本书前述章节涉及句子层面变量设置的内容如下:

- 句长分布——3.1.5 节“语篇长句界定及其句长分布可视化”;
- 句子相似性——3.2.3 节“评价语句的相似性及其聚类可视化”;7.2.2 节“句子相似性度量”。

本节尝试设置作为主从句之一的条件从句分布变量。英语主从句也称为状语性从句,从句法、语义和形态三个视角看,从句是用于修饰主句或者是主句动词的附加语,带有标记主句和从句语义关系的从属连词,如从属连词 if、as long as、whoever、whatever; when、before、after、since、until; because、since、as、for、now that; so that(叶爱,金立鑫 2020)。本节拟考察 35 部联合国公约的条件从句分布构成,如 if 和 as long as 从句,也包括法律条文所特有的 provided that 结构(刘承宇,胡曼妮 2015;周玲玲,太婉鸣 2018)。具体应用代码如下:

(1) 分段分句

```
import nltk
from nltk.corpus import PlaintextCorpusReader
```

```
path3 = r'D: \...\94_Python 语言数据分析\8.3.3_35 部联合国公约 '
corpora = PlaintextCorpusReader(path3, '.*', encoding="UTF-16 LE")
myfiles = corpora.raw(corpora.fileids())
paraList = myfiles.split('\r\n')
sentList = []
for line in paraList:
    sentList += nltk.sent_tokenize(line.strip().lower())
```

（2）内容提取

```
conjList = ['if', 'as long as', 'provided that']
conjSentList = []
conjWordList = []
for sent in sentList:
    for item in conjList:
        if item in sent:
            sent2 = sent.replace(item, item.upper())
            conjSentList.append(sent2)
            conjWordList.append(item)
```

（3）连词计数

```
from nltk import FreqDist
fdist = FreqDist(conjWordList)
```

【提取结果】

```
' if ',
' if ',
' if ',
'provided that',
' if ',
'provided that',
' if ',
'provided that',
' if ',
'provided that',
' if ',
' if ',
' if ',
' if ',
'provided that',
' if ',
'provided that',
' if ',
' if ',
```

```
'provided that',
' if ',
' if ',
' if ',
'provided that',
' if ',
'as long as',
' if ',
' if ',
' if ',

In [5]: fdist
Out[5]: FreqDist({' if ': 817, 'provided that': 160, 'as long as': 11})
```

【分析与讨论】

本节选择如上所述的三种连词执行字符串匹配以提取相应的句子，借以查看条件从句在原创英文法律文本中的分布构成情况。如检索结果所示，if 从句的数量明显最多，provided that 从句相比较少，而 as long as 数量最少。经具体连词句子数及其总句数占比数卡方检验，不同连词句子数分布彼此之间具有显著性差异性 p-value = 0.0000)。由此可根据三种连词的分布情况和具体示例，分析导致出现显著差异性的原因是什么。本节所选 35 部联合国公约也为此提供了充分的数据支撑。示例如下：

> 1. the quorum for any meeting of the council shall be the presence of a majority of exporting members and a majority of importing members, PROVIDED THAT such members hold at least two thirds of the total votes in their respective categories. 5. IF the headquarters of the organization is moved to another country, the government of that country shall, as soon as possible, conclude with the organization a headquarters agreement to be approved by the council. 4. AS LONG AS any restriction or suspension of buffer stock operations decided in accordance with this article remains in force, the council shall review this decision at intervals of not longer than three months.

10.2.3 语篇层面变量

相较于词汇层面的变量设置，语篇层面所能设置的变量相对较少，本书前述章节涉及语篇层面变量设置的内容如下：

- 语篇相似性——7.2.3 节“语篇相似性度量”；
- 主题差异性——9.3.2 节“文本主题差异性验证”；
- 主题演变——9.3.3 节“新闻文本历时主题演变”。

语篇层面的变量设置在于具体的任务需要，但相比其他两个层面其难度较大，尤其是数据信息可供解读方面。已有实证说明如相似性度量方法更利于词汇和句子层面的应用，整体语篇的相似性数值似乎无法提供更多可解读的空间。语篇层面变量的应用路径似乎更适宜于从词汇层面开始，循序渐进上升至语篇层面。语篇变量的设置还受到语篇文字规模的影响。如 7.3.1 节“多译本相似性度量”结果所示，一个篇章的文本规模相对不大，其解读也会更具可行性。超过规模语篇的变量设置应考虑到更多细节内容，即词汇和句子层面的因素。

10.3　变量设置路径

语料库语言学的变量设置并不明确受限于学科内容的发展速度或规模，变量设置的多寡或是否有效取决对学科的认知和技术的创新程度。设置合理的变量越多，就越能反映语料库语言学的内核，呈现出更多丰富的语言学信息。变量的设置须立足于教学与科研实践，或是结合语言学特征，如诸多已有语料库语言学工具那样；或是结合教材编写的需要，如课文选用时应考虑的可读性问题。变量设置不应止步于若干传统语言学特征的应用。

10.3.1　词汇复杂性/成熟度的教材词汇评估应用

词汇复杂性是衡量语篇词汇丰富性的指标之一（鲍贵 2008；Olinghouse & Wilson 2013；郑咏滟，冯予力 2017）。词汇复杂性亦称之为词汇成熟度，是指 20%的最常用词汇构成了通用文本约 80%的内容，待分析文本中含有未列入 20%的词汇越多其成熟度越高（Olinghouse & Wilson 2013）。对比词汇复杂性/成熟度时一般采用词汇表进行（Olinghouse & Wilson 2013；管新潮 2018：140）。本小节所用词表为 10 000 词，分为 10 个等级，第 1 级词表所含词汇最为常用，之后难度逐级递增。具体算法设想逐级统计文本的复杂性/成熟度，再给出一个考虑了难度权重的综合复杂性/成熟度值，即赋值第 3 级词汇难度系数为 1，第 4 级为 1.1……第 10 级为 1.7（第 1 和第 2 级词汇不计入词汇复杂性/成熟度考量）。最后计算出语篇词汇的权重占比即复杂性/成熟度。

已有研究表明，通过考察教材词汇的涵盖情况发现依据《要求》编写的两套大学英语教材均未能理想涵盖《要求》推荐的一般要求词汇（张军，刘艳红 2015）。基于 CCL 词表的《新视野》词汇分析发现，其系列教材的词频等级逐册提升，前后两册间词频等级存在较大阶差，超出词表词汇的构成具有一定的共性（王坤 2020）。因此有人认为，以大学英语教材语料库作为研究对象，可就基本动词深度知识的呈现特征（语法结构、词汇搭配和近义词拓展)进行探讨,为教材词汇深度知识研究以及词汇教学提供理论、切入方法和实践应用等方面的借鉴(唐洁仪 2015)。教材词汇的语料库评估可从词汇分布、词汇质量和词汇安排三个方面展开,分别涉及词汇的题材性分布、词汇的广度和深度、词汇的难易等级安排和复现(许文涛 2016)。有关大学英语教材词汇的研究方法颇多,本案例拟就课文内容的词汇复杂性/成熟度展开词汇分布研究。所用文本选自某一大英教材 1 至 4 册的第一篇课文内容。应用代码如下:

(1)逐级词汇嵌套列表

```
path1 = r'D: \python test\94_Python 语言数据分析\10.3.1   词汇复杂性的优化设置 '
import os
files1 = os.listdir(path1)
wordGradeList = []
for file in files1:
    readFile1 = open(path1 + '/' + file, encoding="UTF-8").read().lower()
    wordList1 = readFile1.split('\n')
    wordGradeList.append(wordList1)
```

(2)自定义词性标记函数——略(参见 10.2.1 节的“词汇独特性”)

(3)词形还原和清洗

```
path2 = r'D: \python test\94_Python 语言数据分析\10.3.1   对比文本 '
import os, nltk
from nltk.stem import WordNetLemmatizer
wnl = WordNetLemmatizer()
files2 = os.listdir(path2)
textList = []
for file in files2:
    readFile2 = open(path2 + '/' + file, encoding="UTF-8-sig").read()
    tokens = nltk.word_tokenize(readFile2.lower())
    tags = find_pos(readFile2)
    lemma_words = []
    for i in range(0, len(tokens)):
        lemma_words.append(wnl.lemmatize(tokens[i], tags[i]))
    text2 = [word.lower() for word in lemma_words if word.isalpha()]
    textList.append(text2)
```

(4)复杂性/成熟度计算

```
textOriginalList = []
for text in textList:
```

```
percentList = []
for i in range(len(wordGradeList[2:10])):
    wordGradeL = []
    for wordGrade in wordGradeList[2:10][i]:
        if wordGrade in text:
            wordGradeL.append(wordGrade)
    percent = len(wordGradeL) / len(text)
    percent2 = percent * (1 + i * 0.1)
    percentList.append(percent2)
textPercent = sum(percentList)
textOriginalList.append(textPercent)
```

【计算结果】

```
[0.030217028380634392,
 0.0319672131147541,
 0.04289772727272727,
 0.08855421686746989]
```

【分析与讨论】

由计算结果可见,1 至 4 册的词汇复杂性/成熟度虽呈逐册递增趋势,但梯度分布不够均匀。第 1 册和第 2 册较为接近,第 3 册递增一个层次,第 4 册递增更为显著,是第 3 册的一倍多。合理的复杂性/成熟度分布应该是梯度均匀、层次分明。分析表 10.2 发现,每篇课文的 3 至 10 级词汇占比不平衡。其中的 10.2 表示该篇课文无此等级词汇,此一项表明其分布亦不平衡,教程 1 空缺的词汇等级有 5 个,其他均空缺 3 个。若以教程 1 为标准,其词汇均为 6 000 词等级以内的,那么教程 2 已出现 9 000 词等级词汇,而教程 3 最高为 8 000 词等级的,教程 4 含有 9 000 词等级词汇。从词汇复杂性/成熟度角度看,教材单篇课文的词汇分布似乎不甚合理。

表 10.2　课文的不同等级词汇占比

教程 1	教程 2	教程 3	教程 4
[0.02003, 0.00367, 0.0, 0.00651, 0.0, 0.0, 0.0, 0.0]	[0.01522, 0.00902, 0.00422, 0.0, 0.00164, 0.0, 0.00187, 0.0]	[0.03409, 0.00313, 0.0017, 0.00185, 0.0, 0.00213, 0.0, 0.0]	[0.0497, 0.02154, 0.00904, 0.00587, 0.0, 0.0, 0.00241, 0.0]

本案例的词汇分布验证尚有如下方面的不足：

- 由于无法知晓已有软件的复杂性/成熟度算法(Olinghouse & Wilson 2013)，本小节故此采用了权重系数法。这虽然在一定程度上区分了不同级别词汇列入复杂性/成熟度考虑的难度因素，但如何实现更为合理的系数设置尚有待更多验证。
- 仅选用一篇课文。若选用一本教材的所有课文，相信其词汇复杂性/成熟度分布会趋向合理一些。
- 本案例毕竟仅为一个维度验证即复杂性/成熟度，不能取代其他维度如词汇多样性等的验证。
- 包括本案例在内的多数研究均为事后验证。若能在编写过程中加以积极应用，教材质量的提升指日可待，但积极应用远比验证更为复杂。

10.3.2 词汇抽象性/具体性

本章 10.1.2 节已就抽象性/具体性维度做了描述，但仍有两个问题值得思考：一是所用计算工具的算法无从知晓(使用既有定型工具一般均为如此)；二是仅以动词为例进行计算。故本节拟采用包含有动词、名词、形容词、副词等的抽象性/具体性词表作为知识库，计算文本的抽象性/具体性。正如本书 8.1 节所述的知识库 WordNet、FrameNet、VerbNet、HowNet 等可以为语义分析提供有效资源以及第 6 章大连理工大学情感词汇本体库和丹麦工业大学 Afinn 英文情感词表等可为情感分析提供有效依据一样，抽象性/具体性英语词表(Brysbaert *et al*. 2014)、中文词表(Xu & Lin 2020)、德文词表(Lahl *et al*. 2009)等亦可为抽象性/具体性分析创造更多算法想象空间。

所谓的词汇具体性是指某个词所表征的概念与某一实体的可感知程度之间的关系，也即概念越具体的词比越抽象的词容易被感知(Brysbaert *et al*. 2014)，如“桌子/table/desk”一词比“创译/transcreation”更为具体，更可感知其实体的存在。二语加工中的具体性效应已说明表征具体概念的词汇比表征抽象概念的二语加工更快更准确，抽象词在言语系统中较难诱发心理想象(孟丽婷，王琳 2015)，词汇的具体性与词汇想象力高度相关(Xu & Lin 2020)。

- 通用英语词元(Brysbaert *et al*. 2014)的具体性评级(37 058 个英语单词和 2 896 个两词词组)源自 4 000 多位参与者的在线评价结果，每个词均设有具体性均值和标准差，以 1 表示 very abstract (language-based)，以 5 表示 very concrete (experience-based)。以该词表的 normal 和 abnormal 为例，前者均值为 1.4，后者为 2.14，更为抽象的 normal 一词其汉译所能表征的义项更为丰富。作为翻译中的专业通用词(管新潮 2017)，可能是义项的丰富性导致心理想象难度增加，这与二语加工结论(孟丽婷,王琳 2015)不谋而合。

- 汉语两字词组(Xu & Lin 2020)的具体性评级(9 877 个)源自 1 140 位母语参与者的在线评价结果,每个词均设有具体性均值和标准差,与上述通用英语词元的区别仅为以 1 表示 very concrete,以 5 表示 very abstract。以该词表的"责任"为例,其均值为 3.206 897,偏属抽象一类词汇,其英译所能表征的义项更为丰富。这也是词汇想象力的一个基础。

英汉抽象性/具体性词表的出现,不仅丰富了心理语言学、临床语言学等方面的数据资源,也可助力于语料库语言学/翻译学的变量设置,使其更为多样性。本案例拟对《京华烟云》两个汉译本的用词抽象性/具体性展开分析,所用抽象性/具体性词表为汉语两字词组词表(Xu & Lin 2020)。应用代码如下:

(1) 提取两译本非共现主题词

```
import pandas as pd
zhangPath = r"D: \python test\74_胡加圣_林语堂\200507_张振玉_主题词.xlsx"
yuPath = r'D: \python test\74_胡加圣_林语堂\200507_郁飞_主题词.xlsx'
zhangDf = pd.read_excel( zhangPath, header = None)
yuDf = pd.read_excel( yuPath, header = None)
zhangList = list( zhangDf[ 0] )
yuList = list( yuDf[ 0] )
oneList_zh = [ ]
for w in zhangList:
    if w not in yuList:
        oneList_zh.append( w)
len( oneList_zh)
```

(2) 词汇具体性元组列表

```
path = r'D: \...\1_Concretenss Ratings of 9877 Two Character Chinese Words.xlsx'
concreteDf = pd.read_excel( path)
concreteList = list( concreteDf[ 'Word'] )
valueList = list( concreteDf[ 'Mean of Valid Ratings'] )
combine = list( zip( concreteList, valueList) )
```

(3) 具体性均值统计

```
valueSum_zh = [ ]
for item in oneList_zh:
    for word, value in combine:
        if item = = word:
```

```
        valueSum_zh.append(value)
sum(valueSum_zh) / len(valueSum_zh)
```

【统计结果】

	张振玉译本	郁飞译本
非共现词/独特词	2 434	2 488
具体性求和	1 596.019 523 000 000 8	1 579.808 962 000 001 7
具体性均值	2.668 928 968 227 426	2.682 188 390 492 363
参与具体性统计词汇数	598	589

【分析与讨论】

本案例统计结果显示,两译本的词汇具体性均值都已超过 2.5,且数值较为接近(根据词表判断),均属于抽象性词略微偏多的词汇构成。这与同一源语文本有关,即无论何种译本,但凡忠于源语的翻译,尽管非共现词/独特词相对较多,其具体性整体均值差异也不大。相比较而言,郁飞译本的具体性均值大于张振玉译本的,从统计学意义上说,郁飞译本的用词可能略偏想象力丰富一些。

本案例统计过程可能存在的问题:一是中文分词的影响——分词有单字、二字、三字的等,而词表均为二字词组,这会导致无法统计某些词组,可能使整体统计不够全面。二是用词习惯的影响——两译本用词均为三四十年前的,而词表是当下使用的词汇,这一历时性时间差也是造成参与具体性统计词汇偏少的原因所在。

上述统计均为语篇宏观层面的,并未涉及微观层面的如代表性词汇或句子。从上述词汇层面的语篇统计结果看,似乎不足以构成充分的用词解释空间,一是因为均值差异不大,二是因为参与具体性统计的词数不多。由此可见,句子层面的统计效果可能会更好一些,因为可统计具体句子所包含的词表词。这是最为直观的具体性统计,若考虑到语篇层面,亦可纳入代表性词汇,即整个语篇内最具表现力的代表性词汇。本案例统计也未考虑两译本共现词,若结合共现词(两译本的共现词为 2 887 个)考虑译本独特词,效果可能会更佳。

本案例前期研究可参见胡加圣和管新潮(2020)的信息贡献度应用一文。

10.3.3 句法复杂性

句法复杂性是指语言产出形式的范围和形式复杂化的程度(鲍贵 2009),作为衡量二语学习的重要维度,既可用于评价二语作文的写作质量(朱慧敏,唐建华 2021)以及评判阿尔茨海默症确诊患者的写作能力变化情况(Pakhomov *et al*. 2011),亦可作为语料库语言学的综合变量用于评价语料文本的复杂构成属性。句法复杂性的应用涉及具体维度的选择问题,即不同的任务要求或者不同的工具应用会导致句法复杂性的研究维度多有不同。

鲍贵(2009)以单位长度和子句密度两方面作为句法复杂性的体现,认为后者的增加意味着单位长度内从属句数的增加,用词数也增加;长度的增加不仅依赖于从属句的增多,短语结构的增多也会使长度单位内用词数增加。长度可强调句法复杂性的广度或范围,子句密度则偏向于强调句法复杂性的深度或从属程度(鲍贵 2009)。帕克霍莫夫等(Pakhomov *et al*. 2011)以平均句长和句子所含从句数作为指标来评判阿尔茨海默症确诊患者即作家 Iris Murdoch 的写作能力变化情况,认为确诊患者会维系其句法方面的语言能力,直至疾病晚期,而其他语言能力如语义记忆、主题内容等较早期就受到影响。郑咏滟和冯予力(2017)以产出单位长度、从属句比率、复杂名词词组比率三者实现句法复杂性的定性描述。张艳敏等(2015)将从属结构比率、从属结构频数、名词性短语和并列短语四因子构成二语写作句法复杂性的评价指标。其研究结果表明,四个因子与作文成绩之间具有显著的正相关关系,其中由每句平均子句数、T 单位平均动词短语数、T 单位平均子句数等变量构成的从属结构比率因子对作文成绩的预测达到 35%。

上文所指概念的定义如下:

- T 单位长度是指一个主句及其所属从句和非从句结构所组成的最小单位(郑咏滟,冯予力 2017; 朱慧敏,唐建华 2021);
- 单位长度包括句子、子句和 T 单位长度等(朱慧敏,唐建华 2021),可用 T 单位长度和子句长度指标进行测量(鲍贵 2009);
- 产出单位长度是指每个语篇的总词数除以 T 单位总数(郑咏滟,冯予力 2017);
- 从属句比率是指每个语篇中从属句总数除以 T 单位总数(郑咏滟,冯予力 2017);
- 复杂名词词组比率是指每个语篇中复杂名词词组总数除以 T 单位总数(郑咏滟,冯予力 2017);

鲍贵(2009)的单位长度和子句密度计算仅说明"标注完后将各类标注的总量输入 SPSS 中并根据公式计算出各个指标的值",并未更多说明具体工具的适用性。帕克霍莫夫等(Pakhomov *et al*. 2011)对工具适用性有详细描述,所用工具系根据 Stanford 句法分析器开发的计算语言学分析系统(CLAS),含有分词、分句、句法分析、复杂性数值输出四个模块。郑咏滟和冯予力(2017)的工具适用性描述系引用他人论文,说明自动句法分析软件可批次处理大量文本并同时给出 14 个句法复杂性指标,前期研究已证明其结果具有较高效度与信度。张艳敏等(2015)描述了具体工具的应用过程,即通过二语句法复杂性分析软件 Syntactic Complexity Analyzer 析出句法复杂性各指标数据并运用 SPSS19.0 分析词汇句法复杂度测量因子和各变量的测量效度，未述及工具自身的适用性描述。

句法复杂性分析中所运用的技术工具多为定型工具，这与句法复杂性指标过多、指标组合复杂不无关系。借用定型工具进行分析研究也是行之有效的办法，其应用可更多借鉴和对比原有的研究结果，但同时也须考虑到受限于工具功能设置这一因素。将 Python 应用于句法复杂性分析，对编程能力的要求可能会相对较高，因涉及变量过多之故。以帕克霍莫夫等（Pakhomov *et al.* 2011）研究为例，分词、分句、句法分析、复杂性数值输出四个模块均可以 Python 实现，其中的分词分句模块应用较为直接，句法分析模块的应用还须结合正则表达式（可参见 5.3.1 节"学术文本模糊短语的弱化表述手段"），唯有复杂性数值输出尚需自行设置。复杂性数值的设置不在于其绝对值的大小，而是为不同文本的句法复杂性提供可供对比的具体数字。

参考文献

Berisha, V., S. A. Wang, A. LaCross & J. Liss. 2015. Tracking discourse complexity preceding Alzheimer's disease diagnosis: A case study comparing the press conferences of Presidents Ronald Reagan and George Herbert Walker Bush[J]. *Journal of Alzheimer's Disease* 45: 959 – 963.

Brysbaert, M., A.B. Warriner & V. Kuperman. 2014. Concreteness ratings for 40 thousand generally known English word lemmas[J]. *Behavior Research* 46: 904 – 911.

Hamilton W.L., J. Leskovec & D. Jurafsky. 2016. Diachronic word embeddings reveal statistical laws of semantic change [EB/OL]. arXiv preprint arXiv1605.09096.

Hunt, D. & K. Harvey. 2015. Health communication and corpus linguistics: Using corpus tools to analyse eating disorder discourse online [A]. In P. Baker & T. McEnery (Eds.). *Corpora and Discourse Studies — Integrating Discourse and Corpora*[C]. Basingstoke/ Hampshire: Palgrave Macmillan.134 – 154.

Lahl, O., A.S. Göritz, R. Pietrowsky & J. Rosenberg. 2009. Using the World-Wide Web to obtain large-scale word norms: 190,212 ratings on a set of 2,654 German nouns[J]. *Behavior Research Methods* 41(1): 13 – 19. DOI: 10.3758/BRM.41.1.13.

Olinghouse, N.G. & J. Wilson. 2013. The relationship between vocabulary and writing quality in three genres[J]. *Reading and Writing* 26: 45 – 65.

Pakhomov, S., D. Chacon, M. Wicklund & J. Gundel. 2011. Computerized assessment of syntactic complexity in Alzheimer's disease: A case study of Iris Murdoch's writing[J]. *Behavior Research Methods* 43: 136 – 144.

Xu, X. & J.Y. Lin. 2020. Concreteness/abstractness ratings for two-character Chinese words in MELD – SCH[J]. *PLoS ONE* 15(6): e0232133. https://doi.org/10.1371/journal.pone.0232133.

鲍贵.2008.二语学习者作文词汇丰富性发展多纬度研究[J].外语电化教学(5): 38 – 44.

鲍贵.2009.英语学习者作文句法复杂性变化研究[J].外语教学与研究(4): 291 – 297+321.

管新潮.2017.专业通用词与跨领域语言服务人才培养[J].外国语(5): 106 – 108.

管新潮.2018.语料库与 Python 应用[M].上海: 上海交通大学出版社.

桂诗春，冯志伟，杨惠中，何安平，卫乃兴，李文中，梁茂成.2010.语料库语言学与中国外语教学[J].现代外语(4)：419－426.

胡加圣，管新潮.2020.文学翻译中的语义迁移研究——以基于信息贡献度的主题词提取方法为例[J].外语电化教学(2)：28－34.

黄立波.2014.基于语料库的翻译问题研究[M].上海：上海交通大学出版社.

姜晓艳.2016.基于语料库的《简·爱》语言特点及主题词表征分析[J].江苏科技大学学报(社会科学版)(2)：74－84.

雷秀云，杨惠中.2001.基于语料库的研究方法及MD/MF模型与学术英语语体研究[J].当代语言学(2)：143－151+158.

梁茂成.2012.语料库语言学研究的两种范式：渊源、分歧及前景[J].外语教学与研究(3)：323－335+478.

刘承宇，胡曼妮.2015.历史语用学视角下的语法化——以providing (that)和_provided (that)为例[J].当代外语研究(5)：5－10,76.

刘胜奇.2015.跨语言专利分析方法研究[D].北京：北京理工大学.

刘知远，刘扬，涂存超，孙茂松.2016.词汇语义变化与社会变迁定量观测与分析[M].语言战略研究(6)：47－54.

孟丽婷，王琳.2015.频率对具体性效应的影响概述[J].社会心理科学(5)：16－19.

潘璠.2012.中国非英语专业本科生和研究生书面语体的多特征多维度调查[J].外语教学与研究(2)：220－232+320.

秦洪武，李婵，王玉.2014.基于语料库的汉语翻译语言研究十年回顾[J].解放军外国语学院学报(1)：64－71.

唐洁仪.2015.基于语料库的高等院校英语教材词汇深度知识研究[J].高教探索(1)：81－86.

王华，甄凤超.2007.透过主题词和关键主题词管窥中国学习者英语口语交际能力中的词语知识[J].外语界(1)：29－38.

王克非.2012.中国英汉平行语料库的设计与研制[J].中国外语(6)：23－27.

王坤.2020.大学英语教材词频等级研究——基于CCL词表的《新视野》词汇分析[J].中国民航飞行学院学报(5)：22－26.

许家金.2019.美国语料库语言学百年[J].外语研究(4)：1－6,112.

许文涛.2016.英语教材词汇的语料库评估模式构建[J].广东外语外贸大学学报(3)：117－123.

杨惠中，黄人杰.1980.计算机辅助英语词汇统计研究[J].现代外语(4)：95－104.

杨惠中，黄人杰.1982.JDEST科技英语计算机语料库[J].外语教学与研究(4)：60－62.

叶爱，金立鑫.2020.英汉主从句语序分布对比研究[J].外国语(上海外国语大学学报)(4).53－64.

张军，刘艳红.2015.从大学英语教材词汇看《大学英语课程教学要求》的指导意义[J].当代外语研究(6)：23－28+77－78.

张雪珍，苏坤.2019.基于语料库的《纽约时报》涉华、涉日报道议程设置对比分析[J].当代外语研究(1)：118－125.

张艳敏，王涛，侯旭.2015.基于语料库的二语写作句法复杂性测量因子研究[J].天津外国语大学学报(3)：56－62.

郑咏滟，冯予力.2017.学习者句法与词汇复杂性发展的动态系统研究[J].现代外语(1)：57－68.

周玲玲，太婉鸣.2018.限制性法律条款及其英汉翻译策略研究[J]当代外语研究(1)：68－72.

朱慧敏，唐建华.2021.句法复杂性测量指标研究：回顾、反思与展望[J].山东理工大学学报(社会科学版)(1)：84－89.

朱慧敏，王俊菊.2013.英语写作的词汇丰富性发展特征——一项基于自建语料库的纵贯研究[J].外语界(6)：77－86.

附录　汉英对照术语表

版权	copyright
贝叶斯因子	Bayes factor
变量设置	variable setting
标准差	standard deviation
财产权	property right
测试集	test set
层次聚类法	hierarchical clustering
成员分类分析	membership categorization analysis
抽象性	abstractness
稠密矩阵	dense matrix
传统民意调查	traditional opinion poll
词汇成熟度	lexical maturity
词汇独特性	lexical originality
词汇多样性	lexical diversity
词汇复杂性	lexical complexity
词汇密度	lexical density
词汇衔接	lexical cohesion
词汇相似性	lexical similarity
词频逆文本频率	TF－IDF
词嵌入	word embedding
词向量	word embedding
词向量模型	word embedding model
词形还原	lemmatization
词性标记符	part-of-speech（POS）tag

词性标注	POS tagging
词长分布	word length distribution
搭配词	collocate
大陆法系	continental law system
点互信息	pointwise mutual information
短语序列	phraseological sequence
短语学	phraseology
对比短语学	contrastive phraseology
多变量分析	multi-variable analysis
多词术语	multi-word term
多连词	n-gram
多模态分析	multimodal analysis
多维度/多特征	DM/DF
二连词	bigram
二元元组	two-element tuple
反义关系	antonymy
非共现词	non-concurrent word
分布式表征	distributed representation
分布式词嵌入	distributed word embedding
分类提取	classified extraction
复杂名词	complex noun
概率分布	probability distribution
概率论	probability theory
概念匹配	concept match
共词分析	co-word analysis
共现词	co-occurrence word
共现频率	co-occurrence frequency
共选关系	co-selection relation
共引分析	co-citation analysis
关系建模	relation modeling
互信息	mutual information
话语分析	discourse analysis

环境可持续性	environmental sustainability
机器学习	machine learning
计量语言学	quantitative linguistics
计算语言学	computational linguistics
键值对	key-value pair
接受度定位	acceptance orientation
节点词	node word
结构相似性	structure similarity
截距	intercept
局部语法	local grammar
矩阵	matrix
矩阵可视化	matrix visualization
句法复杂性	syntactic complexity
句法结构	syntactic structure
句长分布	sentence length distribution
句子相似性	sentence similarity
具体性	concreteness
聚类	clustering
卡方检验	chi-squared test
可视化	visualization
扩展意义单位	extended unit of meaning
类联接	colligation
列表	list
锚点词	anchor word
名词短语	noun phrase
模糊语	hedge
拟合曲线	fitting curve
批评话语分析	critical discourse analysis
频率分布	frequency distribution
朴素贝叶斯分类	Naive Bayesian classification
潜在语义索引	latent semantic indexing
浅层语义信息	shallow semantic information

嵌套列表	nested list
情感分析	sentiment analysis
情感极性	sentiment polarity
情绪	emotion
全额提取	full extraction
人身权	personal right
弱化表述	mitigation device
三词短语	three-term multi-word expression
三连词	trigram
散点图	scatter plot
上下文关键词	KWIC
社交媒体	social media
深层语义信息	deep semantic information
实体识别	entity recognition
实体提取	entity extraction
树库	treebank
数据变量	data variable
数据检验	data test
数据结构	data structure
数据清洗	data cleaning
数据转换	data transfer
数字会话分析	digital conversation analysis
数组	array
随机变量	random variable
条件频率分布	conditional frequency distribution
同义词集	synonym set；synset
网络分析	network analysis
网络节点	network node
文本表征	text representation
文本分类	text classification
文本聚类	text clustering
文本摘要	text summarization

文档频率	document frequency
文献计量	bibliometrics
无效信息	invalid information
无效字符	invalid character
稀疏矩阵	sparse matrix
线性变化	linear variation
线性分布	linear distribution
线性拟合	linear fitting
相似性度量	similarity measure
向量模型	vector model
向心结构	endocentric structure
斜率	slope
新闻价值的话语研究方法	discursive news values approach
信息贡献度	informativeness
信息论	information theory
形状相似性	shape similarity
训练集	training set
一元元组	one-element tuple
意义单位	unit of meaning
英美法系	Anglo-American legal system
应用场景	application scenario
有效信息	valid information
余弦相似性	cosine similarity
语料库短语学	corpus-based phraseology
语料库计算短语学	computational and corpus-based phraseology
语料库语言学	corpus linguistics
语篇相似性	discourse similarity
语言模型	language model
语言数据	language data
语义分析	semantic analysis
语义贡献度	semantic contribution
语义关联性	semantic relatedness

语义关系	semantic relation
语义检索	semantic retrieval
语义迁移	semantic transfer
语义趋向	semantic tendency
语义网	semantic network
语义网路分析	semantic network analysis
语义相似性	semantic similarity
语义消歧	semantic disambiguation
语义信息	semantic information
语义韵	semantic prosody
元标记	meta tag
元组	tuple
元组列表	list of tuples
元组嵌套列表	nested list of tuples
整数	integer
正态分布	normal distribution
正态分布拟合	normal distribution fitting
正则表达式	regular expressions
政治偏好	political preference
支持向量机	support vector machine
知识库	knowledge base
直方图	histogram
中心度	degree centrality
主题建模	topic modeling
主题模型	topic model
主题数	number of topics
主题挖掘	topic mining
柱状图	bar graph
著作权	copyright
专业通用词	general words for specific purposes（GWSP）
子句密度	clause density
字典	dictionary

字符串	string
字符匹配	string match
最大熵模型	maximum entropy model
左五右五	L5R5